三塘湖盆地致密油开发研究与实践

荆文波　于家义　王厉强　等著

石油工业出版社

内 容 提 要

本书以中国石油吐哈油田三塘湖盆地致密油为例，针对含有机质沉凝灰岩这类特殊的致密储层，系统深入地介绍了含有机质沉凝灰岩特殊致密储层的孔隙形成机理，并评价了本区致密油资源量，总结了多种开发技术实验和矿场实践经验，形成了致密油关键开发技术的突破，探索出了一套致密油开发模式。对陆上致密凝灰岩油藏的开发具有较大的指导和参考意义。

本书可供从事致密油等非常规油藏勘探开发的科技工作者使用，也可作为大专院校相关专业师生的参考书。

图书在版编目（CIP）数据

三塘湖盆地致密油开发研究与实践 / 荆文波等著
. — 北京 ：石油工业出版社，2021. 6
ISBN 978-7-5183-4735-3

Ⅰ. ①三… Ⅱ. ①荆… Ⅲ. ①致密砂岩-砂岩油气藏-油田开发-研究-新疆 Ⅳ. ①TE343

中国版本图书馆 CIP 数据核字（2021）第 124481 号

出版发行：石油工业出版社
（北京安定门外安华里 2 区 1 号　100011）
网　址：www. petropub. com
编辑部：（010）64523708
图书营销中心：（010）64523633
经　　销：全国新华书店
印　　刷：北京中石油彩色印刷有限责任公司

2021 年 6 月第 1 版　2021 年 6 月第 1 次印刷
787×1092 毫米　开本：1/16　印张：12. 5
字数：300 千字

定价：120. 00 元
（如出现印装质量问题，我社图书营销中心负责调换）

前　　言

近年来，非常规油气勘探开发与地质研究的力度不断加大，涌现出了一系列新成果与新技术，致密油、页岩油、页岩气、煤层气等各类非常规油气资源在中国能源结构中所占的比例越来越大。目前，中国的非常规油气地质研究正处在快速发展的时期，对不同类型非常规油气地质概念的阐述、资源类型的划分等还没有形成统一的标准。

凝灰岩作为油气储层开发成功探区很少，所以一直没有引起人们足够的重视。自2013年三塘湖盆地L1井凝灰岩段压裂后获得最高14.9m^3/d的工业油流后，凝灰岩致密储层才引起人们的关注，在条湖组凝灰岩段均发现油层，尤其是M58H井多级体积压裂后获得最高131m^3/d的高产油流，标志着三塘湖盆地致密油勘探获得了实质性突破。条湖组凝灰岩不仅可以作为油气储层，且储层致密，空气渗透率均小于1.0mD，符合致密储层的标准。含有机质凝灰岩致密油藏作为致密油藏的一种特殊类型，前人的研究较少，但科学意义显著。含有机质凝灰岩中，微观孔隙的形成机理直接关系到有效储层预测，成藏机理的研究不仅关系到勘探部署，还可以丰富致密油成藏理论。与此相关的油藏开发技术也有自身的特点，因此，开展含有机质凝灰岩储层形成机理、致密油开发模式的研究具有重要的理论价值与实际意义，也将为世界上其他类似条件的致密油藏勘探和开发提供好的借鉴。

全书共分五章，编写的具体分工为：第一章由荆文波、范谭广、张日供编写，第二章由荆文波、文川江、李道阳编写，第三章由王厉强、万永清、王云翠编写，第四章由于家义、刘建伟、陶登海编写，第五章由于家义、王厉强、吴美娥、刘长地编写，全书由荆文波负责统稿。

由于含有机质凝灰岩致密油藏是致密油藏的一种特殊类型，研究范围较广，内容较多，本书仅结合三塘湖致密油藏论述了笔者近年来的研究成果，水平有限，难免有不足之处，敬请读者批评指正。

目　　录

第一章　地质特征及致密油资源量评价

第一节　三塘湖盆地概况

一、地理位置

三塘湖盆地地处西伯利亚板块西南缘，与克拉美丽—麦钦乌拉缝合线紧密相连，是在D2—C1褶皱基底上发育的多旋回叠加型残留盆地。区域上的分布特征呈北西—南东方向为长轴方向延伸较远，整体上为狭长状的盆地，其中研究工区面积达到2.3×10^4km^2。三塘湖盆地根据一级构造单元和两级构造单元两个单位划分，其中二级构造单元是根据中央坳陷带内部构造特征以及断裂的分布特征进行划分的。三塘湖盆地的一级构造单元有三个，二级构造单元划分为五个凹陷和四个凸起（图1-1）。

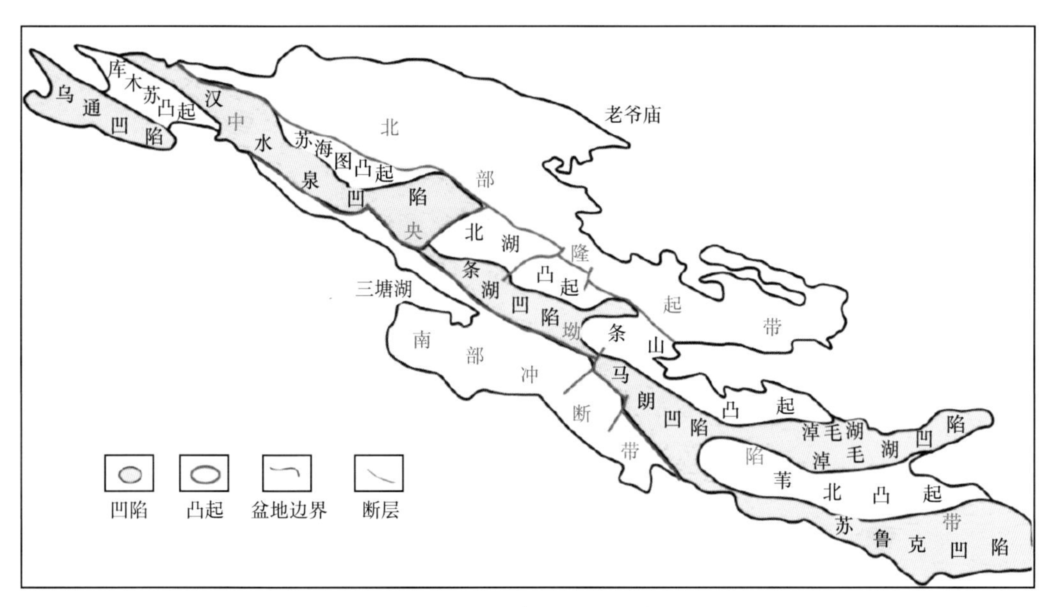

图1-1　三塘湖盆地地理位置

研究区位于三塘湖盆地中南部，从俯视角度来看研究区周围环绕条山凸起，从而逐渐发育成一系列与其水平且走向呈近东西的鼻隆构造带，为二叠系的主要构造特征。它自东向西倾伏于凹陷中，走向为油气运移的趋势方向，总体走势为东部高西部低。三塘湖盆地的构造格局现今呈南北分带、东西分块。由南向北发育西南逆冲推覆带、中部凹陷带、东北斜坡带，中部凹陷带是沉积的主体，呈北西向展布。东西分块表现为隆凹相隔，由西向东发育了3个隆起，即西峡沟隆起、牛圈湖隆起、马中隆起。

二、地层划分

三塘湖盆地自古生代石炭纪开始形成，除缺失下二叠统、下三叠统、上白垩统外，其余地层发育较齐全。纵向上，地层从下而上分别为石炭系、二叠系、三叠系、侏罗系、白垩系、古近系和第四系，各系地层间大都为不整合接触（表 1-1）。

其中，石炭系自下而上包含姜巴斯套组（C_1j）、巴塔玛依内山组（C_2b）、哈尔加乌组（C_2h）和卡拉岗组（C_2k），二叠系包括芦草沟组（P_2l）和条湖组（P_2t），三叠系在马朗凹陷只发育克拉玛依组（T_2k），侏罗系从下到上包括八道湾组（J_1b）、三工河组（J_1s）、西山窑组（J_2x）、头屯河组（J_2t）和齐古组（J_3q）。

表 1-1　三塘湖盆地沉积地层划分

地层						厚度（m）	岩性简述
界	系	统	群	组	代号		
新生界	第四系				Q	40 ~60	黄色含砾黏土与砂砾岩
	古近系				E	35 ~161	棕红色泥岩与中厚层砂砾岩不等厚互层
中生界	白垩系	下统	吐谷鲁群		K_1tg	736~1052	棕褐色泥岩、砂质泥岩夹灰色细粉砂岩及深灰色砾岩
	侏罗系	上统	石树沟群	齐古组	J_3q	176~274	紫红色泥岩与灰绿色细、粉砂岩不等厚互层
		中统		头屯河组	J_2t	200~341	灰绿色凝灰质砾岩夹棕褐色凝灰质砾岩
			水西沟群	西山窑组	J_2x	115~246	上部煤岩，中上部灰色泥岩，中下部砂岩，下部泥岩
		下统		三工河组—八道湾组	J_1	30~200	灰色砂岩、粉砂岩夹深灰色泥岩薄层
	三叠系	上—中统	小泉沟群	克拉玛依组	T_2k_2	43 ~230	紫红色泥岩与粉砂岩、细砂岩呈不等厚互层
上古生界	二叠系	上统		条湖组	P_2t	0~772	上部深灰色泥岩，中下部灰色安山岩、玄武岩及灰绿色辉绿岩互层
				芦草沟组	P_2l	0~508	灰色白云岩、深灰色凝灰质泥岩、钙质泥岩互层
	石炭系	上统		卡拉岗组	C_2k	540~1027	棕褐色玄武岩、安山岩与灰色火山角砾岩互层
				哈尔加乌组	C_2h	400~654	上部灰色、灰黑色泥岩与凝灰质砂岩，下部灰色玄武、安山岩互层
				巴塔玛依内山组	C_2b	1000~2150	以灰色、灰绿色玄武岩、安山岩为主，夹薄层灰色砂岩、泥岩
		下统		姜巴斯套组	C_1j	600~1900	灰黑色泥岩与灰色、灰绿色粉砂岩、砂岩不等厚互层

（一）石炭系

下石炭统、上石炭统都发育，分布范围比较广，最大厚度可达几千米，是三塘湖盆地分布最广、厚度最大、保存最为完整的一套地层，总体为海陆交互相的火山岩、火山碎屑岩沉积及陆相正常沉积岩。

（二）二叠系

由于三塘湖盆地东北部地层在印支运动时遭受强烈的剥蚀，现今残留的二叠系芦草沟组集中分布在三塘湖盆地的西南部（图 1-2），其原始沉积范围比现在大。芦草沟组的厚度分布具有在三塘湖盆地的西南部较厚、向东北方向逐渐变薄的特点，厚度在马朗凹陷最厚达到 1200m 以上。芦草沟组整体上为一套滨浅湖到深湖相的泥页岩、碳酸盐岩和火山碎屑岩沉积，该套地层是盆地内已发现的重要烃源岩。芦草沟组从下到上又可进一步分为芦草沟组一段（简称芦一段）、芦草沟组二段（简称芦二段）和芦草沟组三段（简称芦三段）三个岩性段（图 1-3）。芦草沟组一段沉积时期的水体整体较浅，主要发育浅湖相—半深湖相；芦草沟组二段沉积时期的水体变深，以半深湖相—深湖相为主，有机质较丰富，保存条件也较好，是芦草沟组烃源岩最好的层段；芦草沟组三段沉积时期的水体又变浅，以浅湖相—半深湖相的泥岩沉积为主。

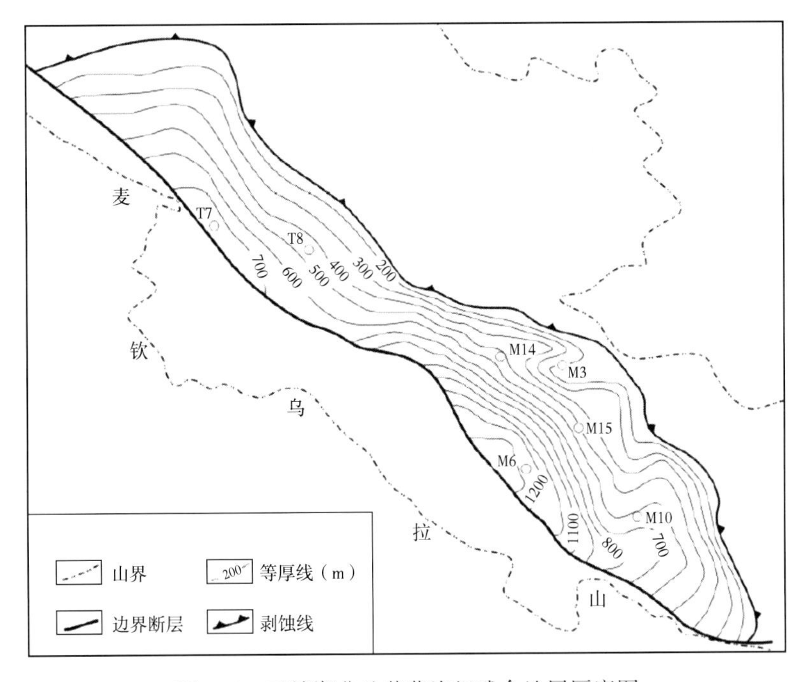

图 1-2　三塘湖盆地芦草沟组残余地层厚度图

马朗凹陷二叠系条湖组为一套火山岩（主要是玄武岩）夹碎屑岩沉积的地层。根据其岩性特征和电性特征，自下而上又可进一步分为条湖组一段（简称条一段）、条湖组二段（简称条二段）和条湖组三段（简称条三段）三个岩性段。条湖组一段沉积时期，火山作用比较强，在盆地的大部分地区沉积了一套厚 200~600m 的玄武岩，局部地区有辉绿岩侵入。之后火山作用逐渐减弱，在条湖组二段底部浅湖相—半深湖相的沉积背景下沉积了一套几十米厚的凝灰岩，这套凝灰岩是目前三塘湖盆地二叠系新发现的重要的致密油储层。凝灰岩之上是一套较稳定的凝灰质泥岩和泥岩沉积。从条二段残余地层厚度图上可以看出，马朗凹陷条二段向东北方向减薄尖灭，存在三个厚度中心，沿南东—北西方向呈串珠状分布，东南部地层厚度大，最厚处达 700 余米，西北部厚度相对较小，最厚达到 400m 左右（图 1-4）。条湖组三段也是以喷溢相火山岩为主，但在马朗凹陷大部分地区遭受剥蚀。

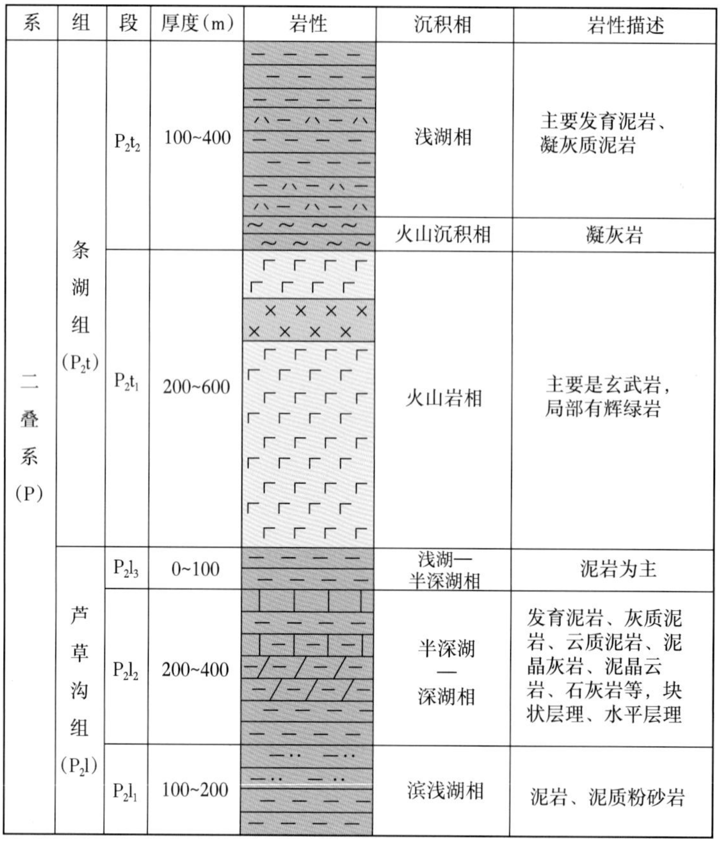

系
组
段
厚度(m)
岩性
沉积相
岩性描述
二叠系(P)
条湖组(P_2t)
P_2t_2
100~400
浅湖相
主要发育泥岩、凝灰质泥岩
火山沉积相
凝灰岩
P_2t_1
200~600
火山岩相
主要是玄武岩，局部有辉绿岩
芦草沟组(P_2l)
P_2l_3
0~100
浅湖—半深湖相
泥岩为主
P_2l_2
200~400
半深湖—深湖相
发育泥岩、灰质泥岩、云质泥岩、泥晶灰岩、泥晶云岩、石灰岩等，块状层理、水平层理
P_2l_1
100~200
滨浅湖相
泥岩、泥质粉砂岩

图 1-3　马朗凹陷二叠系地层综合柱状图

T14
200
300
400
M5
100
M1
M59H
M9
500
M60H
L1
M52
M12
L101H
M55
M56
300
ML1
600
M7
M31
M6
200
300
700
600
500
400
M11
300
断层
井位
P_2t_2剥蚀线
200
等厚线（m）
三维地震勘探工区边界

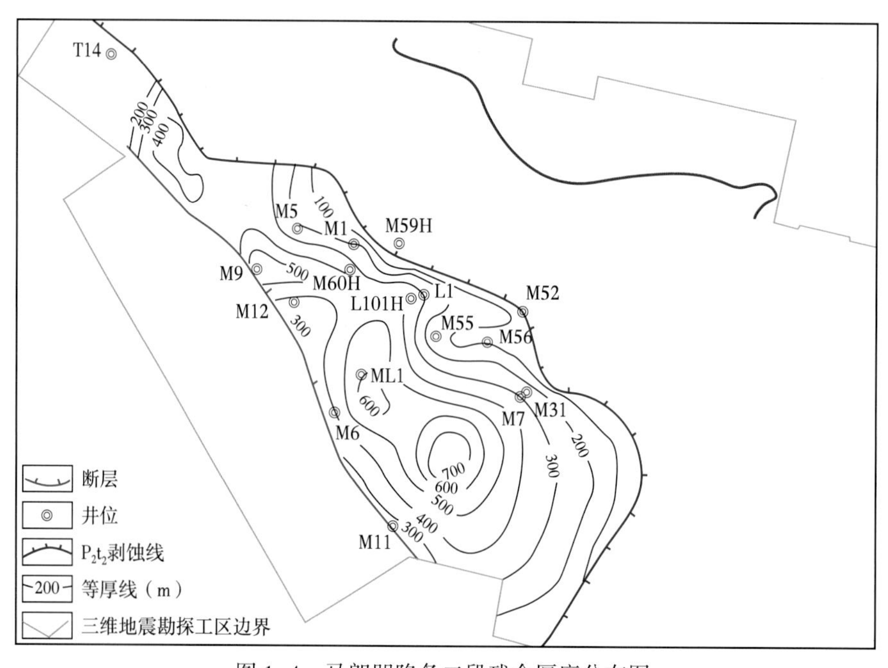

图 1-4　马朗凹陷条二段残余厚度分布图

（三）三叠系

三塘湖盆地三叠系是一套河流相和湖泊相为主的正常碎屑岩沉积，其中，马朗凹陷地层厚度约为100m，条湖凹陷一般在200m以上，汉水泉凹陷局部也有发育，其他凹陷几乎不发育。

（四）侏罗系

下侏罗统以八道湾组为主，仅在条湖凹陷有分布，而且厚度较小，一般小于100m，以滨湖相和河流沼泽相为主。西山窑组在整个盆地分布广泛，主要为含煤碎屑岩，发育滨浅湖相—河流沼泽相，马朗凹陷厚度一般大于100m。头屯河组分布范围略大于西山窑组，沉积相以河流相和冲积扇相为主，马朗凹陷厚度约为200m。齐古组沉积相主要是河流相，马朗凹陷厚度一般大于200m，最大厚度可达300~400m。

（五）白垩系

马朗凹陷主要发育下白垩统，缺失上白垩统。白垩系主要是河流相，该套地层在盆地中部与侏罗系呈整合接触关系，在三塘湖盆地北缘表现为角度不整合接触关系，最大厚度可达900m左右。

（六）古近系和第四系

该套地层与下白垩统之间呈角度不整合接触，主要发育磨拉石建造。在坳陷主体部位的沉积厚度大于100m，该套地层在盆地南北两个推覆体上也有分布，但厚度一般小于100m。

三、区域构造特征与演化

（一）构造基本特征

构造变形强度南北部形成明显差异，西部构造变形强度也明显比东部强。表现在南部逆冲推覆带内，断层重叠断层面倾角平缓，地层南倾倾角陡，构造破碎，西部的浅层和深层地层倾角变化剧烈，断层在平面展布上为弧形。北部和东部的地层倾角较平缓，断层面较陡，说明构造运动在南部和西部表现强烈，在北部和东部表现相对较弱。中生界的构造和二叠系的构造特征有很大差别，通常表现在构造高点不一致，甚至上下地层的产状不一致，断裂的展布方向不一致，浅层构造一般面积较大，幅度小，较完整。

马朗凹陷圈闭十分发育，圈闭规模大，分布范围广。圈闭的形成期为两期：一是二叠系，中海西期时为雏形期，晚海西期时为圈闭定形期，晚燕山期时为构造加强期；二是侏罗系的圈闭大部分于晚燕山期定形。

（二）构造演化分析

1. 构造单元的划分

三塘湖盆地具有南北分带、东西分块的构造特征，可以划分为三个一级构造单元，分别是北东褶皱冲断带、中央坳陷带和南西褶皱冲断带。中央坳陷带又可以分为四个凸起和五个凹陷，四个凸起分别是石头梅凸起、岔哈泉凸起、方方梁凸起和苇北凸起，五个凹陷分别是汉水泉凹陷、条湖凹陷、马朗凹陷、淖毛湖凹陷和苏鲁克凹陷。马朗凹陷是三塘湖盆地最重要的二级构造单元，位于整个盆地的中部，面积约1800km^2，勘探程度相对较高，是本文的主要研究区（图1-5）。

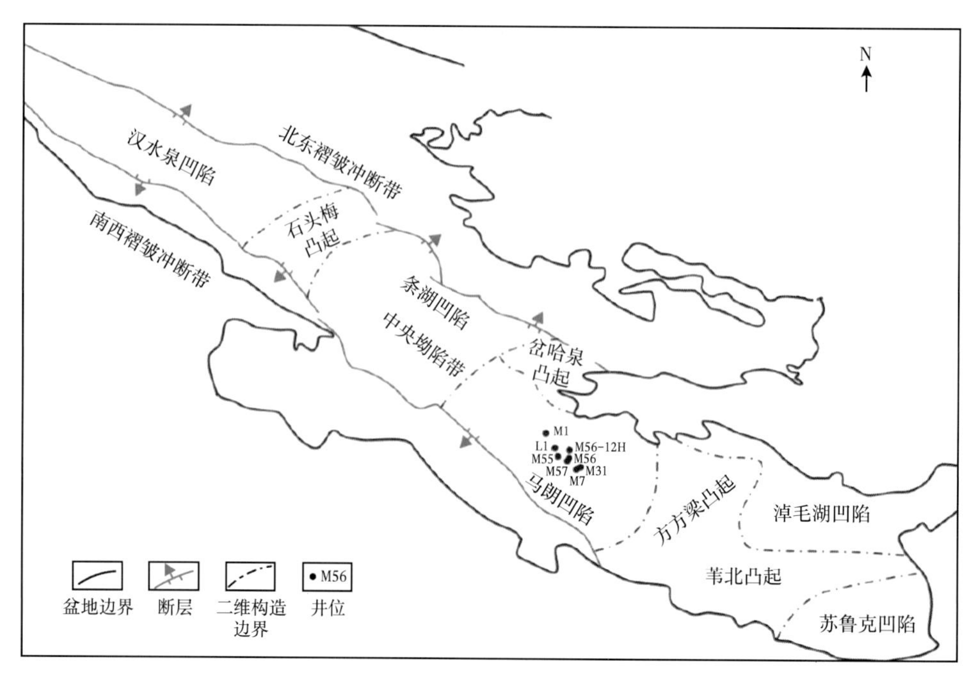

图 1-5　三塘湖盆地构造单元划分图

2. 构造演化特征

根据前人研究成果，三塘湖盆地构造演化可以划分为两个重要时期，分别是石炭纪盆地基底形成的板块碰撞造山作用时期和二叠纪之后盆地盖层形成及板内构造作用时期（图 1-6）。

石炭纪，哈萨克斯坦板块与西伯利亚板块发生碰撞造山作用，产生强烈挤压变形和岩浆侵入，形成了盆地石炭系火山岩基底。二叠纪，三塘湖盆地处于张性伸展断陷环境，其

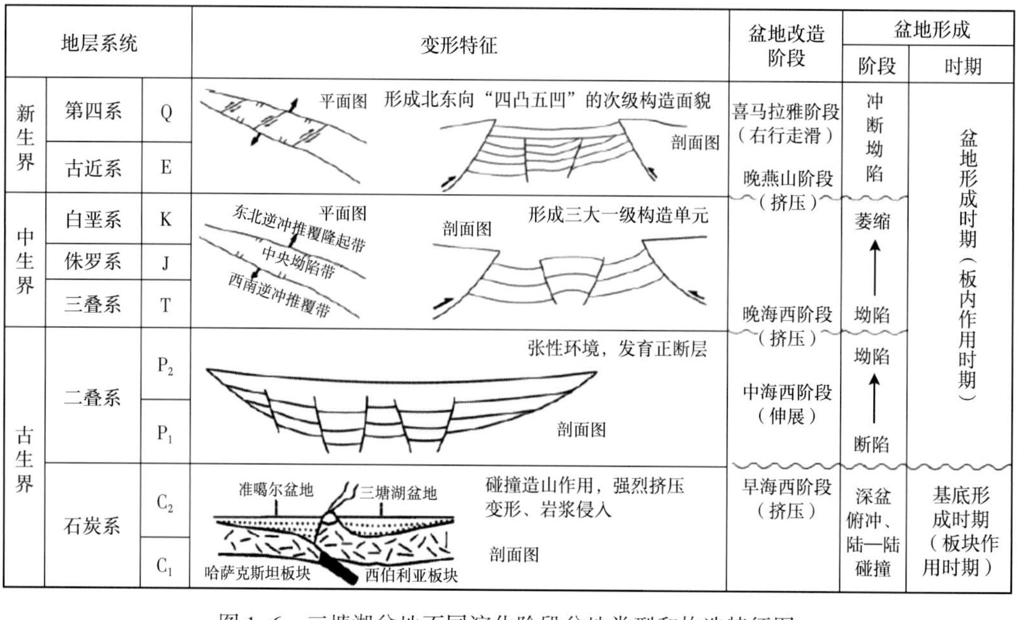

地层系统			变形特征	盆地改造阶段	盆地形成	
					阶段	时期
新生界	第四系	Q	平面图　形成北东向“四凸五凹”的次级构造面貌　剖面图	喜马拉雅阶段（右行走滑）	冲断坳陷	盆地形成时期（板内作用时期）
	古近系	E		晚燕山阶段（挤压）		
中生界	白垩系	K	平面图　东北逆冲推覆隆起带　中央坳陷带　西南逆冲推覆带　剖面图　形成三大一级构造单元		萎缩↑坳陷	
	侏罗系	J				
	三叠系	T		晚海西阶段（挤压）		
古生界	二叠系	P_2	张性环境，发育正断层　剖面图	中海西阶段（伸展）	坳陷↑断陷	
		P_1				
	石炭系	C_2	准噶尔盆地　三塘湖盆地　碰撞造山作用，强烈挤压变形、岩浆侵入　哈萨克斯坦板块　西伯利亚板块　剖面图	早海西阶段（挤压）	深盆俯冲、陆—陆碰撞	基底形成时期（板块作用时期）
		C_1				

图 1-6　三塘湖盆地不同演化阶段盆地类型和构造特征图

中，芦草沟组沉积时期，三塘湖盆地为湖相环境，主要发育泥岩、石灰岩、泥质灰岩、灰质泥岩、泥质白云岩等湖相细粒沉积物；条湖组一段沉积时期，火山作用频繁，发育的正断层是岩浆喷发的重要通道。之后火山作用逐渐减弱，在条湖组二段的底部沉积了一套凝灰岩。从早三叠世开始，盆地区域构造应力由拉张变为挤压，造成盆地区域隆升，从而部分地区缺失上二叠统及全区缺失下三叠统，并使二叠系产生以褶皱和逆冲断裂（前期正断层反转）为构造组合特征的变形改造。中生代时期，三塘湖盆地受到北东—南西向挤压应力，产生北西—南东走向边界大断裂，并叠加改造二叠系；形成三个大隆起、坳陷相间的一级构造单元。新生代时期，三塘湖盆地继承了燕山期的挤压构造作用，并兼有北东向右行走滑作用，在中生代末期北西向隆起、坳陷相间构造格局基础上，中央坳陷带内形成了北东向凹凸相间的次一级构造单元。

马朗凹陷内主干断裂控制其沉降沉积、剥蚀隆起、局部构造形成及油气运移聚集，凹陷内主要发育9条主干断裂（表1-2、图1-7），主干断裂呈北东和北西走向，一般延伸长度大于10km，同一走向的主干断裂倾向一致，说明断裂形成与构造应力有关。呈北西走向展布的主干断裂受北东—南西向区域构造应力作用形成；呈北东走向展布的主干断裂与区域构造走向近似呈直交关系，在变形过程中主要起调节作用。凹陷内断裂活动具有多期性和继承性，在后期构造运动中常被激活和改造。

表1-2 主干断裂要素统计

序号	断裂名称	级别	产状	长度（km）	切割层位	性质	主要活动时期
1	M1南断裂	Ⅱ	NNE70°~80°	12		先正后逆	
2	L1西断裂	Ⅱ	NW70°~80°	14		先正后逆	
3	M15南断裂	Ⅱ	NNE70°~80°	11.4		先正后逆	
4	L102H断裂	Ⅱ	NW70°~80°	5.4		先正后逆	
5	M7断裂	Ⅱ	NW70°~80°	12.8	C_2h—K	先正后逆	C_2h—K
6	ML2西断裂	Ⅱ	NW60°~70°	6.5		先正后逆	
7	M10西断裂	Ⅱ	NE70°~80°	12.7		先正后逆	
8	M26东断裂	Ⅱ	NE70°~80°	13.9		先正后逆	
9	西峡沟断裂	Ⅱ	NE70°~80°	11.2		先正后逆	

马朗凹陷主干断裂的演化大体上可以分为4个阶段（图1-8），分别是石炭纪碰撞造山期、二叠纪伸展断陷期、中生代挤压改造期和新生代挤压—走滑改造期。石炭纪碰撞造山期，由于哈萨克斯坦板块与西伯利亚板块发生强烈的碰撞挤压，主干断裂初步形成。二叠纪伸展断陷期，主干断裂性质表现为正断层，构造活动比较强烈；芦草沟组沉积时期，没有明显的火山作用，沉积厚层的湖相泥质岩类；条湖组沉积时期，由于张性断层活动，从而诱发裂隙式火山喷发，主干断裂作为火山喷发的重要通道。从三叠纪开始，三塘湖盆地所受构造应力由以伸张性为主变为以挤压性为主，前期正断层性质的主干断裂发生反转变为逆断层，并逐步形成西南和东北的边界逆冲大断裂。新生代为盆地的挤压—走滑改造期，主干断裂进一步发生逆冲作用，并逐渐形成了现今的构造格局。

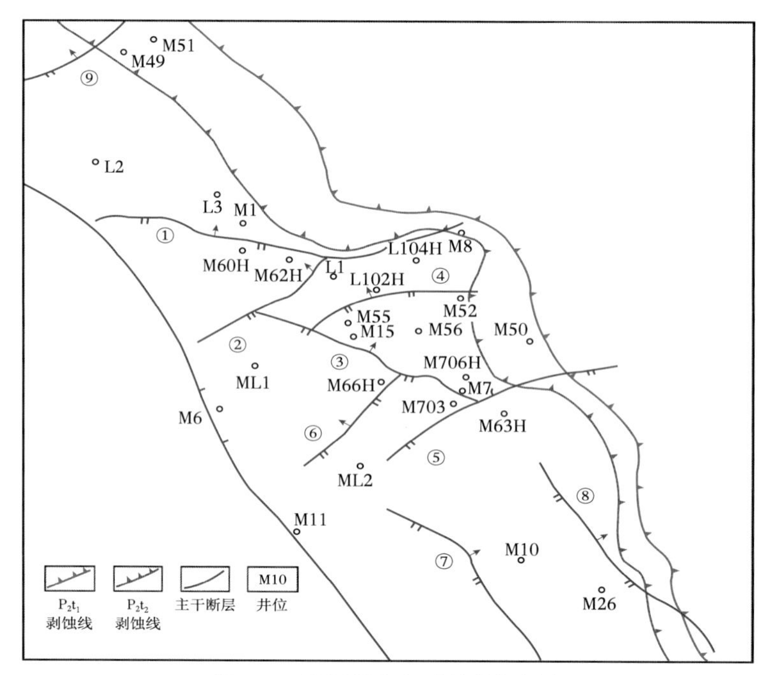

图 1-7　马朗凹陷主干断裂分布图

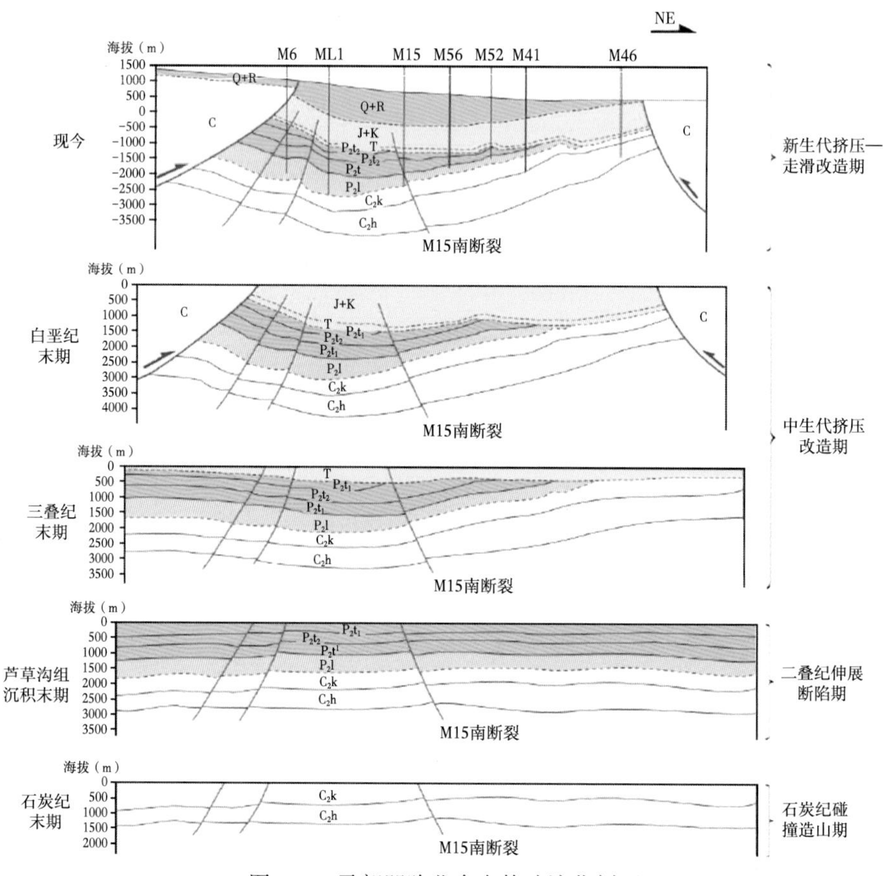

图 1-8　马朗凹陷北东向构造演化剖面

四、物性特征

通过对研究区 10 块压汞样品分析，储层最大孔喉半径一般在 0.11~0.64μm，平均值为 0.29μm；排驱压力 3.05~6.56MPa，平均值为 4.12MPa；中值压力为 2.25~17.8MPa，平均值为 7.89MPa，中值半径为 0.04~1.20μm，平均值为 0.25μm，平均分选系数为 1.11，歪度为 0.8。条二段凝灰岩储层纳米级孔喉发育，连通性好，储层具有高进汞饱和度、低排驱压力、粗歪度的特点。

表 1-3　条湖组取心分析物性统计表

井名	层位	孔隙度（%）				渗透率（mD）			
		最大	最小	平均	样品数	最大	最小	平均	样品数
M1	P_2t	18.1	8.1	13.0	18	0.33	<0.005	0.12	18
M15	P_2t	20.5	16.3	17.8	7	0.005	<0.005	<0.005	6
M55	P_2t	11.7	5.5	8.5	15	0.11	<0.005	0.04	13
M56	P_2t	24.4	13.2	18.9	15	2.73	<0.005	0.042	15
L1	P_2t	24.0	13.7	19.0	14	0.50	<0.005	0.12	14
M56-12H	P_2t	25.5	6.2	16.7	36	4.64	<0.005	0.77	25
M56-15H	P_2t	22.3	1.4	14.0	36	6.64	<0.005	0.57	73

根据条湖组 113 块岩心常规物性分析资料（表 1-3），条湖组油藏孔隙度在 1.4%~25.5%之间，平均值为 15.3%；渗透率在 0.005~6.64mD 之间；平均值为 0.34mD。通常将孔隙度低于 10%，渗透率低于 1mD 的储层定义为致密储层。由于研究区岩石的粒度较细，且孔喉半径细小，因而呈现出中高孔隙度、低渗透率的特点。渗透率随粒度的变化而发生相同方向的变化，呈正相关关系，而孔隙度则不随粒度的变化而变化。因此，其特殊的岩石学特征和孔隙结构导致了条湖组中高孔隙度、低渗透率的特征。参照美国致密储层的分类的标准，结合条湖组的物性分析来看可得出结论，即储层是具中高孔隙度、特低渗透率的特征（图 1-9、图 1-10）。

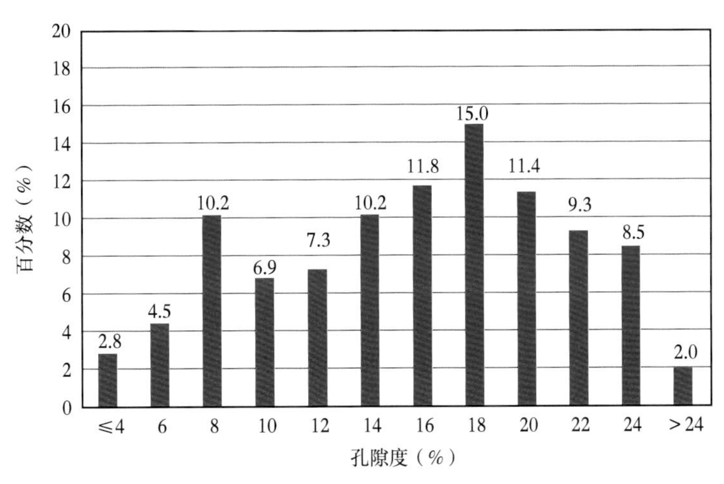

图 1-9　研究区储层孔隙度分布直方图

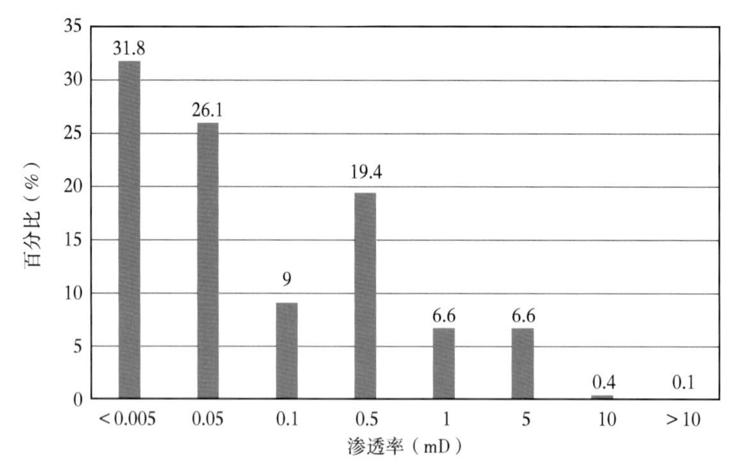

图 1-10　研究区储层渗透率分布直方图

利用取心井岩心分析孔隙度、渗透率数据，结合试油试采情况，建立条湖组岩心分析孔隙度与渗透率交会图，确定孔隙度下限为 8%，渗透率下限为 0.01mD。

总之，条湖组凝灰岩致密储层微观孔隙发育，微孔主要是脱玻化孔，脱玻化作用是脱玻化孔形成的主要机制。储层微孔发育，孔喉分选好，具有高孔隙度、低渗透率的特点，火山灰的性质与成分、脱玻化程度和黏土矿物含量控制了致密储层的物性。

第二节　致密油资源量评价

一、烃源岩评价标准

烃源岩评价是定性地对烃源岩质量的好坏进行评价，资源量计算则从定性转向定量，中—上二叠统乃至侏罗系原油主要来自芦草沟组烃源岩，估算烃源岩的质量及总油气资源规模，为油气勘探、开发的中长远规划提供科学依据。

（一）有机质丰度评价标准

沉积岩石中的有机质是油气生成的的物质基础，其含量高低决定着油气生成量的大小。只有当有机质含量达到一定程度，才有可能生成一定规模的、具有工业价值的油气藏。因此，有机质丰度评价是烃源岩评价的基础，评价依据参考行业标准《烃源岩地球化学评价方法》（SY/T 5735—2019），见表 1-4。目前中国湖相烃源岩以有机碳含量（TOC）、氯仿沥青“A”含量、总烃和生烃潜量（HC）作为有机质丰度的评价参数。

表 1-4　我国湖相烃源岩有机质丰度评价标准（SY/T 5735—2019）

生油岩级别	湖盆水体类型	最好	好	中等	差生油岩	非生油岩
TOC（%）	淡水—半咸水	>2.0	>1.0~2.0	>0.6~1.0	>0.4~0.6	<0.4
	咸水—超咸水	>0.8	>0.6~0.8	>0.4~0.6	>0.2~0.4	<0.2
S_1+S_2（mg/g）		>20	>6.0~20	>2.0~6.0	>0.5~2.0	<0.5
氯仿沥青“A”含量（%）		>0.2	>0.1~2.0	0.05~0.10	0.015~0.05	<0.015
HC（μg/g）		>1000	>500~1000	>200~500	>100~200	<100

（二）有机质类型评价标准

由于沉积环境、物质来源及生物组成的不同，使得烃源岩中有机质的生烃潜力呈现出较大的差异。对于烃源岩来讲，有了丰富的有机质，是否能生成大量的烃，这要取决于有机质的类型及其所经历的热演化程度。

研究证明：除有机质丰度之外，烃源岩的质量好坏，主要与其所含有机质的类型有关。母质不同的烃源岩，在同等演化程度下，其生烃能力可能相差几倍甚至十几倍，或者更大。例如冀中地区饶阳凹陷 ES_3 段的烃源岩，为腐殖—腐泥型（即Ⅲ型），有机碳含量平均只有 0.75%，烃含量却高达 1650μg/g，烃/有机碳含量为 23.8%；而廊固凹陷 Es_4—Ek 的烃源岩，为腐殖型（即Ⅲ型），有机碳含量大于 1%的烃源岩，烃含量却很低，最高也不超过 450μg/g，烃/有机碳含量小于 5%。不同类型母质生成烃的性质也不相同，藻类和腐泥母质生成环烷烃或石蜡环烷烃石油，其生烃期长、生油带厚、生气量少；而高等植物等腐殖型母质则相反，生成石蜡基或芳香族石油，其生烃期短、生油带薄、生气量大并有凝析油生成。由此可见，一定数量的有机质（包括烃源岩有机质含量及烃源岩数量）是成烃的物质基础，而有机质的质量（即母质类型的好坏）决定着生烃量的大小及生成烃类的性质和组成。有机质类型的评价标准采用行业标准《烃源岩地球化学评价方法》（SY/T 5735—2019）（表 1-5）。

表 1-5　湖相烃源岩有机质类型划分标准（SY/T 5735—2019）

项目		Ⅰ型	Ⅱ型		Ⅲ型
			$Ⅱ_1$ 型	$Ⅱ_2$ 型	
氯仿沥青“A”族组成	饱和烃（%）	>40~60	<30~40	<20~30	<20
	饱和烃/芳香烃	>3	1.6~3.0	1.0~1.6	1.0
	非烃+沥青质（%）	20~40	>40~60	>6~70	>70
岩石热解参数	含氢指数 I_H/（mg/g）	>700	350~700	150~350	<150
	类型指数 T_{yc}	>20	10~20	5~10	<5
	降解产率 D	>70	30~70	10~30	<10
干酪根元素	H/C 比	>1.5	1.2~1.5	0.8~1.2	<0.8
	O/C 比	<0.1	0.1~0.2	0.1~0.3	>0.3
干酪根镜鉴	腐泥组+壳质组（%）	>70	50~70	10~50	<10
	镜质组反射率（%）	<10	10~20	20~70	>70
	类型指数 TI	>80	40~80	0~40	<0
干酪根碳同位素 $\delta^{13}C$（‰）		>-23	-25~-23	-28~-25	<-28
饱和烃色谱峰形特征		前高单峰形	前高双峰形	后高双峰形	后高单峰形
生物标志物	$5a-C_{27}$（%）	>55	35~55	20~35	<20
	$5a-C_{28}$（%）	<15	15~35	35~45	>45
	$5a-C_{29}$（%）	<25	25~35	35~45	>45
	$5a-C_{27}/5a-C_{29}$	>2.0	1.2~2.0	0.8~1.2	<0.8

（三）有机质热演化评价标准

在沉积盆地内，丰富的原始有机质伴随着其他矿物质在乏氧的还原环境下沉积后，随着埋藏深度的逐渐加大，经受地温不断升高，有机物质逐步向油气转化。在不同的深度范围内，由于各种能源条件的不同，致使有机物质转化的反应过程和主要产物都有明显的区别，显示出有机物质向油气的转化过程具有明显的阶段性。

根据有机质向油气转化过程中地化特征的变化，将有机物质向油气转化的全过程划分为四个逐步过渡的阶段：生物化学生气阶段（未成熟阶段）、热催化生油气阶段（低成熟—生油高峰阶段）、热裂解生凝析油气阶段（高成熟湿气阶段）和深部高温生气阶段（过成熟干气阶段）。湖相烃源岩成熟阶段划分指标参考行业标准《碎屑岩成岩阶段划分》（SY/T 5477—2003），见表 1-6。

表 1-6　湖相烃源岩成熟阶段划分的主要指标（SY/T 5477—2003）

指标		未成熟	低成熟	成熟	高成熟	过成熟
镜质组反射率（%）		<0.5	0.5~0.9	0.9~1.3	1.3~2.0	>2.0
HC/TOC（%）		<5	5~20	20~40	<5	
地温（℃）		<101	101~138	138~178	>178	
T_{max}（℃）		<435	435~455		455~490	>490
TAI		<2.5	2.5~4.5		>4.5	
甾烷	20S-C_{29}/20S+20RG9（%）	<20	20~40		稳定在50左右	
	20S+20R-C_{29}（%）					
菇烷	ββ-C_{29}/ΣC_{29}（%）	<20	25~40	40~70	稳定在70左右	
	22S/22R-C_{31}	<1			>1	
	T_s/T_m	<0.2	<0.2~1		0.5~2	>0.5~2
饱和烃	OEP	>1.2	1.1~1.3		<1.2	
脱气分析	C_{2+}（%）	≤0~5	<10	5~20	5~10	<5
	CH_4（%）	≥95~100	>90	80~95	90~95	>95
热解气相色谱	$nC_8+nC_9+nC_{10}$	40~80		—>		<20
甲苯+二甲苯						
轻烃	庚烷值（%）	<15	15~30	30~40	>40	
	石蜡指数	<0.7	0.7~2.5	2.5~5.0	>5	
芳烃色谱	甲基菲指数	<0.40	0.40~0.75	0.75~1.60	>1.60	
	甲基茶指数	<0.40	0.40~0.75	0.75~1.60	>1.60	
	三甲基菲/四甲基菲		1-2 -2			>4
	屈含量（%）	0.3~0.9		—>	>0.15	
干酪根	1715/1600（cm^{-1}）	0.68—>0.38		0.38左右		
红外光谱	2929/1600（cm^{-1}）	2.0—>1.2 1.2		较稳定		
紫外光谱二环/三环以上芳香烃		0.5~1.5				>2
X射线衍射伊/蒙混层比（%）		>50				

二、芦草沟组烃源岩纵向发育特征

中二叠统芦草沟组（P_2l）主要分布于马朗凹陷和条湖凹陷。根据岩性、电性特征，芦草沟组自下而上分为三段。

（一）烃源岩厚度

芦草沟组下段（P_2l_1）在马朗凹陷主要是一套灰褐色、灰色砂泥岩，在条湖凹陷的T17井为一套凝灰质泥岩，表现为自然伽马值较高、电阻率低的电性特征。平面上具有西厚东薄的变化特征（图1-11至图1-14）。

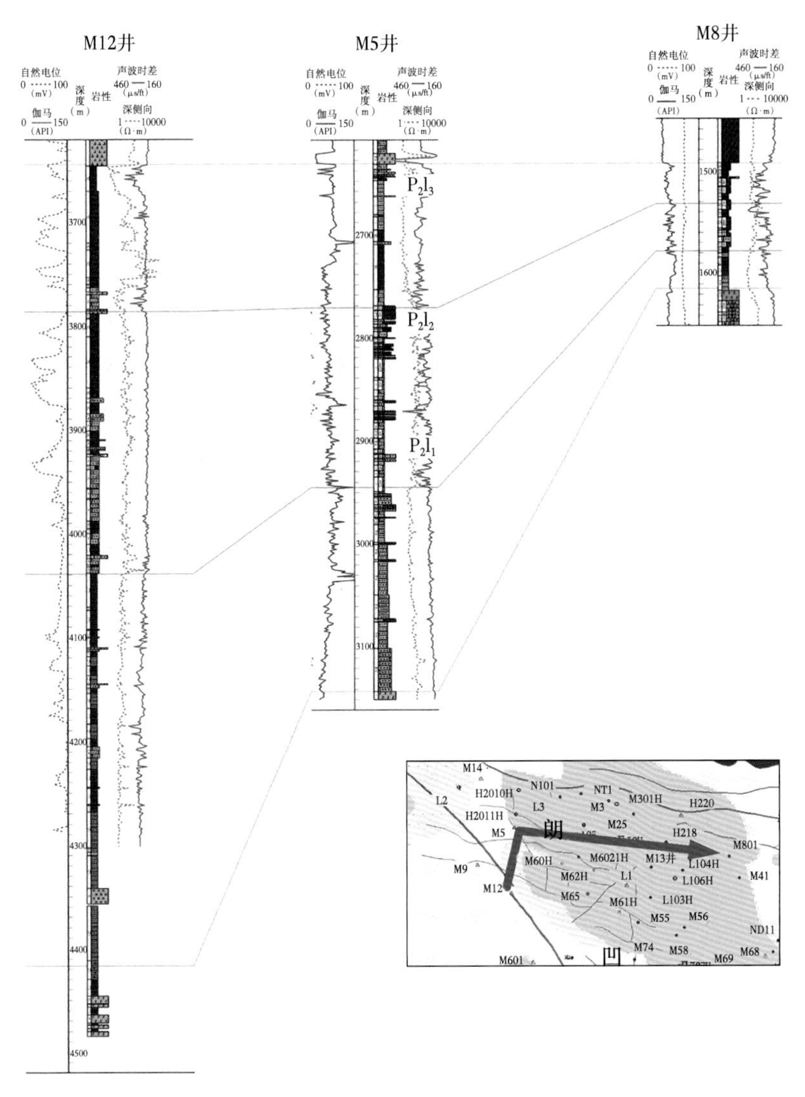

图1-11　M12井—M5井—M8井连井剖面图

芦草沟组中段（P_2l_2）岩性以泥灰岩、灰质白云岩、灰质/云质泥岩和凝灰质泥岩为主，表现为高电阻率、低自然伽马值特征，声波时差、中子孔隙度和密度测井值发育多个异常低值段。地层厚度西薄东厚，到东部斜坡区遭剥蚀（TC1井、M22井）。岩性分布也

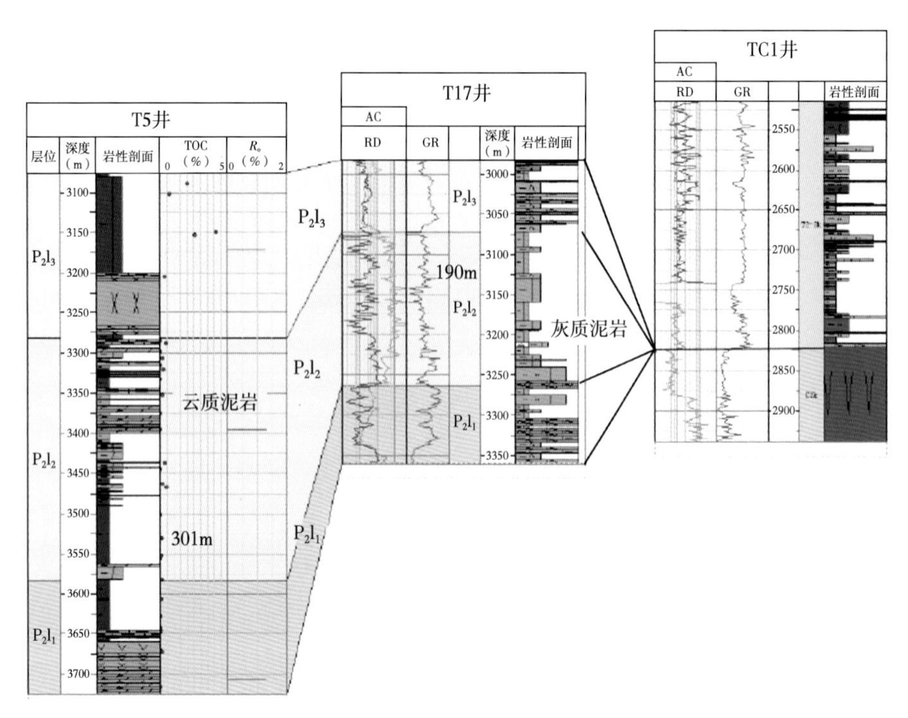

图 1-12　T5 井—T17 井—TC1 井连井剖面图

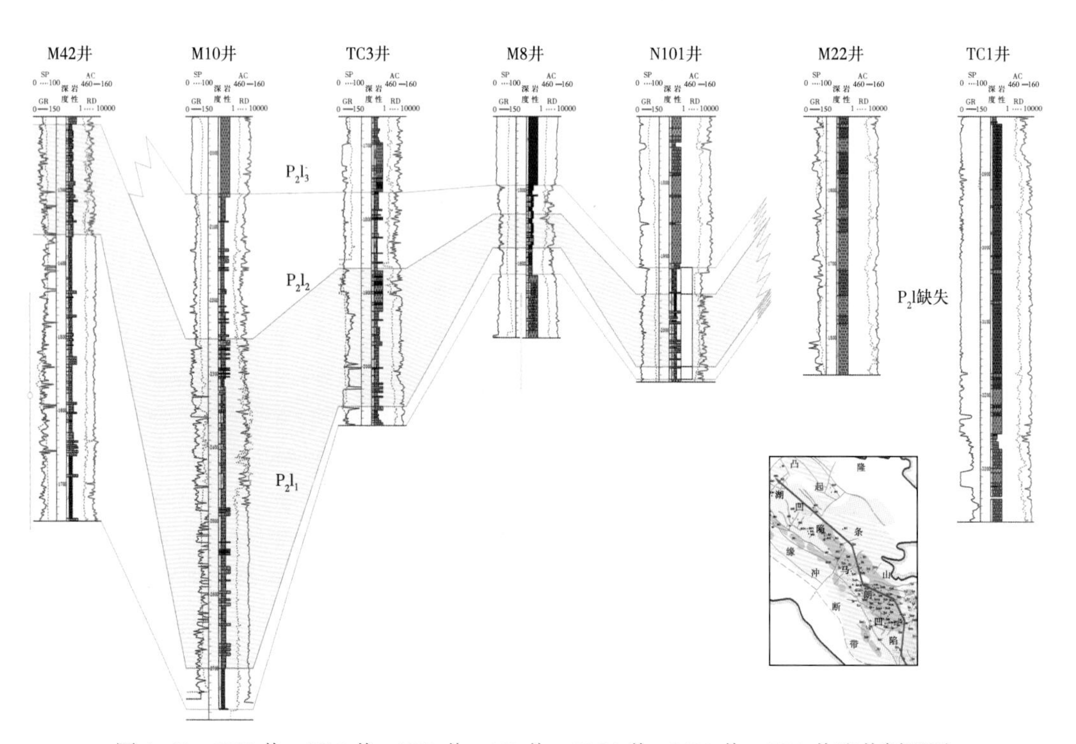

图 1-13　M42 井—M10 井—TC3 井—M8 井—N101 井—M22 井—TC1 井连井剖面图

有一定变化，以 M12 井—M5 井—M8 连井剖面为例，M12 井和 M8 井以云质泥岩为优势岩相，到 M5 井以灰质泥岩为优质岩性（图 1-11 至图 1-14）。

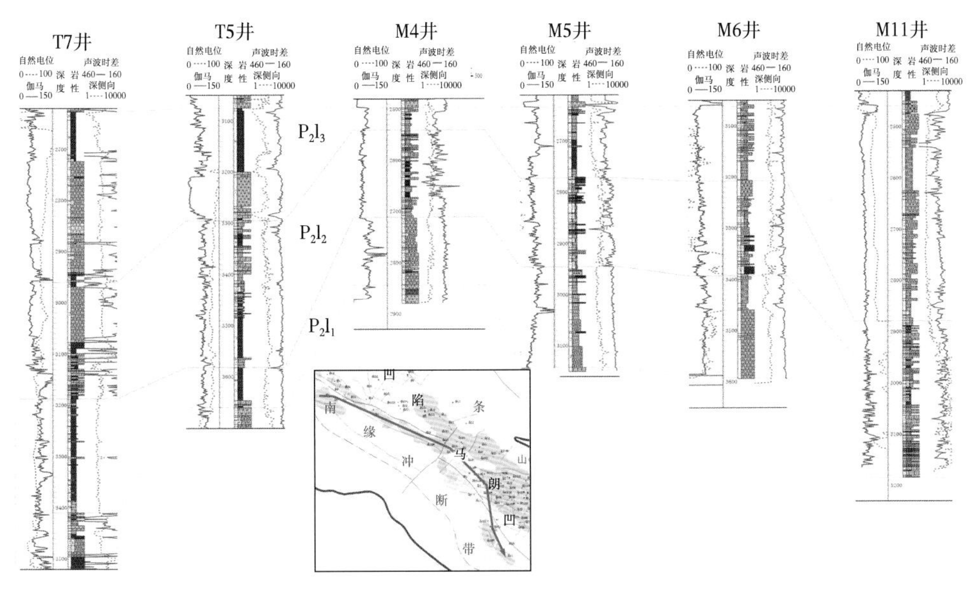

图 1-14　T7 井—T5 井—M4 井—M5 井—M6 井—M11 井连井剖面图

芦草沟组上段（P_2l_3）为灰黑色灰质泥岩夹火山岩段，自然伽马值和电阻率介于芦一段、芦二段之间。地层厚度西薄东厚，到斜坡区地层已经剥蚀殆尽。P_2l_3 灰黑色灰质泥岩夹火山岩段是一套非常好的盖层，在该套地层发育的凹陷区，以源内成藏为主，在该套地层剥蚀殆尽的斜坡区，由于裂缝也较为发育，所以以源外成藏为主（图 1-11 至图 1-14）。

综上所述，P_2l_2 分布了稳定咸化湖相高位域富碳酸盐岩段。

（二）有机质丰度

从有机碳含量（TOC，单位为%）频率分布来看，芦一段（P_2l_1）TOC（全部）< 2%；芦二段（P_2l_2）TOC<2%的只占 28%，而 TOC>8%的占到了 26%，属于极好烃源岩；芦三段（P_2l_3）TOC<2%的占到 50%，而 TOC>8%的仅占 17%（图 1-15）。

从生烃潜量（S_1+S_2）频率分布来看，芦一段（P_2l_1）S_1+S_2 全部<20mg/g；芦二段（P_2l_2）S_1+S_2>20mg/g 的占近 60%；芦三段（P_2l_3）S_1+S_2>20mg/g 占 20%以下（图 1-15）。

通过有机碳含量和生烃潜量的频率分布可看出，芦二段的烃源岩质量最好，以极好烃源岩为主。从 M50 井、M52 井有机碳含量和生烃潜量随井深的变化图 1-16 可以看出，好的烃源岩主要发育在上部，由于这两口井的芦三段基本剥蚀，好烃源岩主要发育在芦二段。

（三）有机质类型

芦一段（P_2l_1）含氢指数（I_H）基本小于 150mg/g，属于Ⅱ$_2$—Ⅲ型；芦二段（P_2l_2）含氢指数分布范围较大，半数以上的大于 300mg/g，属于Ⅰ—Ⅱ$_1$ 型；芦三段（P_2l_3）含氢指数分布范围也较大，从Ⅲ型到Ⅰ型都有，但以Ⅱ$_1$—Ⅱ$_2$ 型为主（图 1-17）。总体来看，芦二段（P_2l_2）生烃能力最强。

在有机地球化学研究中，Pr/Ph（姥鲛烷/植烷比值）主要是用来评价沉积期水介质氧化—还原性，Pr/Ph 越小，对有机质的保存越有利；γ-蜡烷/C_{30}Hop 主要用来衡量水体的盐度，在一定盐度下有利于有机质的保存，但盐度过大又会抑制水生生物的生长，γ-蜡烷

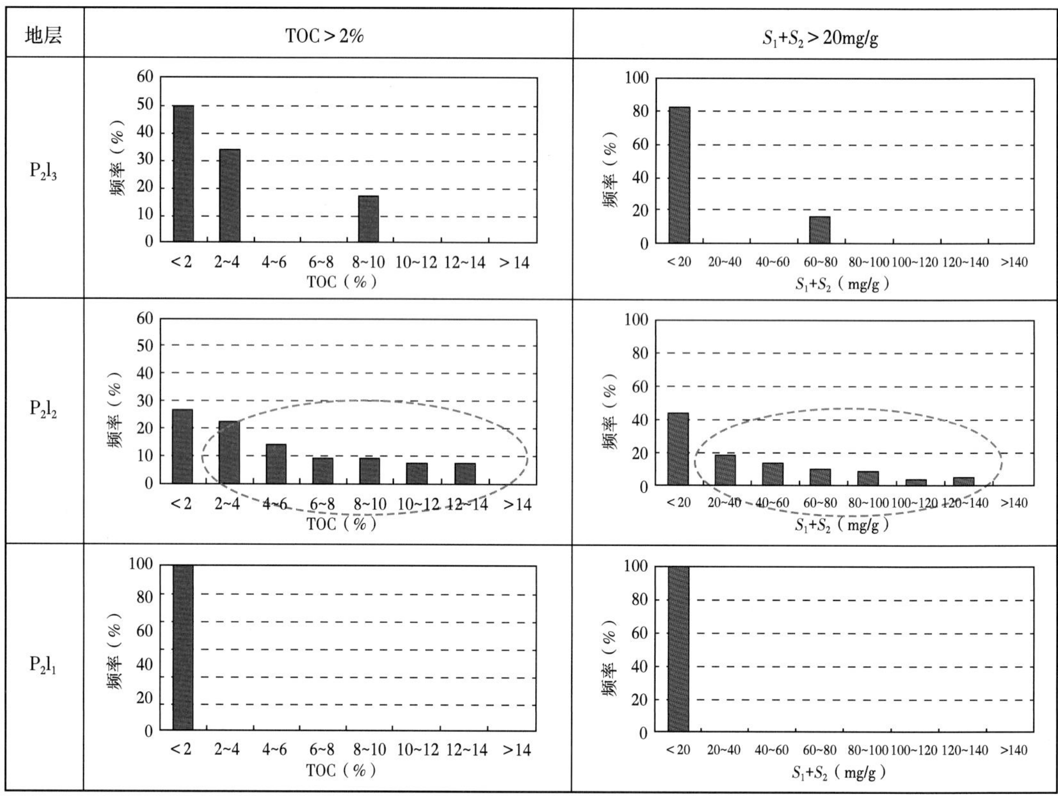

图 1-15　芦草沟组烃源岩有机碳含量和生烃潜量频率分布图

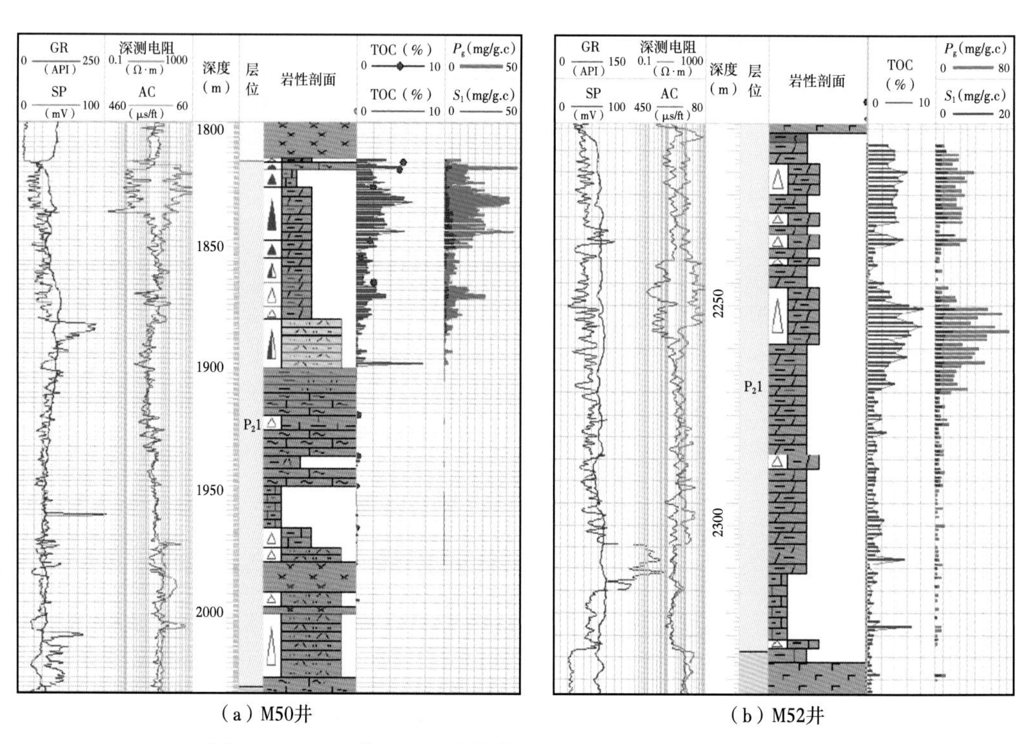

（a）M50井　（b）M52井

图 1-16　M50 井、M52 井芦草沟组烃源岩有机质丰度剖面图

/C_{30}Hop 比值越大，表示盐度越大。图 1-18 为三塘湖盆地油、岩 Pr/Ph 与 γ-蜡烷/C_{30}Hop 关系图，图中，芦草沟组烃源岩抽提物和来源于芦草沟组烃源岩的芦草沟组和条湖组原油均表现为低 Pr/Ph 值和高 γ-蜡烷/C_{30}Hop 特征，表明芦草沟组沉积时期是一种咸化—半咸化还原性水介质环境，这种环境不仅有利于有机质保存，还有利于低成熟油的生成，这也是芦草沟组烃源岩中可溶有机质含量高、原油成熟度低的主要原因。

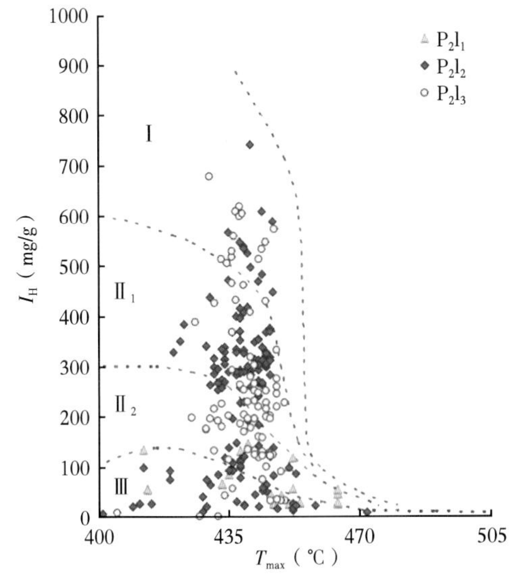

图 1-17 三塘湖 P_2l T_{max}—I_H 关系图

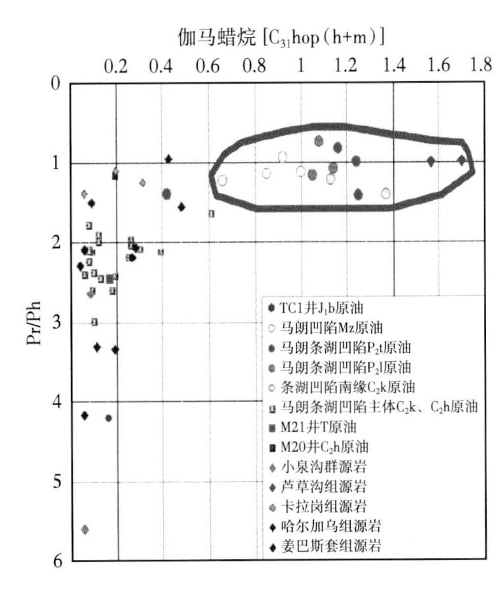

图 1-18 三塘湖盆地油、岩 Pr/Ph 与 γ-蜡烷/C_{30}Hop 关系图

（四）有机质成熟度

镜质组反射率（R_o，单位为%）被喻为地质温度计，但在三塘湖盆地其纵向上规律不明显，这里主要使用最高热解峰温（T_{max}）及游离烃（S_1）纵向变化趋势确定成熟门限。

T_{max}数据总体上随深度增加而增大，在 1700m 达到 435℃，在 3200m 左右达到 445℃；游离烃（S_1）在 1600m 左右开始迅速增大，意味着开始有大量的游离烃生成。所以，三塘湖盆地的生烃门限深度应该为 1600～1700m。另外，从（S_1+S_2）/TOC 纵向变化看，高值点出现在 1800m 左右，向下比值逐渐变小。前人研究认为，在母质类型大致不变的前提下，（S_1+S_2）/TOC 降低主要由于发生排烃，也就是说该区的排烃门县深度大致在 1800m 左右（图 1-19）。总体上，芦草沟组烃源岩处于低成熟—成熟阶段。

梁浩于 2001 年曾对马中油田马 7 井的泥岩孔隙度随埋深变化进行过分析（图 1-20），认为在埋深 0～500m 泥岩孔隙度迅速减小，油气还没有大量生成，主要是排驱孔隙中的自由水；埋深 500～1700m 是泥岩稳定压实阶段，排驱较微弱，压实较均匀缓慢；埋深 1700～2040m 是急剧压实阶段，孔隙度急剧减小，平均每 100m 减少 5.6%，此时烃源岩层温度达 70～100℃，油气大量生成，油气与孔隙水一同由源岩层向储层中排驱，发生原油的初次运移，亦即埋深 1700m 大致为该井的排烃门限，这与通过（S_1+S_2）/TOC 确定的 1800m 排烃门限基本一致。

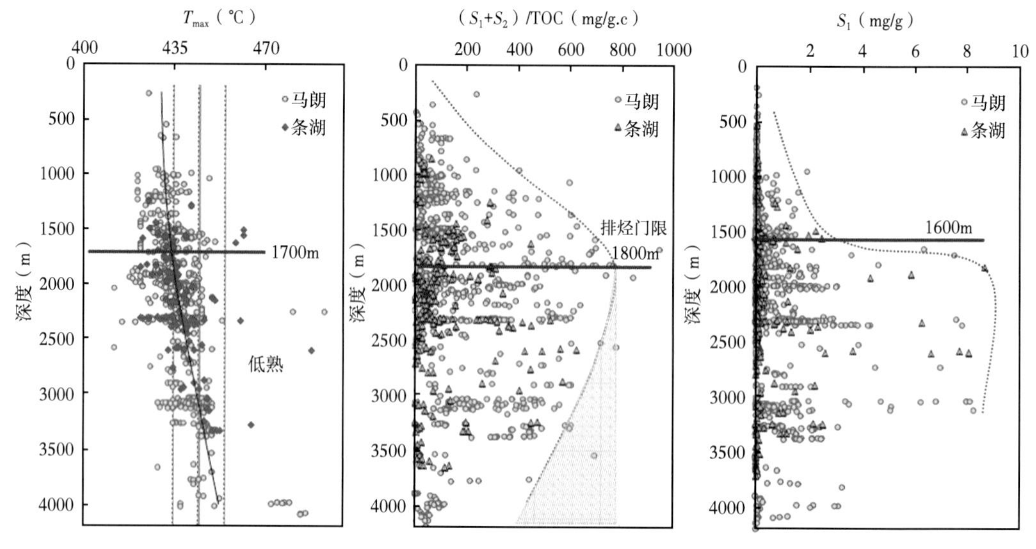

图 1-19　三塘湖 P_2l 烃源岩有机质热演化剖面

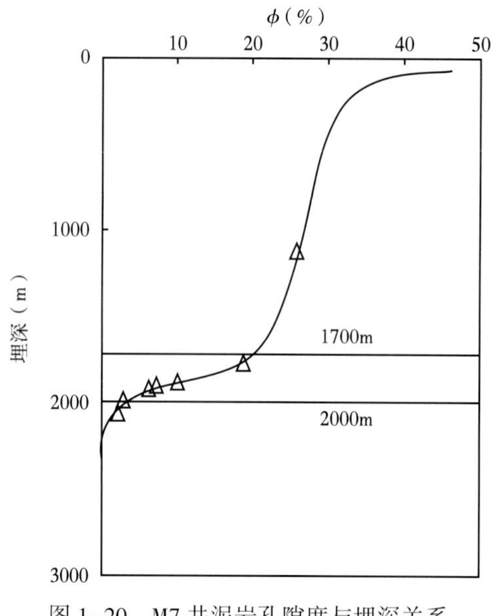

图 1-20　M7 井泥岩孔隙度与埋深关系

三、P_2l_2 烃源岩平面展布特征

研究区开展有机地球化学分析的井较为有限，因此，仅仅依赖这些井进行平面图编制难度较大，编制精度也较低。考虑实际钻井数量较多，因此，引入了测井曲线计算烃源岩有机碳含量的物理方法补充实测数据的不足；这样一来既可以弥补平面上井点少的不足；在纵向上，测井曲线解释的有机碳含量具有连续性，又可使有效烃源岩厚度统计具有更高的准确度。

（一）测井曲线评价烃源岩原理及精度分析

1. 测井评价烃源岩原理

为了有效评价有井无数据地区的有机质丰度，采用了测井曲线评价烃源岩有机质丰度的方法，以弥补有机地球化学数据偏少的不足。下面首先对其原理进行介绍并对应用效果进行评价。

2. 烃源岩的测井响应

为了研究富含有机质源岩的测井响应特征，首先需要建立物理概念模型。富含黏土矿物的岩石，岩石骨架主要由层状的黏土矿物组成，而有机质分散在这些岩石骨架颗粒的周围。随着压实作用，层状的骨架颗粒趋于平行方向；有机质也呈水平方向分布。假设富含有机碳的烃源岩由岩石骨架、固体有机质和孔隙流体组成，非烃源岩仅由岩石骨架和孔隙流体组成，未成熟烃源岩中的孔隙空间仅被地层水充填，而成熟烃源岩的部分有机质转化为液态烃进入孔隙，其孔隙空间被地层水和液态烃共同充填（图 1-21）。测井曲线对岩层有机碳含量和充填孔隙的流体物理性质差异的响应，是利用测井曲线识别和评价烃源岩的基础。

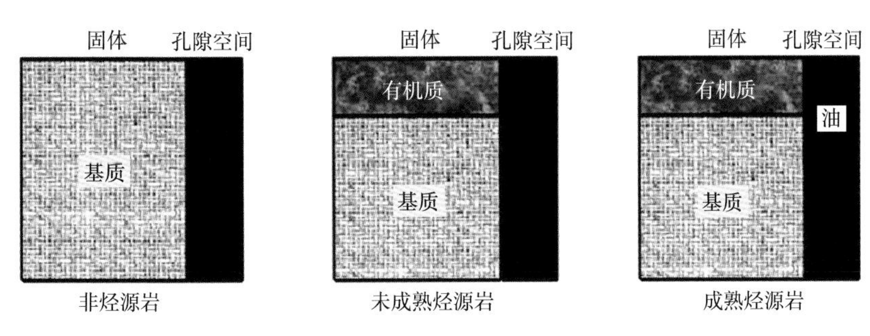

图 1-21 岩石组成示意图

3. *识别烃源岩的 $\Delta \lg R$ 技术*

将声波时差曲线（专门刻度孔隙度的测井曲线）叠合在电阻率曲线上（最好是探测仪器所测曲线），两条曲线的幅度差即为 $\Delta \lg R$。幅度差用相对刻度表示，即每两个对数电阻率循环为 100μs/ft（328μs/m），相对于 1 个电阻率单位的比率为 50μs/ft（164μs/ft）。以细粒的非烃源岩为基线，基线定义在两条曲线“轨迹”一致或在一个有意义的深度段正好重叠处，幅度差 $\Delta \lg R$ 与 TOC 成线性关系。

4. *烃源岩测井地球化学方法的技术改进*

本套方法虽在国内外多个陆相地层的烃源岩评价中取得了很好的应用效果，但由于岩性、岩相、井径、孔隙度、油气水含量等都对测井曲线产生不同程度的影响，且不同地区均有不同的变化。如果只采用同一套经验公式，必然会产生较大的偏差。因此，在遵循基本原理的同时，需要用实测数据进行校正来改进 TOC 的计算公式。

湖相烃源岩测井地球化学评价实践表明，$\Delta \lg R$ 能较好地识别高有机质丰度烃源岩层段（TOC 大于 1%）。因此，基于大量的地球化学分析数据和测井数据，对三塘湖盆地 $\Delta \lg R$ 方法进行了一些改进，以取得较好的应用效果。

选择研究区域内目标层段地球化学分析数据较多的井为标准井（测井数据质量不好的井不用），分析 $\Delta \log R$ 与实测有机碳含量的相关性，利用 $\Delta \lg R$ 与实测有机碳含量拟合出其相关关系式：

$$\mathrm{TOC}_{实测}=A\Delta \lg R+B \tag{1-1}$$

式中 A 和 B——拟合公式的系数。

得出系数 A、B 后，再建立计算 TOC 的经验公式：

$$\mathrm{TOC}_{计算}=A\Delta \lg R+B \tag{1-2}$$

将有机碳含量计算公式套到有实测有机碳含量的井（即检验井）上。如果检验井的实测有机碳含量与计算有机碳含量相关性较好，再把有机碳计算公式推广到周围未取心井上，得到未取心井总有机碳含量曲线。

利用录井岩性数据剔除非烃源岩的影响，使得烃源岩厚度统计结果更确切。由于地下岩性情况复杂多变，可根据岩性数据有效地排除砾岩、砂岩、粉砂岩等非烃源岩的影响。

（二）测井方法评价烃源岩精度分析

三塘湖盆地烃源岩测井评价共分析了 108 口探井，这些井基本覆盖了三塘湖盆地各个构造单元。其中进行过系统地化分析的探井有机碳含量数据，用以检验测井方法计算值的准确性。

对系统做过有机地球化学分析的井进行了烃源岩有机碳含量测井评价，其实测有机碳含量和计算有机碳含量符合率对比结果如图 1-22 所示。通过 M7 井、M17 井湖相泥岩实测数据对计算公式进行校正，拟合后系数 A 取 5.0951、B 取 0.0927，形成经验公式后推广到全区其他各井，计算结果与收集到的实测数据进行对比符合率较高，基本符合要求（图 1-23、图 1-24）。M7 井符合率在 80%以上。

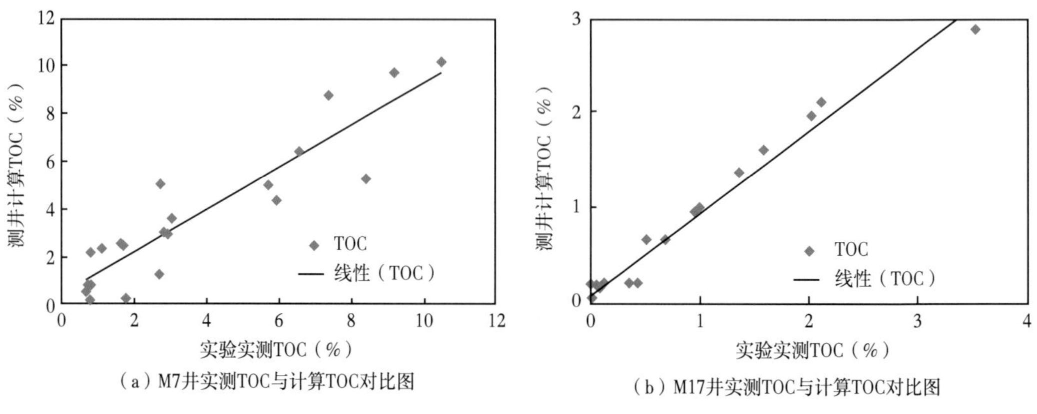

（a）M7井实测TOC与计算TOC对比图

（b）M17井实测TOC与计算TOC对比图

图 1-22　三塘湖盆地测井分析和实验分析结果符合率对比

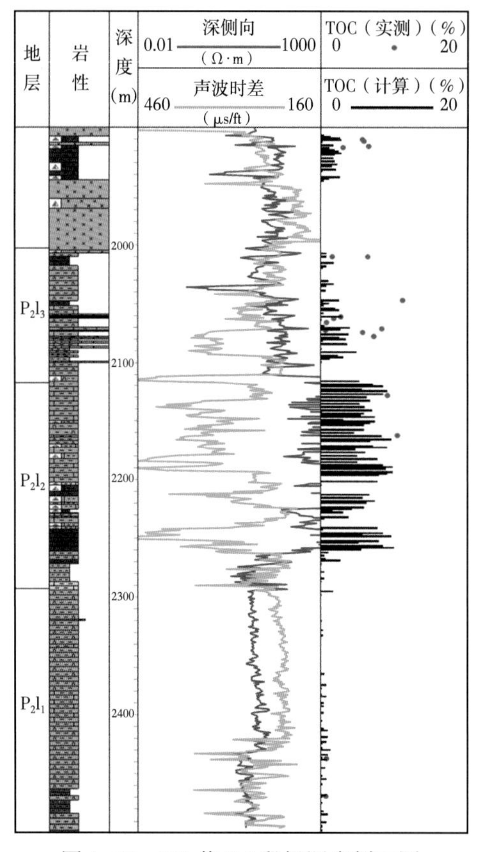

图 1-23　M7 井 P_2l 段烃源岩剖面图

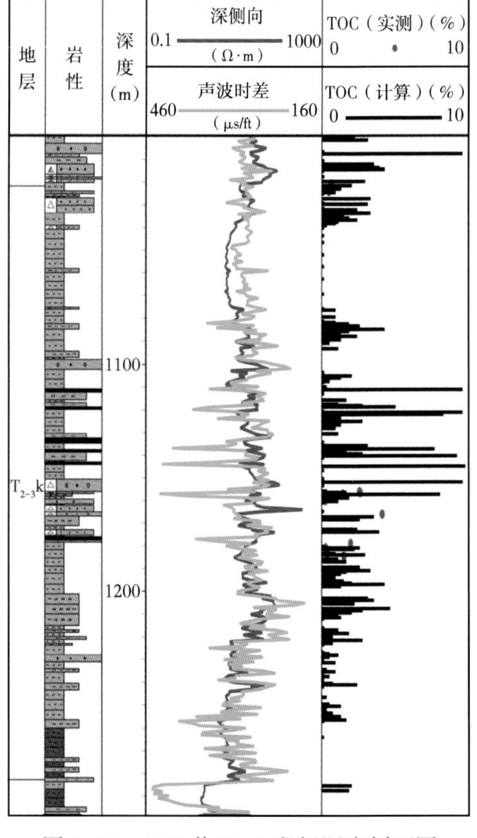

图 1-24　M17 井 $T_{2-3}k$ 段烃源岩剖面图

在对钙质泥岩和泥灰岩进行计算时发现，一些井有机碳含量实测值很高，尤其是油气显示段，油气显示段因油气的存在，其实测有机碳含量会偏高。为此，对这类岩性的计算公式进行了重新拟合。在与其他井无油气显示的钙质泥岩和泥灰岩有机碳含量实测结果对比后，系数 A 取 10.127、B 取 0.0432（图 1-25）。尽管校正后的计算结果比有油气显示井段的实测结果低一些，但符合率也能满足要求。

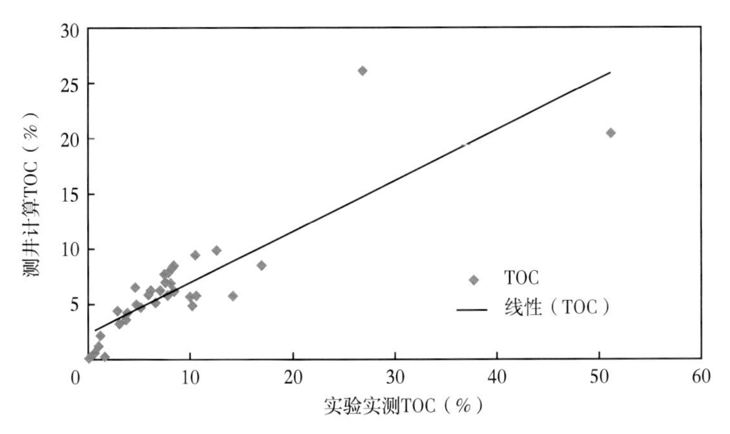

图 1-25　N101 井测井分析和实验分析结果符合率对比

（三）烃源岩厚度平面分布

烃源岩的评价综合使用了实测数据和测井曲线计算的数据。按照烃源岩的有机质丰度，把暗色泥岩划分成三个级别来评价：TOC 小于 1%的低丰度烃源岩、TOC 介于 1%～2%的中等烃源岩和 TOC 大于 2%的好烃源岩。

1. 芦草沟组优质烃源岩平面分布

马朗凹陷、条湖凹陷与汉水泉凹陷优质源岩均比较发育，以马朗凹陷相对最好（图 1-26 至图 1-28）。芦草沟组三段：马朗凹陷沉积中心的 M9 井区、M7 井区最厚，达到 40m。汉水泉与条湖凹陷推测沉积中心区厚度约为 20m。芦草沟组二段：马朗凹陷沉积中心的 M7 井区最厚，达到 120m。汉水泉凹陷与条湖凹陷推测沉积中心厚度约为 60m。芦草沟组一段：马朗凹陷沉积中心向南转移，M26 井区最厚，可达到 100m。汉水泉凹陷与条湖凹

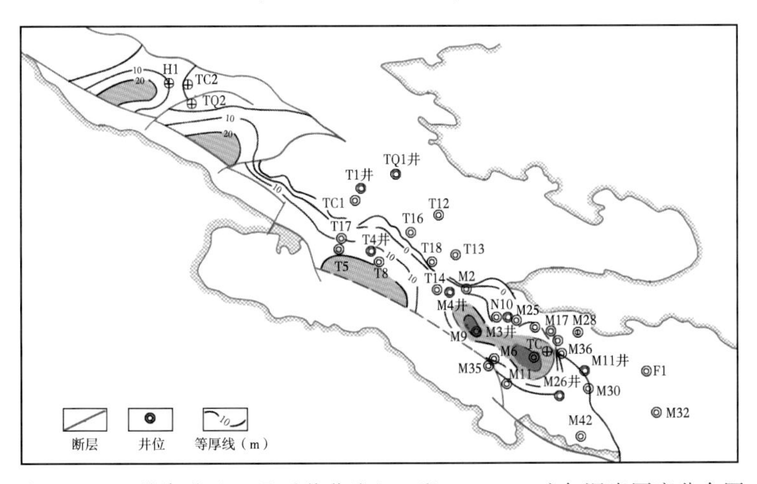

图 1-26　三塘湖盆地二叠系芦草沟组三段 TOC>2%暗色泥岩厚度分布图

陷推测沉积中心厚度约为 50m。

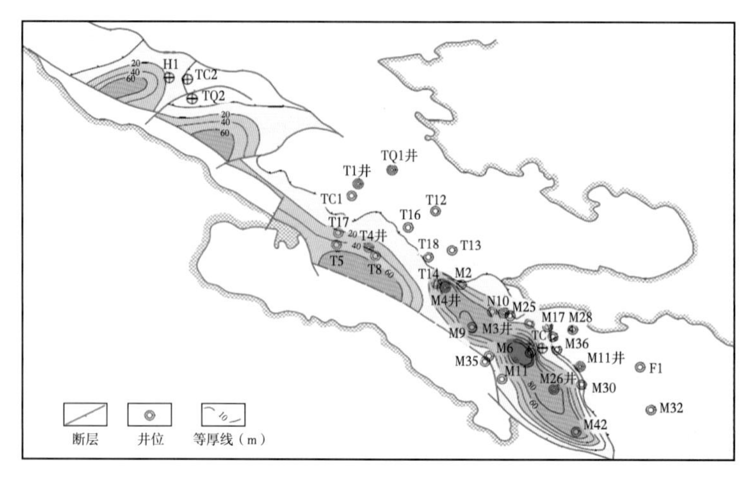

图 1-27　三塘湖盆地二叠系芦草沟组二段 TOC>2%暗色泥岩厚度分布图

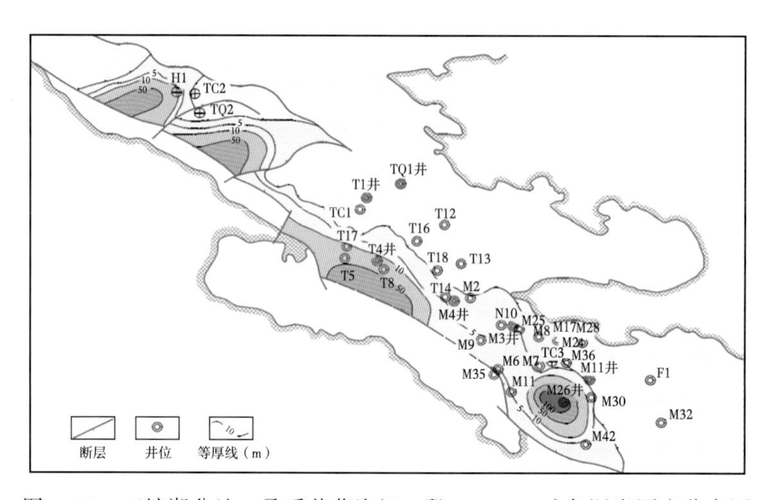

图 1-28　三塘湖盆地二叠系芦草沟组一段 TOC>2%暗色泥岩厚度分布图

2. *芦草沟组中等烃源岩分布*

中等烃源岩与优质烃源岩的发育特征基本一致，马朗凹陷、条湖凹陷与汉水泉凹陷发育程度比较接近（图 1-26 至图 1-31）。芦草沟组三段：三个凹陷沉积中心区厚度均在 20m 左右，仅马朗凹陷 TC3 井区厚度达到了 40m。芦草沟组二段：烃源岩发育特征与芦草沟组三段一致，三个凹陷沉积中心区厚度也均在 20m 左右。芦草沟组一段：与芦草沟组二段一致，最厚的发育区厚度也为 20m 左右。

（四）有机碳含量平面等值线图

1. *好烃源岩有机碳含量平面分布*

好烃源岩是有统计的 TOC>2%以上的烃源岩。从分布上看，高值区在各个凹陷均有分布，马朗凹陷 TOC 最大值可以达到 6%~7%，分布的面积也最大；条湖凹陷和汉水泉凹陷 TOC 高值区为 4%（图 1-32）。

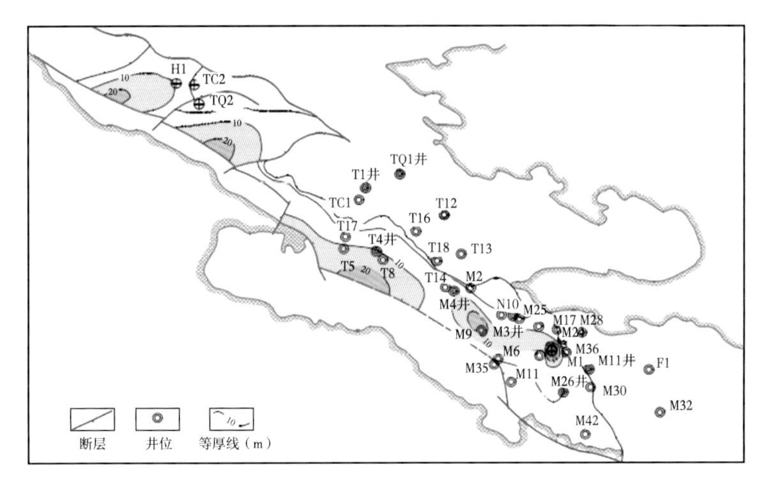

图 1-29　三塘湖盆地二叠系芦草沟组三段 TOC=1%~2%暗色泥岩厚度分布图

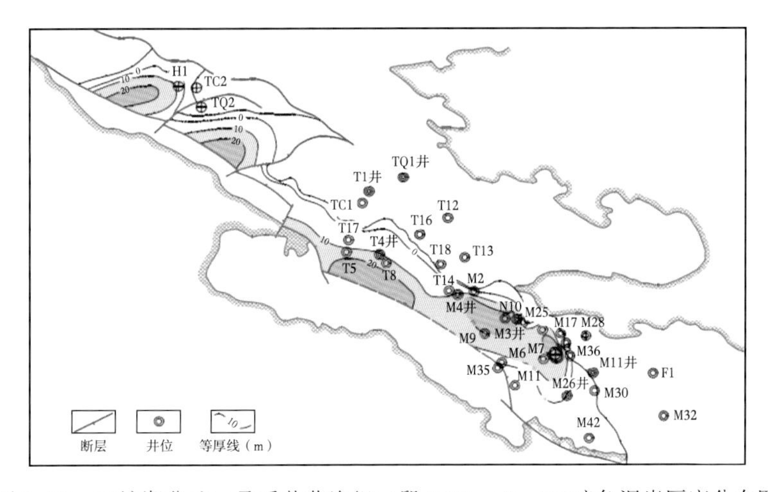

图 1-30　三塘湖盆地二叠系芦草沟组二段 TOC=1%~2%暗色泥岩厚度分布图

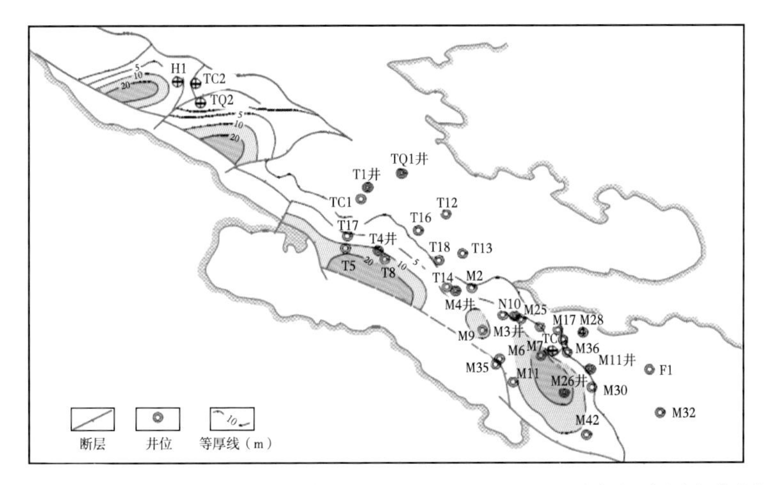

图 1-31　三塘湖盆地二叠系芦草沟组一段 TOC=1%~2%暗色泥岩厚度分布图

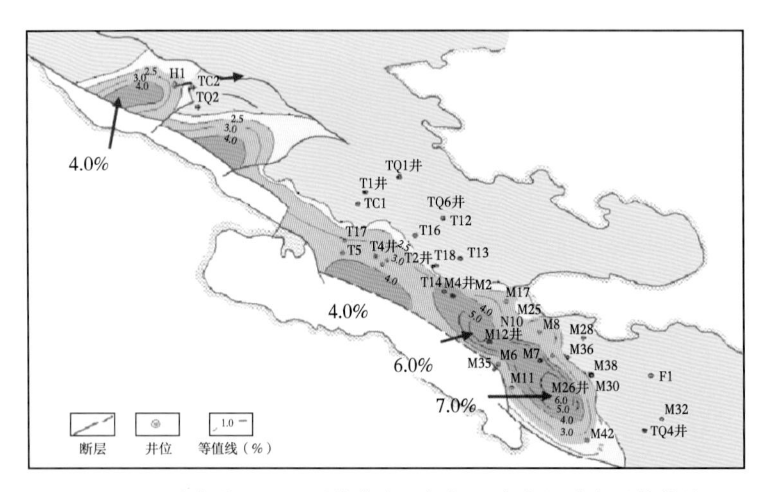

图 1-32　三塘湖盆地二叠系芦草沟组好烃源岩有机碳含量等值线图

2. 中等烃源岩有机碳含量平面分布

中等烃源岩 TOC 高值区在马朗凹陷是 1.5%，在条湖凹陷和汉水泉凹陷为 1.4%（图 1-33）。

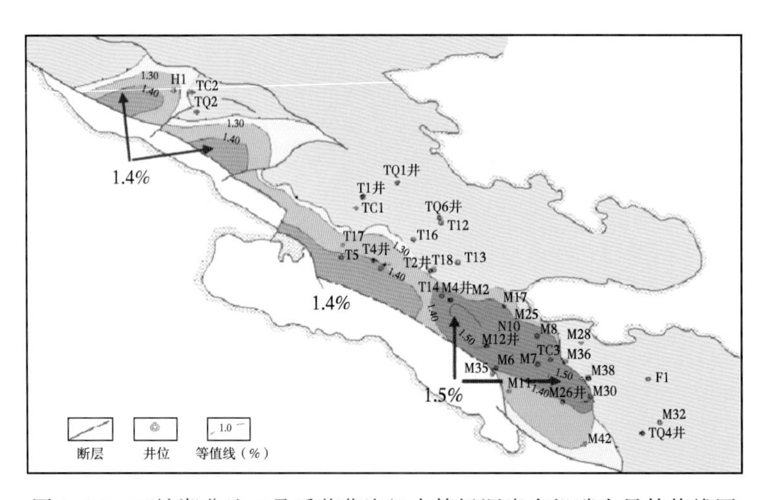

图 1-33　三塘湖盆地二叠系芦草沟组中等烃源岩有机碳含量等值线图

（五）热演化程度平面等值线图

马朗凹陷烃源岩 R_o 在 0.5%~0.9%之间，以低成熟烃源岩为主；条湖凹陷 R_o 在 0.8%~1.2%之间，以成熟烃源岩为主（图 1-34）。总之，三塘湖盆地芦草沟组烃源岩热演化程度不是很高，以生产低成熟—成熟原油为主。

四、P_2l 致密油资源量计算及评价

本次计算 P_2l 致密油资源量使用的是氯仿沥青“A”法，其计算公式如式（1-3）所示。其中的有效源岩的面积和厚度来源于图 1-28 至图 1-33，氯仿沥青“A”来源于平面图 1-35：

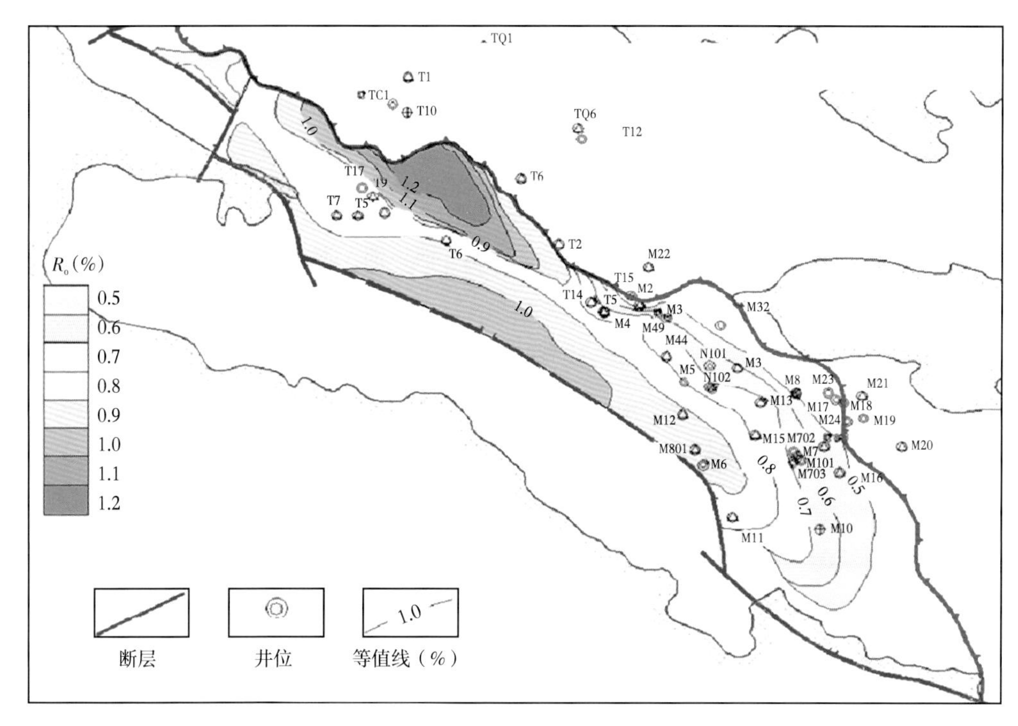

图 1-34　三塘湖盆地二叠系芦草沟组镜质组反射率等值线图

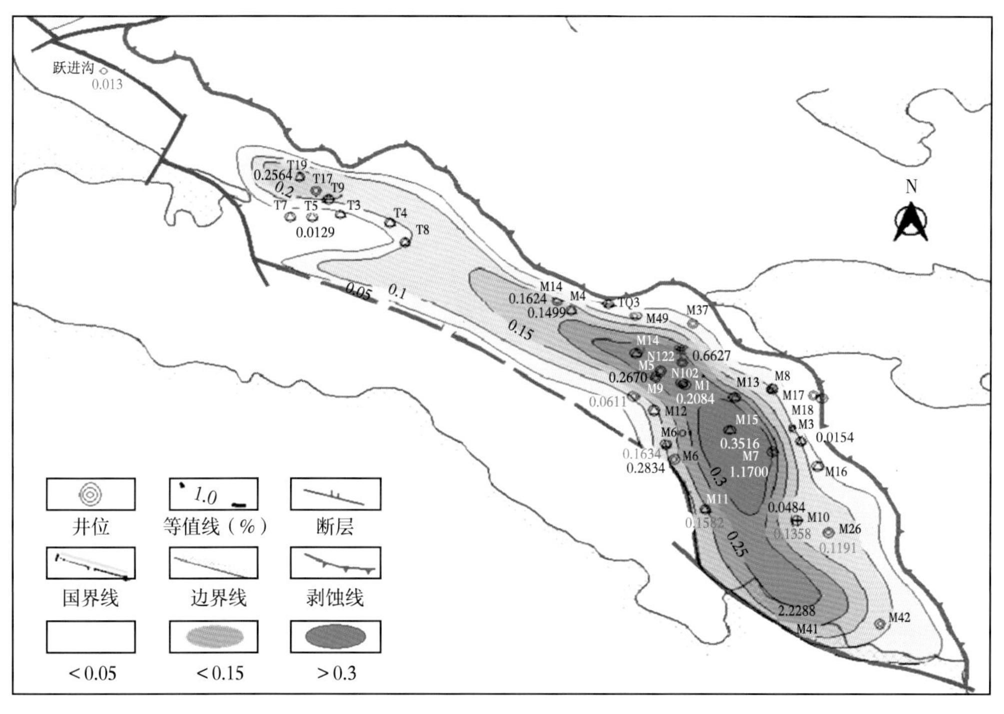

图 1-35　芦草沟组氯仿沥青“A”含量平面分布图

$$Q_{残油}=SH\rho\text{ “A”}\tag{1-3}$$

式中 $Q_{残油}$——残余致密油资源量，10^8t；

S——有效烃源岩分布面积；

H——有效烃源岩厚度，km；

“A”——有效烃源岩中氯仿沥青“A”含量,%；

ρ——烃源岩密度，25×10^8t/km^3。

计算结果为：三塘湖盆地 P_2l 致密油资源量为 25.67×10^8t（表1-7），其中，马朗凹陷为 18.66×10^8t，占主导地位；条湖凹陷为 2.83×10^8t；汉水泉凹陷为 4.18×10^8t（图 1-36）。致密油资源量计算结果显示了三塘湖盆地（尤其是马朗凹陷）良好的致密油勘探前景。

表 1-7 三塘湖盆地芦草沟组致密油资源量数据表

凹陷	面积（km^2）	厚度（m）	体积（km^3）	氯仿沥青“A”含量（%）	致密油资源量（10^8t）	总生烃量（10^8t）
汉水泉	370	300	133	0.05~0.10	4.18	8.35
条湖	490	50~200	79	0.05~0.20	2.83	5.66
马朗	1074	100~500	345	0.05~0.30	18.66	37.32
合计	1934		557		25.67	51.33

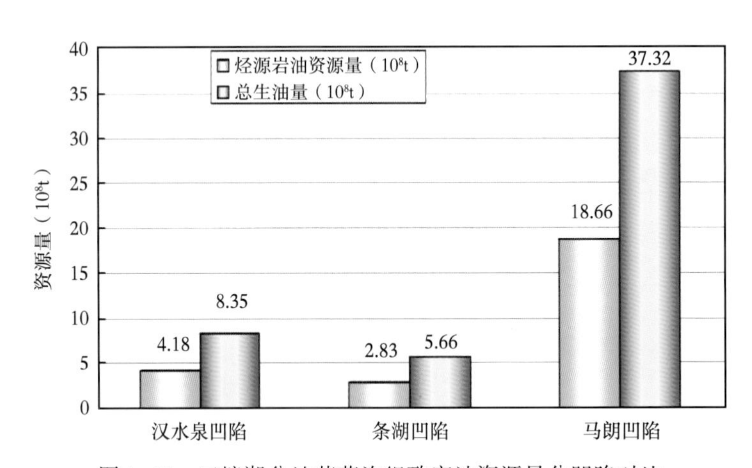

图 1-36 三塘湖盆地芦草沟组致密油资源量分凹陷对比

第三节 条湖组凝灰岩致密油藏形成机理与模式

三塘湖盆地条湖组致密油藏的形成机理一直受到争议，这主要集中在条湖组凝灰岩致密油藏中原油的来源，油源的确定将为进一步认识凝灰岩油藏的成藏机理奠定基础。本节从凝灰岩油藏的油源分析入手，充分考虑凝灰岩自身有机质对成藏的作用，通过岩石润湿性、油水驱替实验和输导条件等方面研究凝灰岩致密油藏的形成机理与成藏模式，以期为其他相似地质条件的致密油藏的勘探开发提供借鉴。

一、油源对比

（一）条湖组原油特征

凝灰岩中原油的密度（20℃）主要分布在0.88~0.91g/cm^{3}之间，平均值为0.90g/cm^3，属于中等密度的原油。原油黏度（50℃）变化较大，主要分布在101.8~166.4mPa·s之间，平均值为128.8mPa·s。原油饱和烃含量平均值为53.4%，芳香烃含量平均值为18.3%，非烃含量平均值为23.7%，沥青质含量平均值为4.1%，族组分中饱和烃含量最高（表1-8）。

表1-8　条湖组凝灰岩中原油物理性质及族组分特征

井名	深度（m）	类型	密度（g/cm^3）	黏度（mPa·s）	饱和烃（%）	芳香烃（%）	非烃（%）	沥青质（%）
L1	2546~2558	原油	0.91	166.4	52.6	20.6	24.1	2.7
M52	1881~1891	原油	0.90	165.7	57.3	16.4	22.8	3.5
M55	2278~2284	原油	0.89	104.1	50.5	23.6	23.0	2.9
M56	2143~2151	原油	0.91	101.8	47.7	17.4	32.5	2.4
M57H	2405~2821	原油	0.89	109.5	52.9	16.4	22.2	8.5
N115	1672~1678	原油	0.89	—	59.1	14.4	21.7	4.8
N14	1712~1728	原油	0.91	125.1	57.6	19.0	19.5	3.9
平均			0.90	128.8	53.4	18.3	23.7	4.1

从原油地球化学特征来看，原油类型一致，饱和烃生物标志化合物特征主要表现为：正构烷烃呈近正态分布，主峰碳为nC_{21}、nC_{23}，Pr/Ph主要分布在0.9~1.1之间，一般小于或略大于1.0，γ蜡烷含量较高（表1-9），β-胡萝卜烷含量也较高，表明原油的原始母质形成于还原咸水的沉积环境，Ts小于Tm，孕甾烷和升孕甾烷含量较低，并且甾烷异构化程度低，表现为低成熟—成熟的特征，规则甾烷ααα20RC$_{27}$、ααα20RC$_{28}$、ααα20RC$_{29}$呈近“/”形分布（图1-37）。

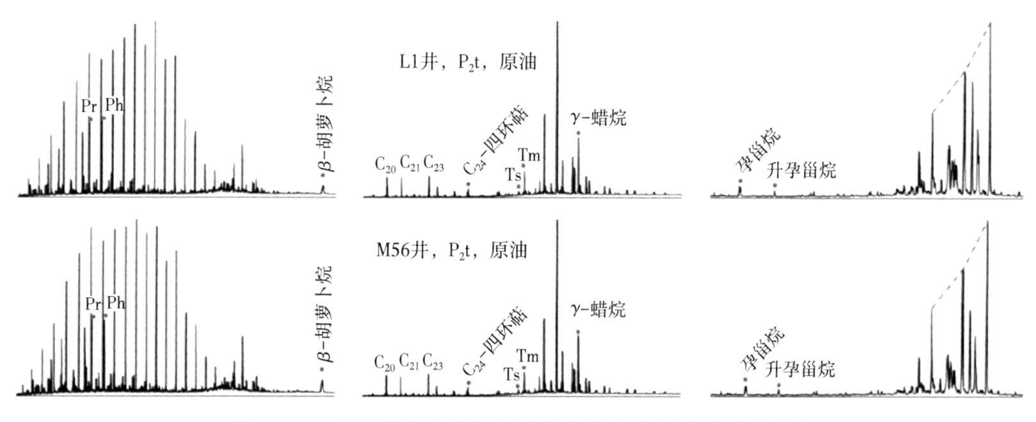

图1-37　马朗凹陷条湖组原油饱和烃生物标志化合物特征

表 1-9　马朗凹陷不同烃源岩抽提物和原油饱和烃的生物标志化合物参数

井名	深度（m）	类型	层位	Pr/Ph	Pr/nC_{17}	Ph/nC_{18}	Y 蜡烷/C_{30}-藿烷	莫烷/C_{30} 藿烷	C_{31} 藿烷［22S/（22S+22R）］	ααα20R 甾烷 C_{27}%	ααα20R 甾烷 C_{28}（%）	ααα20R 甾烷 C_{29}（%）	ααα20R 甾烷 C_{28}/C_{29}	ααα20R 甾烷 C_{27}/C_{29}	C_{29} 甾烷 20S/（20S+20R）	C_{29} 甾烷 ββ/（ββ+αα）
LI	3264～3270	泥岩	P_2l_2	1.16	0.58	0.54	0.45	0.38	0.55	0.22	0.38	0.39	0.98	0.57	0.35	0.26
LI	3136～3138	泥岩	P_2l_2	1.25	0.40	0.41	0.44	0.26	0.59	0.23	0.37	0.40	0.93	0.57	0.40	0.27
LI	3045.7	泥岩	P_2l_2	1.40	0.73	0.75	0.27	0.15	0.60	0.21	0.41	0.38	1.07	0.56	0.44	0.23
M56	2670.5～2670.5	泥岩	P_2l_2	0.87	0.46	0.60	0.63	0.28	0.57	0.18	0.44	0.39	1.13	0.45	0.32	0.21
M52	2241.1～2241.2	泥岩	P_2l_2	0.85	1.32	2.19	0.82	0.26	0.53	0.10	0.41	0.49	0.83	0.21	0.38	0.26
M26	1927.68	泥岩	P_2l_3	1.33	1.11	0.84	0.05	0.31	0.41	0.23	0.31	0.46	0.67	0.49	0.12	0.26
M9	3925	泥岩	P_2p	1.82	0.38	0.21	0.12	0.20	0.58	0.28	0.33	0.39	0.87	0.72	0.26	0.39
M57	2266～2267	泥岩	P_2t_2	1.14	0.49	0.40	0.10	0.32	0.48	0.33	0.29	0.38	0.75	0.87	0.22	0.33
M31	1783～1784	泥岩	P_2t_2	0.90	0.61	0.68	0.20	0.33	0.42	0.33	0.31	0.36	0.86	0.92	0.21	0.30
M56	2109～2110	泥岩	P_2t_2	1.21	0.70	0.55	0.09	0.02	0.40	0.27	0.27	0.45	0.60	0.60	0.11	0.42
LI	2435～2439	泥岩	P_2t_2	1.15	1.73	1.43	0.14	0.45	0.49	0.34	0.18	0.48	0.38	0.70	0.13	0.45
M57	2338～2339	泥岩	P_2t_2	1.49	0.66	0.44	0.08	0.40	0.42	0.30	0.29	0.41	0.71	0.73	0.15	0.48
LI	2546.0～2558.0	原油	P_2t_2	0.95	0.67	0.71	0.41	0.20	0.57	0.20	0.39	0.41	0.93	0.48	0.39	0.26
M55	2278～2284	原油	P_2t_2	0.99	0.53	0.56	0.37	0.20	0.57	0.20	0.39	0.41	0.95	0.49	0.34	0.26
M56	2143～2151	原油	P_2t_2	0.96	0.56	0.59	0.44	0.24	0.56	0.18	0.40	0.42	0.94	0.43	0.32	0.23
M57	2405～2821	原油	P_2t_2	1.01	0.54	0.55	0.40	0.22	0.57	0.19	0.39	0.42	0.93	0.44	0.33	0.25
M52	1881～1891	原油	P_2t_2	0.92	0.68	0.79	0.42	0.21	0.57	0.20	0.39	0.41	0.96	0.50	0.37	0.26
N115	1672～1678	原油	P_2t_2	1.03	0.46	0.47	0.34	0.16	0.57	0.22	0.38	0.41	0.93	0.53	0.40	0.35
N14	1712～1728	原油	P_2t_2	1.00	0.54	0.55	0.33	0.17	0.57	0.21	0.38	0.42	0.91	0.49	0.32	0.29

（二）潜在烃源岩类型及地球化学特征

1. 潜在烃源岩的分布及类型

三塘湖盆地马朗凹陷能够作为条湖组凝灰岩油藏原油来源的烃源岩层段自下而上分别是芦草沟组二段泥质岩、芦草沟组三段泥质岩、条湖组二段底部凝灰岩自身及条湖组二段上部的泥质岩。这几套潜在烃源岩的分布和类型均具有很大差异。

芦草沟组二段烃源岩分布范围较广，具有东北方向薄、西南方向厚的特点，最厚可达300m（图1-38）。岩性方面，芦草沟组二段岩性复杂，主要有泥岩、灰质泥岩、云质泥岩、泥晶碳酸盐岩。烃源岩多呈纹层状，纹层是可分辨的最薄的沉积层，由于季节变化导致物源变化而形成，纹层厚度分布在0.03~10mm之间，多数小于5mm。纹层结构受原始沉积环境的控制，当水体较浅时，主要发育纹层状泥晶碳酸盐岩［图1-39（a）］，呈明暗条纹，但岩性一致。荧光下，碳酸盐岩一般不发荧光或发微弱的荧光［图1-39（b）］，泥质含量高时，荧光强度增大，表明纯的碳酸盐岩不是很好的烃源岩。随着水体逐渐加深，纹层结构变得复杂，形成两种或三种岩性组成的纹层状烃源岩，一般由白云岩或石灰岩和泥岩薄互层构成［图1-39（c）］，显微组分显示较强荧光［图1-39（d）］，说明是较好的烃源岩。水体更深时，主要发育纹层状泥岩，岩心观察也是可见明暗条纹，但岩性都是泥岩［图1-39（e）］，暗色层的有机质丰富，是藻类爆发时期形成的，浅色层有机质丰度低，是藻类相对不发育时期形成的。这种烃源岩基质富含腐泥组和壳质组，显示较强黄绿色荧光［图1-39（f）］，另外，泥岩中可见古鳄类化石（*Palaeoniscum*），类别为吐鲁番古鳄（*Turfania*）［图1-39（g）］，表明水体为半咸水—咸水，泥岩中发育黄铁矿［图1-39（h）］，表明处于还原环境，有利于有机质的保存，多种现象均说明这是一类很好的烃源岩。

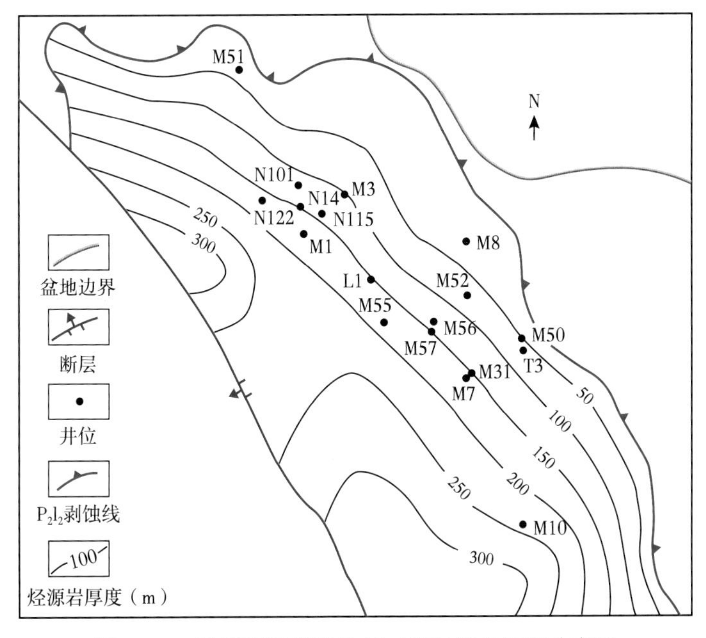

图1-38　马朗凹陷芦草沟组二段烃源岩厚度分布图

芦草沟组三段烃源岩分布范围有限，部分地区被剥蚀，仅在盆地局部地区有发育（图1-40）。泥岩类型相对简单，主要是粉砂质泥岩和泥岩。

（a）纹层状泥晶白云岩，N122井，2590.2m

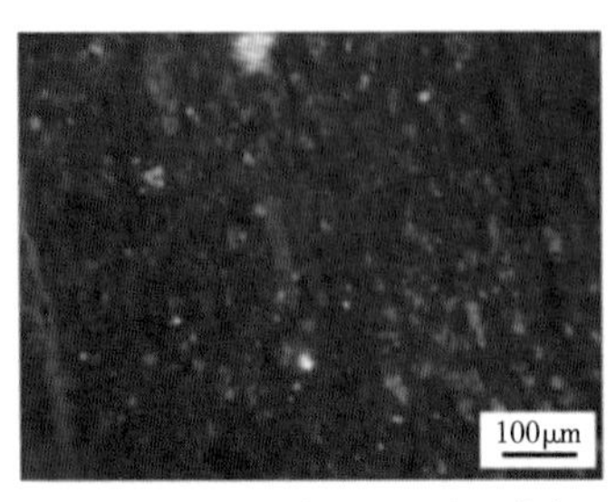

（b）纹层状泥晶白云岩，较弱荧光，N122井，2590.2m

（c）纹层状灰质泥岩，M3井，1753.6m

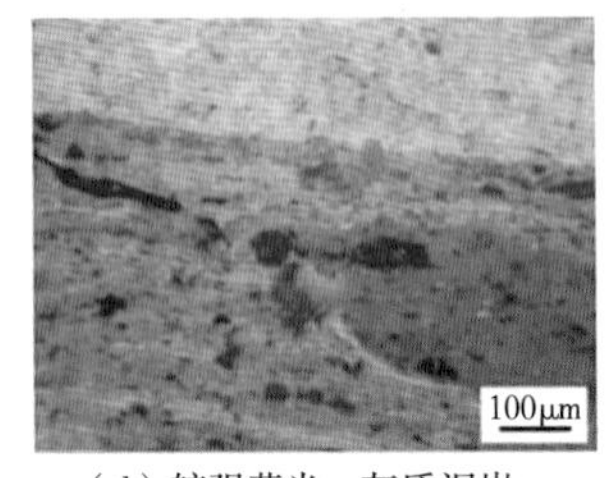

（d）较强荧光，灰质泥岩，M10井，2355.6m

（e）纹层状泥岩，N122井，2590.3m

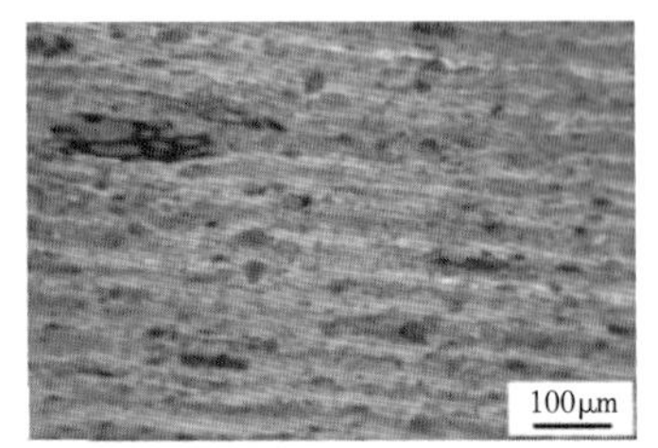

（f）较强荧光，纹层状泥岩，N122井，2590.3m

（g）泥岩中吐鲁番古鳄鱼化石（*Turfania*），N101井，1994.1m

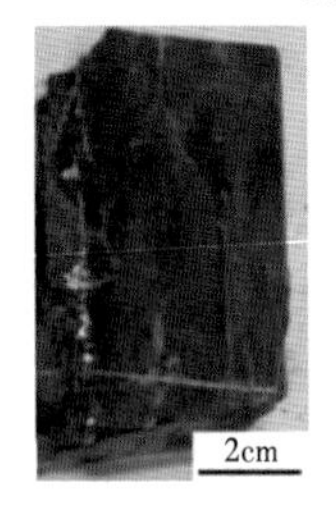

（h）深灰色泥岩中原生黄铁矿，TC3井，1751.5m

图 1-39　三塘湖盆地芦草沟组二段烃源岩岩石类型与荧光特征

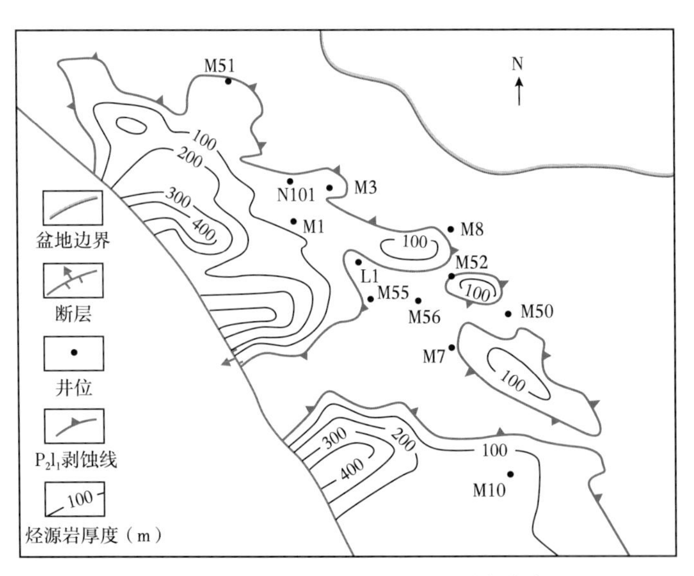

图 1-40　马朗凹陷芦草沟组三段厚度分布图

三塘湖盆地条湖组二段底部发育的含沉积有机质凝灰岩，厚度不大，且分布范围有限。凝灰岩多呈块状，成层性差，颜色多为土黄色或灰黑色［图1-41（a）］，岩心中可见动植物化石［图1-41（b）］，是凝灰岩有机质的来源之一。扫描电子显微镜下能看到有机质，且发育有机质孔，与黄铁矿伴生，还原环境有利于有机质的富集（图1-41）。

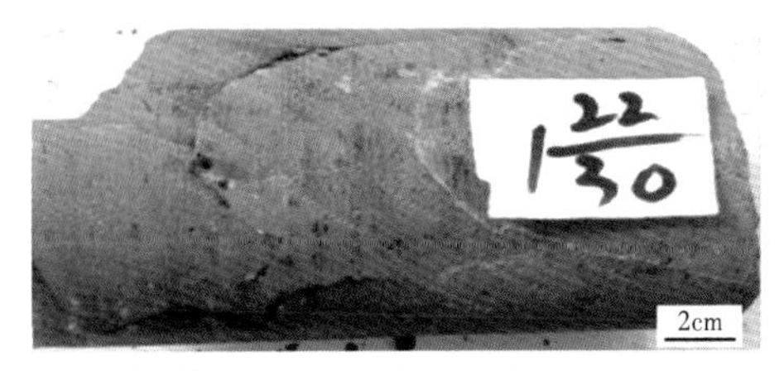

（a）块状凝灰岩，M56井，2144.72~2144.86m

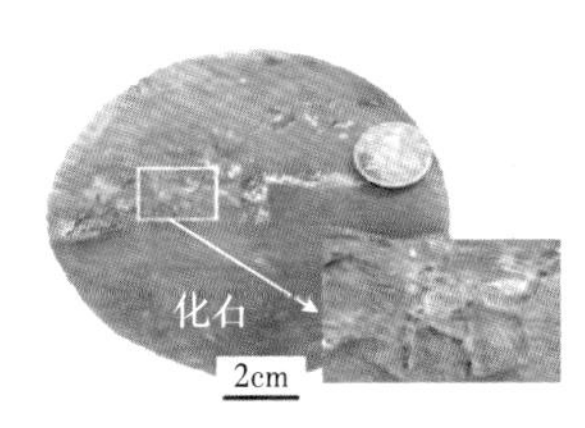

（b）凝灰岩中的鱼化石，M56-12H井，2122.44~2122.6m

（c）凝灰岩中有机质和黄铁矿，L1井，2548.7m，BSED电子背散射衍射图像

图1-41 三塘湖盆地条湖组凝灰岩特征

条湖组凝灰岩的上部发育的岩石类型主要是凝灰质泥岩和泥岩，分布范围比芦草沟组烃源岩小，在凹陷中心厚度较大，最厚可达400m以上，也是一套潜在的烃源岩（图1-42）。

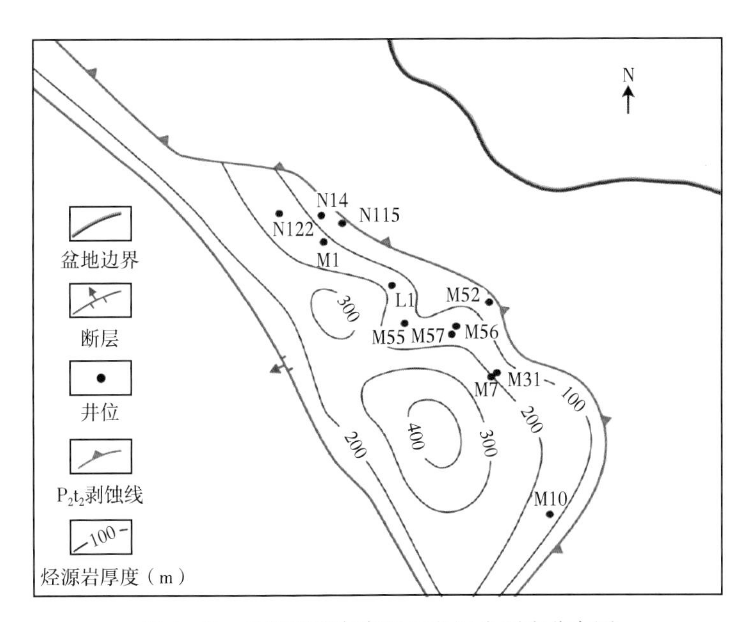

图1-42 马朗凹陷条湖组二段泥岩厚度分布图

2. 烃源岩基本地球化学特征

综合地球化学特征分析，这几套潜在烃源岩的有机质丰度、有机质类型各有差异（图1-43）。

（1）芦草沟组二段烃源岩质量最好，有机质以Ⅰ型—Ⅲ型干酪根为主，有机质丰度高，总有机碳含量（TOC）主要分布在1%~8%之间，多数样品生烃潜量（S_1+S_2）大于6mg/g，氯仿沥青“A”含量大于0.1%。

（2）芦草沟组三段为质量较好—中等的烃源岩，有机质类型差，以Ⅱ$_2$型—Ⅲ型干酪

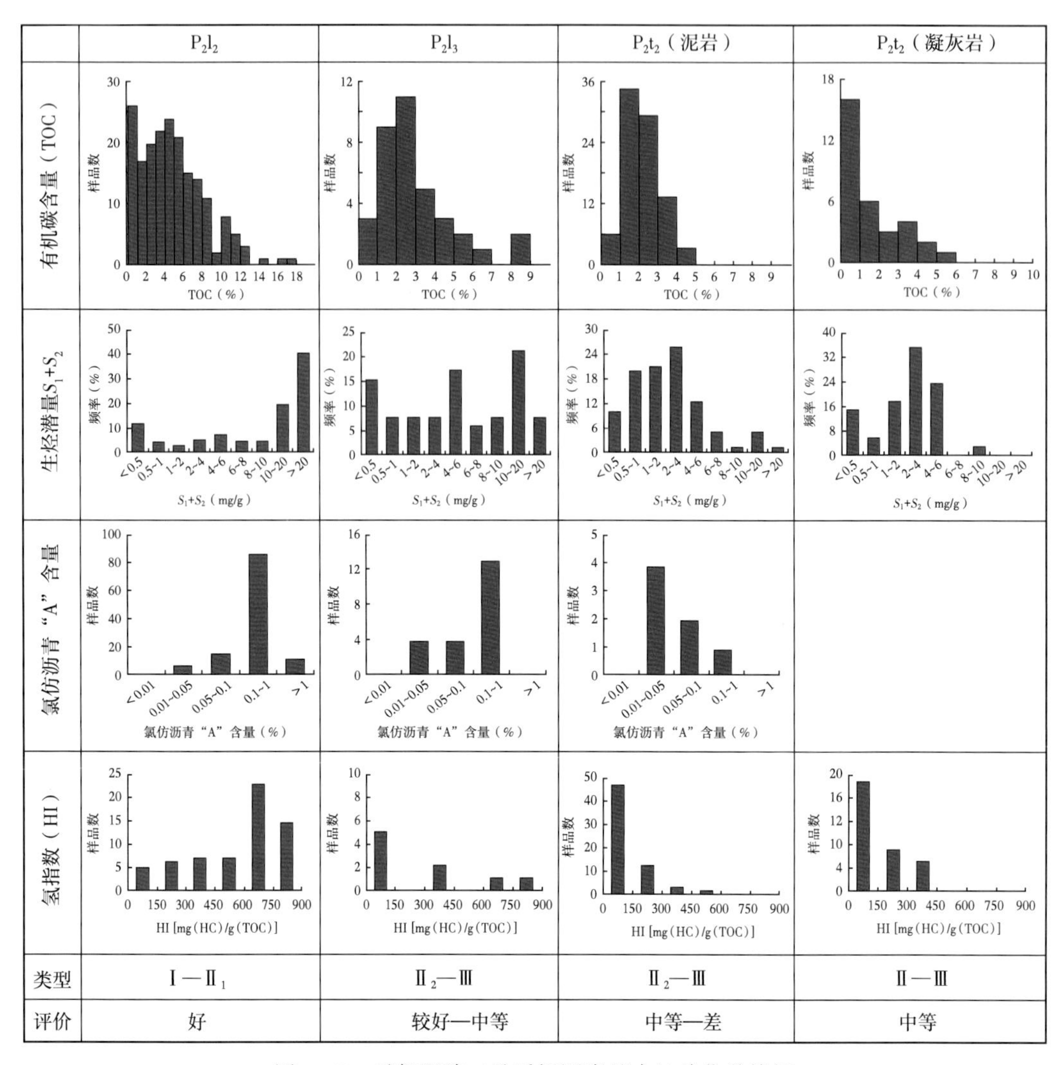

图 1-43　马朗凹陷二叠系烃源岩基本地球化学特征

根为主，有机质丰度也较高，总有机碳含量（TOC）主要分布在 1%~6%之间，生烃潜量（S_1+S_2）有高有低，多数样品氯仿沥青“A”含量分布在 0.1%~1.0%之间。

（3）条湖组二段凝灰岩样品经氯仿抽提后的 TOC 反映出凝灰岩中原始沉积有机质丰度不高，主要分布在 0.5%~1.0%，（S_1+S_2）主要分布在 2~6mg/g 之间，沉积有机质类型为Ⅱ—Ⅲ型，TOC 相对较高的凝灰岩实际上是凝灰岩油层段上部的泥质凝灰岩，对应的有机类型是Ⅲ型。

（4）条湖组二段泥质烃源岩整体上为质量中等—差的烃源岩，有机质以Ⅱ$_2$型—Ⅲ型干酪根为主，总有机碳含量（TOC）主要分布在 1%~4%之间，均值为 2.19%，生烃潜量（S_1+S_2）主要分布在 0.5~6mg/g 之间，均值为 3.2mg/g，氯仿沥青“A”主要分布在 0.01%~0.1%之间。

各套烃源岩的成熟度相差不大，T_{max}均主要分布在 420~450℃，芦草沟组泥岩 R_o 主要分布在 0.7%~0.9%之间，条湖组泥岩 R_o 主要分布在 0.6%~0.8%之间，条湖组烃源岩成熟度比芦草沟组烃源岩成熟度略低，但都主要处于成熟演化阶段。

3. 烃源岩干酪根和可溶有机质稳定碳同位素特征

通过对凝灰岩中干酪根稳定碳同位素进行分析，发现稳定碳同位素比较重，平均值为-29.3‰。通过对芦草沟组二段烃源岩及条湖组二段泥岩抽提物的稳定碳同位素进行分析，发现芦草沟组二段烃源岩抽提物的稳定碳同位素较轻，平均值为-31.6‰；条湖组二段泥岩抽提物的稳定碳同位素比较重，平均值为-27.3‰（表1-10）。

表1-10 马朗凹陷二叠系烃源岩稳定碳同位素特征

样品类别	样品来源	$^{13}C_{PDB}$（‰）	平均值（‰）
凝灰岩干酪根	M56-12H井，2119.02m	-29.3	-29.3
	M56-12H井，2124.6m	-28.9	
	M56-12H井，2127.24m	-29.0	
	M56-15H井，2259m	-29.9	
条二段泥岩抽提物	M57H井，2266~226m	-25.7	-27.3
	M31井，1783~1784m	-28.6	
	M7井，1761m	-29.9	
	M56井，2109~2110m	-26.2	
芦草沟组泥岩抽提物	L1井，2435~2439m	-27.5	-31.6
	M57H井，2338~2339m	-26.1	
	L1井，3045.68m	-32.2	
	M56井，2670.50~2670.55m	-31.6	
	M52井，2241.10~2241.20m	-31.0	

（三）油源对比

1. 饱和烃生物标志化合物谱图特征对比

从生物标志化合物谱图特征来看，马朗凹陷条湖组原油与芦草沟组二段烃源岩最相似，与条湖组泥质源岩及芦草沟组三段烃源岩的生物标志化合物特征差异大，与凝灰岩干酪根热解油也有较大差异（图1-44），说明凝灰岩油藏的原油主要来自芦草沟组二段。

1）条湖组原油与芦草沟组二段烃源岩抽提物饱和烃色谱—质谱特征

饱和烃正构烷烃呈近正态分布，主峰碳为nC_{21}、nC_{23}，Pr/Ph低（小于1.0或略大于1.0）、γ蜡烷含量较高，β-胡萝卜烷含量也较高，表明石油的母质形成于还原咸水湖相沉积环境，三环萜含量较低，$T_s<T_m$，孕甾烷和升孕甾烷含量也较低，规则甾烷$\alpha\alpha\alpha 20RC_{27}$、$\alpha\alpha\alpha 20RC_{28}>\alpha\alpha\alpha 20RC_{29}$呈近“/”形分布。虽然芦草沟组烃源岩抽提物饱和烃$C_{29}$甾烷含量很高，但主要来自低等藻类生物，并非来自陆源植物，有机质类型以Ⅰ—$Ⅱ_1$型为主。

2）芦草沟组三段泥岩抽提物饱和烃生物标志化合物特征

Pr/Ph大多大于1.0，γ蜡烷含量很低，不发育β-胡萝卜烷，表明芦草沟组三段形成于弱还原较开放的淡水环境，三环萜含量较低，$T_s<T_m$，说明成熟度并不高，孕甾烷和升孕甾烷含量也较低，规则甾烷$\alpha\alpha\alpha 20RC_{27}$、$\alpha\alpha\alpha 20RC_{28}$、$\alpha\alpha\alpha 20RC_{29}$呈反“L”形分布，结合有机质类型，说明有一定的陆源植物输入。

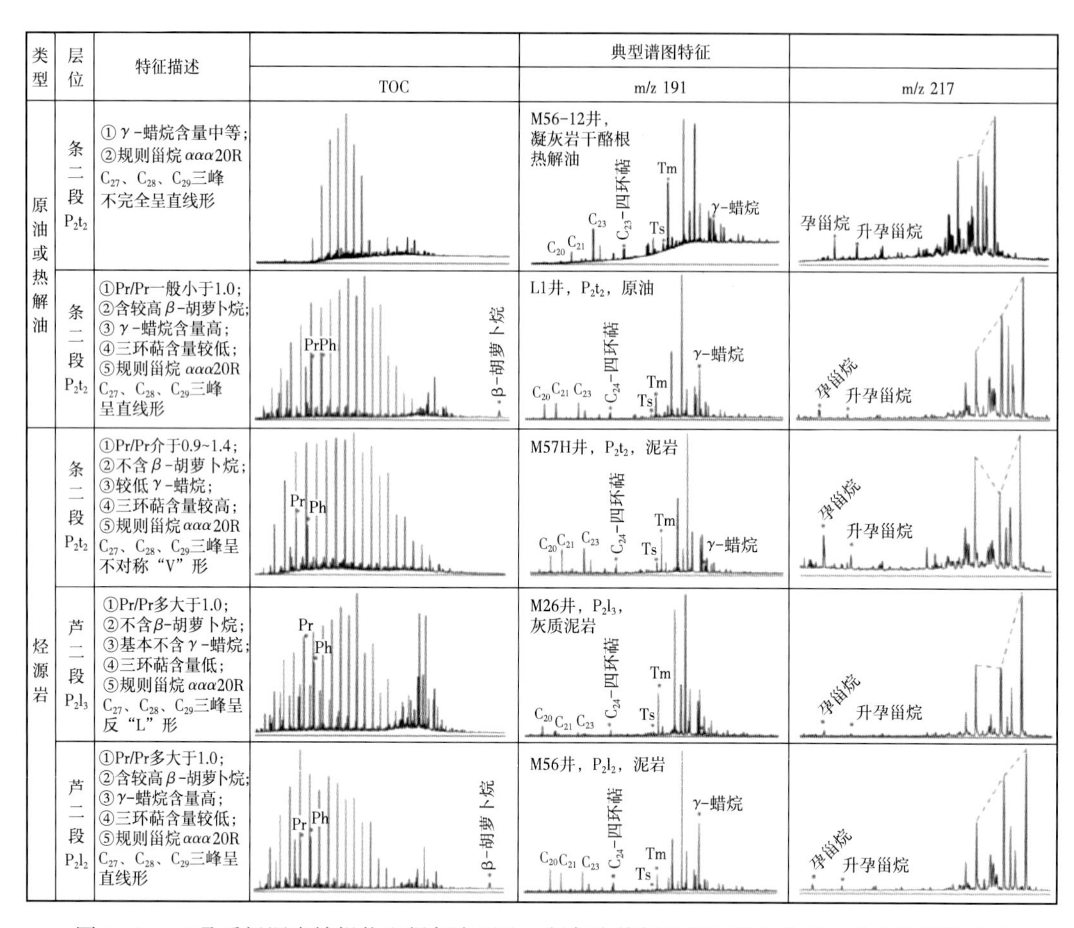

图 1-44　二叠系烃源岩抽提物和凝灰岩原油、凝灰岩热解油饱和烃生物标志化合物特征对比

3）条湖组二段泥岩抽提物饱和烃色谱—质谱特征

正构烷烃主峰为 nC_{23}，Pr/Ph 主要分布在 0.9～1.4 之间，均值约为 1.0，γ 蜡烷含量较低，不含 β-胡萝卜烷，表明沉积于相对开放的淡水环境，三环萜含量相对较高，$T_s<T_m$，孕甾烷>升孕甾烷，规则陪烷 $\alpha\alpha\alpha 20RC_{27}$、$\alpha\alpha\alpha 20RC_{28}$、$\alpha\alpha\alpha 20RC_{29}$ 呈不对称“V”形分布，说明有机质既有低等藻类生物的贡献，又有高等植物的贡献。

4）凝灰岩自身有机质热解油的饱和烃色谱—质谱特征

通过对凝灰岩干酪根进行黄金管热模拟实验，发现干酪根热解油具有中等含量的 γ 蜡烷，规则甾烷 $\alpha\alpha\alpha 20RC_{27}$、$C_{28}$、$C_{29}$ 三峰不完全呈上升直线型的特点，这与凝灰岩油藏的原油有较大差异。

2. 生物标志化合物参数对比

从饱和烃生物标志化合物参数特征来看，条湖组凝灰岩致密油藏中原油与芦草沟组烃源岩最相似（表 1-9 和图 1-45），均具有低 Pr/Ph（小于或略大于 1.0）、较高 β-胡萝卜烷、较高 γ-蜡烷指数（一般都大于 0.3）和规则陪烷 C_{27}—C_{29} 中 C_{29} 最高、C_{27} 最低的特征（C_{27}/C_{29} 小于 0.58，C_{28}/C_{29} 大于 0.83）。与条湖组泥岩中饱和烃的生物标志化合物特征差异较大，条湖组泥岩具有 γ 蜡烷含量较低（一般都小于 0.2）、不含 β-胡萝卜烷，规则甾烷中 C_{28} 最低的特征（C_{27}/C_{29} 大于 0.60，C_{28}/C_{29} 小于 0.86）。

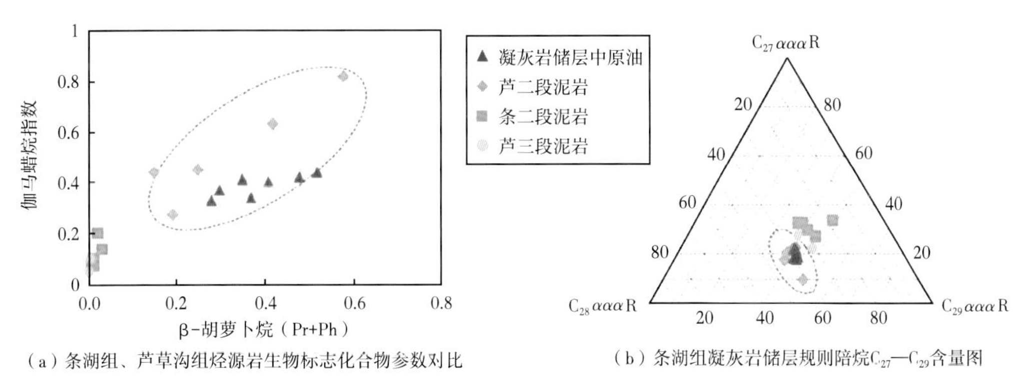

（a）条湖组、芦草沟组烃源岩生物标志化合物参数对比　　（b）条湖组凝灰岩储层规则甾烷 C_{27}—C_{29} 含量图

图 1-45　生物标志化合物参数对比

3. 稳定碳同位素特征对比

原油的 $\delta^{13}C$ 继承了生油母质的 $\delta^{13}C$，可以用于油源对比。稳定碳同位素进行油源对比是对生物标志化合物进行油源对比的重要补充。陆源有机质生成的原油富含重碳同位素，其 $\delta^{13}C$ 偏高；低等水生生物形成的腐泥型有机质生成的原油富轻碳同位素，其 $\delta^{13}C$ 偏低。从马朗凹陷烃源岩和原油实测的碳同位素来看（图 1-46），条湖组原油及其族组分 $\delta^{13}C$ 均较轻，大都小于-30‰（PDB），各组分 $\delta^{13}C$ 的变化顺序为：饱和烃<全油<芳香烃<非烃<沥青质，这代表了低等生物、Ⅰ型有机质来源的特点，与芦草沟组二段烃源岩一致。而条湖组泥质源岩抽提物及族组分 $\delta^{13}C$ 较重，都大于-30‰（PDB），反映了Ⅲ型有机质的特点，与原油差别较大。凝灰岩干酪根碳同位素平均为-29. 3‰（PDB），原油的碳同位素平均值为-32. 2‰（PDB），即凝灰岩干酪根碳同位素远重于原油，这说明凝灰岩中的原油不是完全由凝灰岩自身所生成的。

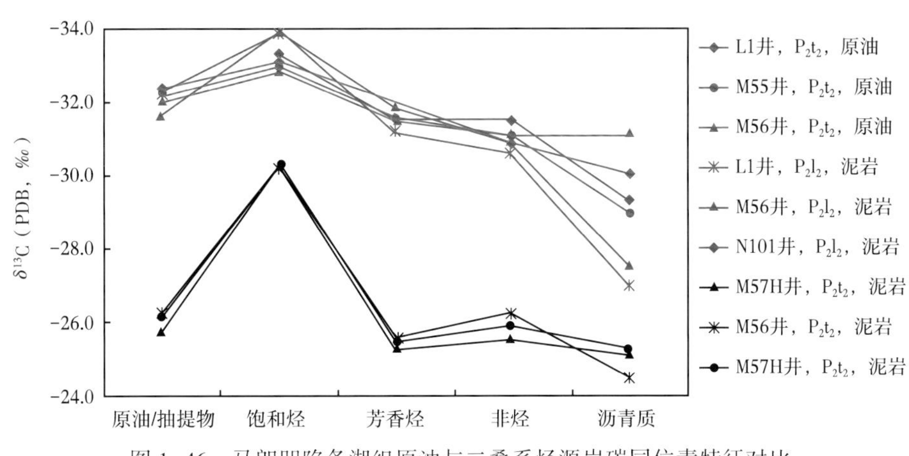

图 1-46　马朗凹陷条湖组原油与二叠系烃源岩碳同位素特征对比

综合对比原油和烃源岩抽提物饱和烃的色谱—质谱图、生物标志化合物参数特征和稳定碳同位素特征，可以明确地判断，条湖组凝灰岩油藏的原油主要来自芦草沟组二段烃源岩。前人所做的油源对比也表明上覆侏罗系常规油藏的原油也主要来自芦草沟组二段烃源岩，多期构造运动产生了大量能够沟通芦草沟组烃源岩和上部储层的断裂和裂缝输导体系，石油通过垂向断裂—裂缝向上运移至上部条湖组凝灰岩储层和侏罗系储层中聚集成藏。因而，芦草沟组上覆地层条湖组、三叠系—侏罗系油藏的原油均来自芦草沟组二段。

二、源储分离型凝灰岩致密油藏石油充注动力学机制

前文已经表明，凝灰岩致密油藏原油来自芦草沟组，凝灰岩储层致密，孔隙非常微小，渗透率大部分小于0.1mD。这种源储分离型凝灰岩致密油藏的石油是通过浮力进入致密的凝灰岩储层中，浮力如何克服最大的毛细管力是成藏的关键问题。

（一）原地沉积有机质对致密油藏的贡献

条湖组凝灰岩本身含有的沉积有机质具有一定生烃能力，在埋藏演化过程中能够生成液态烃。利用生物标志化合物和稳定碳同位素特征进行的油源对比分析表明，凝灰岩油藏中的原油主要来自下伏芦草沟组烃源岩，但并不能否定含沉积有机质凝灰岩自身的生烃量对油源没有任何贡献。

根据烃源岩样品热模拟实验数据，芦草沟组烃源岩在340℃（相当于R_o为0.8%）时的产油率约为280mg(HC)/g（TOC），而凝灰岩相应条件下的产油率只有约50mg(HC)/g（TOC），远低于芦草沟组烃源岩热模拟产油率（图1-47）。

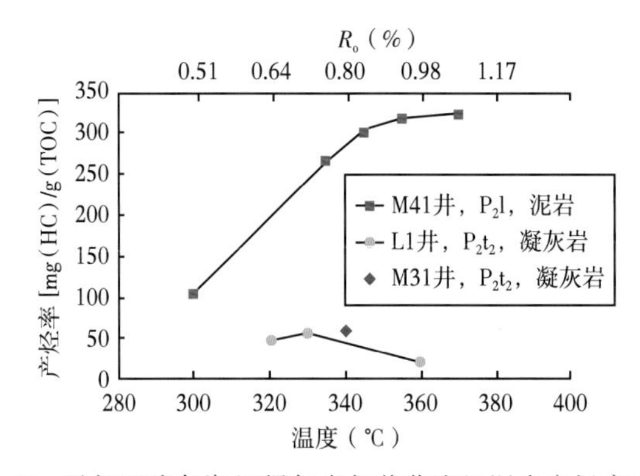

图1-47　马朗凹陷条湖组凝灰岩与芦草沟组泥岩产烃率对比图

与芦草沟组烃源岩相比，凝灰岩有机质丰度不高、厚度也不大，所以其自身生油量是有限的。根据凝灰岩热模拟的生烃量，取原油密度为0.9g/cm³，凝灰岩储层孔隙度为18%，估算马朗凹陷条二段含有机质凝灰岩生成的原油充注自身储层后含油饱和度最大值不超过18%，一般为5%~10%（图1-48）。所以条湖组致密油自生原油比例不超过18%。

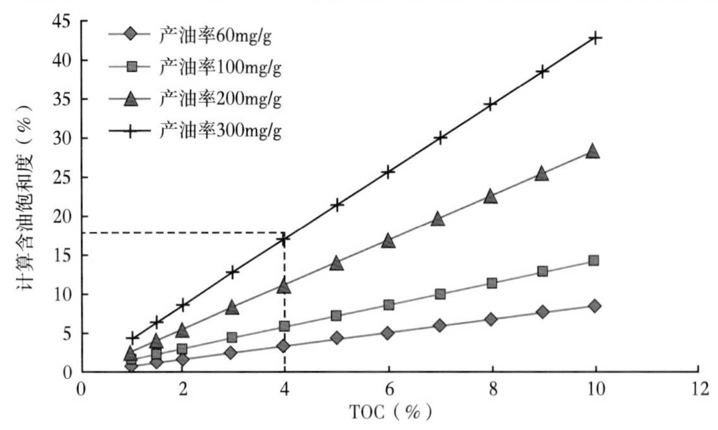

图1-48　不同产率条件下含有机质凝灰岩自生原油饱和度与TOC关系图

目前多口探井揭示凝灰岩储层孔隙度主要分布在10%~25%之间，储层含油饱和度多分布在40%~90%之间，凝灰岩自身的生油能力难以达到这么高的含油量。因此，凝灰岩中原地沉积有机质生成的原油对凝灰岩油藏中原油的贡献量不大。

（二）凝灰岩润湿性

条湖组凝灰岩储层致密，油源分析结果表明油藏中的原油并非原地生成，源储也非紧密接触，但凝灰岩自身含有沉积有机质，在地质历史时期能够生烃，所以从凝灰岩自身生烃对储层润湿性影响的角度来分析凝灰岩致密油藏的充注机理与成藏机理。

1. 凝灰岩的润湿性实验

1）润湿角法

润湿是固体表面上一种流体取代另一种与之不相混溶的流体的过程，润湿性是表征岩石矿物表面物理化学特征的重要参数，通常用润湿角来表示岩石润湿性的大小。润湿接触角是衡量储层岩石润湿性程度的一个最直观指标：当润湿接触角等于0°时，液体在固体表面上呈完全铺展开的状态，此时这种液体的润湿程度是最大的，称为完全润湿；当润湿接触角等于180°时，即这种液体在固体表面上呈不铺展状态，固体表面对这种液体分子没有吸引力，这时储层的润湿程度是最差的，称为完全不润湿。测量岩石润湿角时，水润湿角在0~75°之间表示具有明显亲水性，在75°~105°之间表示具有中间润湿性，在105°~180°之间表示具有明显亲油性。

通过测定润湿接触角来确定储层岩石润湿性的方法是目前最简单、快速，也是应用最广泛的一种方法，适合于定量研究。然而，空气中测得的润湿角并不等于地下油—水—岩石间的润湿角，为了模拟地下条件，采用悬滴法测量原油在地层水中与岩石之间的润湿角（图1-49），原油来自M56井凝灰岩段，地层水为参照实际地层水离子组成配置的矿化度为4000mg/L的水溶液，实验前，将待测样品在地层水中浸泡2d。

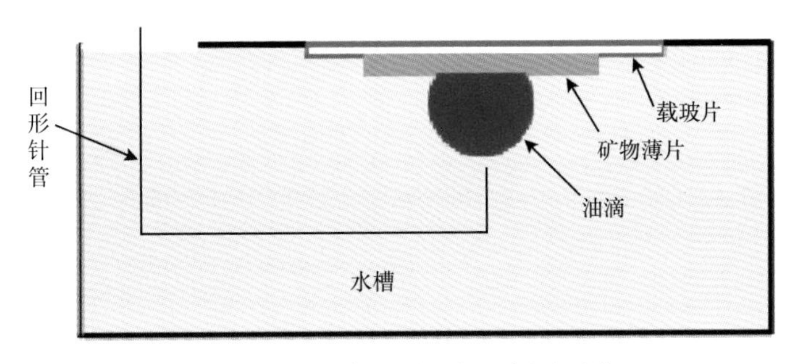

图1-49　悬滴法测量润湿角原理图

实验测得了凝灰岩样品的油—水—岩石三相接触角，整个过程直观可视。结果表明，凝灰岩样品的润湿接触角均大于90°，即使把样品进行洗油处理后润湿角也大于90°，表现为明显的中间润湿—偏亲油性，所以成藏时含有机质凝灰岩整体为中间润湿—油湿性（图1-50）。

2）自吸法

自吸法的原理是：在毛细管压力的作用下，润湿流体具有自发吸入岩石孔隙并排驱其中非润湿相流体的特性，通过测量并比较油藏岩石在残余油状态（或束缚水状态）下，毛细管自吸油（或自吸水）的数量和水驱替排油量（或油驱替排水量），可以判断油藏岩石

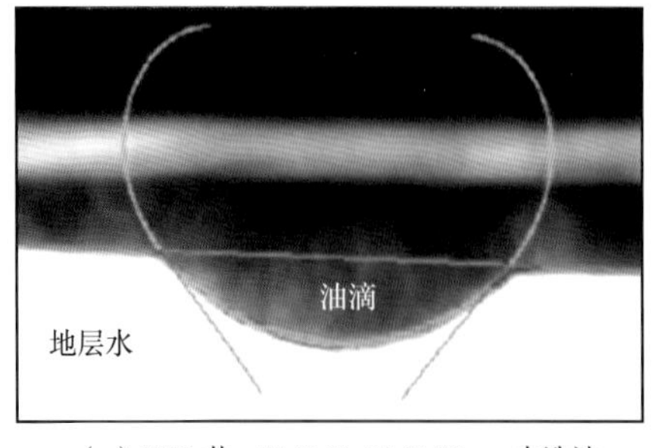

（a）M56 井，2143.61~2143.76m，未洗油

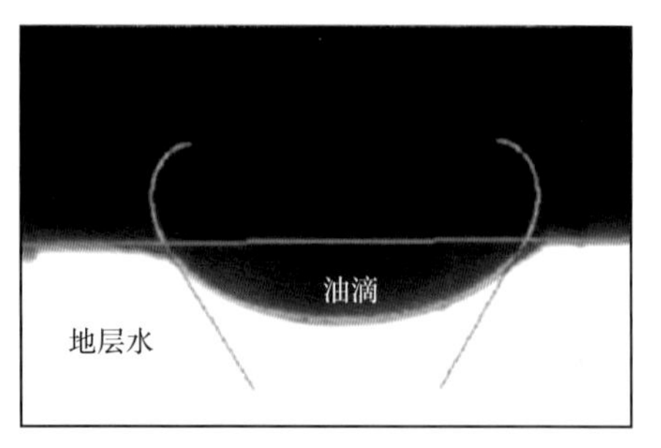

（b）M56 井，2143.61~2143.76m，洗油

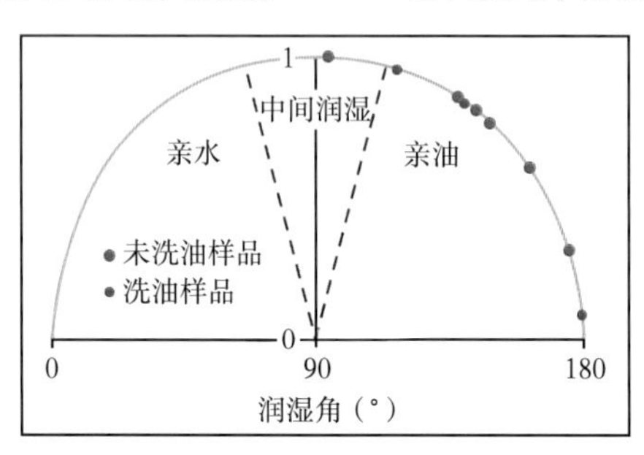

（c）凝灰岩样品油—水—岩石润湿角分布

图 1-50　凝灰岩样品油—水—岩石三相接触角特征

对油（水）的相对润湿性。实验流程和步骤参照行业标准《油藏岩石润湿性测定方法》（SY/T 5153—2017）。由润湿指数判断岩石润湿性的标准见表 1-11。

本次研究选取玻屑凝灰岩、晶屑玻屑凝灰岩和凝灰质粉砂岩岩心柱塞样进行实验，样品参数见表 1-12。对这三种岩石类型分别进行原始状态和洗油处理后的自吸法润湿性实验。

表 1-11　润湿指数判断润湿性标准

润湿性	强亲油	亲油	中性润湿			亲水	强亲水
			弱亲油	中性	弱亲水		
相对润湿指数	-1.0~0.7	-0.7~0.3	-0.3~0.1	-0.1~0.1	0.1~0.3	0.3~0.7	0.7~1.0

表 1-12　自吸法测试润湿性样品参数表

井名	深度（m）	岩性	孔隙度（%）	渗透率（mD）
M56 井	2142.50~2142.60	玻屑凝灰岩	22.7	0.08
M55 井	2267.69~2267.87	晶屑玻屑凝灰岩	10.5	0.02
M60H 井	2310.78~2310.94	凝灰质粉砂岩	11.7	0.03

实验结果表明：玻屑凝灰岩为中性润湿，晶屑玻屑凝灰岩和凝灰质粉砂岩为弱亲水性；样品洗油处理后重新进行实验，三种岩性的样品均表现为弱亲水性，其中，玻屑凝灰岩和晶屑玻屑凝灰岩的相对润湿指数增大，说明向偏亲水性转变，而凝灰质粉砂岩的相对润湿指数反而降低，这可能与其本身不含油有关系，洗油处理对其影响不大（图 1-51）。

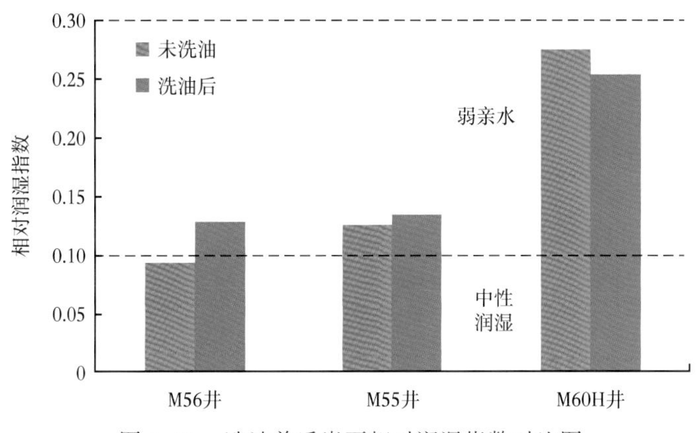

图 1-51　洗油前后岩石相对润湿指数对比图

2. 润湿性的影响因素

影响储层岩石润湿性的因素有很多，其中最重要的是岩石矿物组成、油藏流体组成、岩石表面活性物质成分、岩石孔隙表面的非均质性、粗糙程度及温度、压力条件等。有研究表明，鄂尔多斯盆地西峰油田延长组长 8 段储层岩石在与原油接触之前，具有弱亲水性，而与原油接触之后具明显亲油性，与地层原油接触后，岩石润湿性之所以会发生改变，这主要与储层岩石表面矿物性质、地层水性质（pH 值）和储层中原油性质有关系。Passey 等研究认为页岩是在海洋、湖泊等环境中形成的，泥页岩岩石表面润湿性为水湿性，而页岩岩石中含有有机质时有机质孔隙表面润湿性为亲油性，岩石表面润湿性转变为油湿性，因此，有机质存在使页岩表面润湿性变得很复杂，富含有机质页岩表面的润湿性受到矿物和有机质影响。刘向君等研究了四川盆地龙马溪组野外露头和钻井岩心样品的润湿性，发现在常温条件下页岩表面的润湿性具有两亲性，即既为水湿性，又为油湿性，也就是说页岩表面油润湿程度好于水，页岩表面更倾向于偏油湿。

石英、长石、云母、硅酸盐、玻璃等，一般具有较强的亲水性，滑石、石墨和烃类等具有较强的亲油性。黏土矿物对岩石的润湿性影响也比较大，如蒙皂石是亲水的，所以一般泥质胶结物的存在会增大岩石的亲水性，而含有铁的黏土矿物，如绿泥石的存在可以从原油中吸附活性物质，当绿泥石含量较高时，可以促进岩石向偏亲油性转变。在常规储层中，通常认为黏土矿物总含量越高，则岩石的亲水性越强；也有研究表明岩石的亲水性受具体黏土矿物成分与含量的控制，但不受黏土总量的控制，例如伊利石含量越高，岩石的润湿角越小，亲水性就越强，而绿泥石对润湿性的影响却相反。条湖组含油性好的凝灰岩往往含有少量绿泥石，而含油性差的凝灰岩中伊/蒙混层含量较高，这应该也是与不同黏土矿物对储层润湿性的影响不同有关系。

原油中极性组分的多少直接影响储层岩石的润湿性，如非烃和沥青质组分很容易吸附在岩石表面使其表现为亲油性。不少学者研究过原油中极性组分在油藏岩石表面的吸附作用对储层岩石润湿性的影响，认为岩石表面被原油中极性组分吸附是导致岩石润湿性反转并造成储层伤害的主要原因之一。凝灰岩干酪根热解油的族组分分析表明，凝灰岩干酪根热解油的非烃和沥青质含量较高，明显高于储层中原油的极性组分（图 1-52）。尽管地质条件下原油组分可能与热模拟结果有差异，但凝灰岩岩石表面的化学性质会因吸附有机质热演化生成原油的极性组分而发生变化，使得岩石表面润湿性由亲水性向亲油性改变。

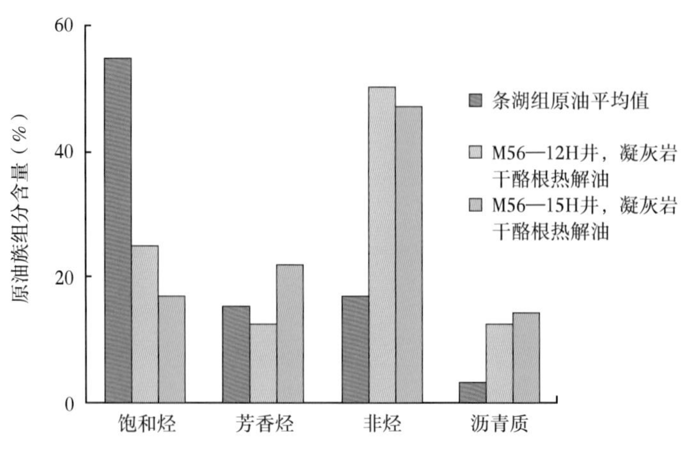

图 1-52　凝灰岩干酪根热解油和条湖组原油族组分特征图

地下储层岩石润湿性也与地层水性质有关，原油中表面活性组分改变油层润湿性还取决于地层水的化学组成、矿化度和 pH 值的大小，这是因为流体介质对岩石—流体界面的表面电荷有极大影响，而表面电荷是影响岩石表面对极性物质吸附的主要原因。溶液中阳离子性质会直接影响活性组分在岩石表面的吸附程度，矿物离子化表面的形成过程与表面电荷性质及溶液的 pH 值密切相关，pH 值主要是通过影响地层流体中表面活性有机酸（或碱）的电离作用而改变岩石的润湿性。所以，当地层水为中性或碱性时，会降低油层的亲油性，且具有 pH 值越高、水湿性越强的特点。

储层岩石的润湿性还与束缚水饱和度有关系，一般束缚水饱和度越高，岩石亲水性越强。有研究表明当束缚水饱和度超过 40%以后，无论储层原油中非烃类和沥青质含量如何增加，储层都很难表现为亲油性，只有当束缚水保持在较低含量的时候，岩石才有可能表现为偏亲油性的特征。马朗凹陷多口探井的含水饱和度统计结果表明，凝灰岩中含水饱和度普遍较低，大多数小于 40%，甚至多数小于 20%（图 1-53），低于一般的亲水性致密油藏。

所以，综合分析认为有以下方面的因素有利于凝灰岩储层成藏时期具有偏油湿性：（1）凝灰岩中的原始沉积有机质可以生成少量烃类，这些烃类中的极性组分首先吸附在孔隙表面，从而使岩石润湿性向偏亲油性转变，这也是最主要的原因；（2）由于凝灰岩自身

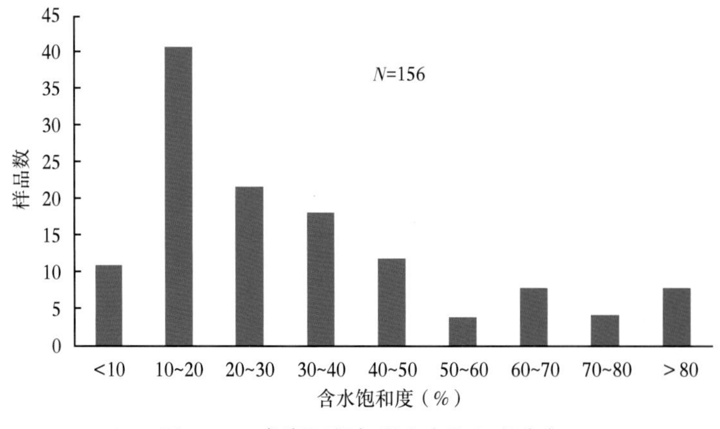

图 1-53　条湖组凝灰岩含水饱和度分布

生烃和脱玻化的耗水作用，储层中束缚水含量很低，有利于向亲油性转变；(3) 有机质生烃形成有机酸，使地层水表现为弱酸性，现今地层水 pH 值约为 6，使岩石表面矿物水化能力弱，有利于凝灰岩储层自身向亲油性转变。

（三）凝灰岩石油充注的动力学机制

一般地，对于源储紧密接触的致密油藏，石油充注主要靠源储之间的剩余压差，而条湖组凝灰岩致密油藏为远源的源储分离型油藏，且芦草沟组生烃超压也难以传递到几百米之上的地层，所以下部油气向上运移过程中，浮力是其最主要的动力，需要克服的阻力主要是由于孔喉大小差异引起的毛细管力。以 M56 井为例，芦草沟组二段烃源岩与条湖组二段底部凝灰岩之间距离约为 475m（图 1-54），取 $\rho_w = 1.0 \times 10^3 g/cm^3$，$\rho_o = 0.9 \times 10^3 g/cm^3$，所以最大 $F_{垂} = (\rho_w - \rho_o)gh = 0.475MPa$。假设地层倾角取 $\alpha = 15°$，则油气充注时浮力的最大侧向分量 $F_{侧} = F_{垂} \times \sin\alpha(15°) = 0.12MPa$。由凝灰岩压汞资料可知，孔隙喉道半径主要分布在 0.05～0.20μm，地层条件下油水界面张力一般为 0.0145N/m，所以由公式 $p_c = 2\sigma\cos\theta/r$ 可知，凝灰岩的最大毛细管力主要分布在 0.15～0.58MPa 之间。因此，从理论上分析油气仅靠自身的浮力难以克服毛细管力阻力进入储层，而事实是油气不仅进入了凝灰岩致密储层含油饱和度还很高，这是因为凝灰岩的偏亲油润湿性使得毛细管力的阻力作用大幅降低。

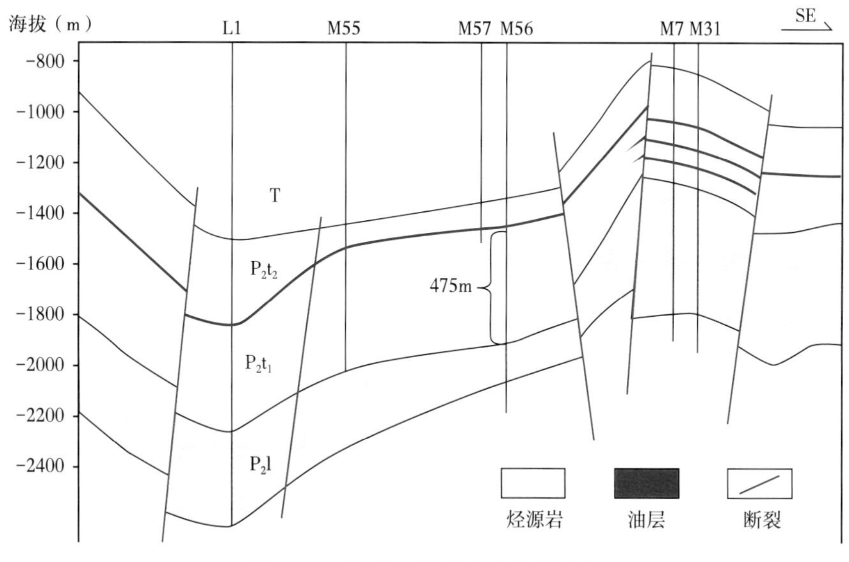

图 1-54　油气充注动力计算示意图

为了模拟成藏时的油水驱替过程，对实际的凝灰岩岩心样品进行了油驱水模拟实验，实验用的装置为驱替设备，主要由动力泵、岩心夹持器、计量器和电脑操控系统组成。首先，配制总矿化度为 4000mg/L 的地层水（近于凝灰岩实际地层水），把原始岩心样品抽真空处理后，用高压压水法让其饱含地层水；然后放入岩心夹持器，设置围压，用中性煤油对其进行驱替；待压力差稳定后，开始记录玻璃管中的液面变化和相应时间，即记录流量变化，进而可以转化为流速。本次实验分别测定了凝灰岩与凝灰质粉砂岩样品的启动压力梯度（表 1-13），原始凝灰岩样品含油，凝灰质粉砂岩样品不含油，实验前对样品进行了洗油处理。

表 1-13 油驱水实验样品参数及启动压力梯度

井名	深度 （m）	岩性	长度 （mm）	直径 （mm）	ϕ （%）	K （mD）	启动压力梯度 （MPa/cm）
M56-15H	2246.57～2246.73	凝灰岩	46.08	25.30	18.0	<0.01	0.30
M56-12H	2118.37	凝灰岩	50.05	25.20	28.0	0.3	0.10
M60H	2306.18～2314.13	凝灰质粉砂岩	49.28	24.88	10.03	0.02	1.40

启动压力梯度是指岩样两端流动压差增大到一定程度时流体才开始流动的现象，流体发生流动所需要的最小压差即为启动压差，启动压差与岩心长度的比值称为启动压力梯度。从相同实验条件下不同岩石类型的岩心样品所获得的驱替特征图上可以看出（图 1-55 至图 1-57），凝灰岩与凝灰质粉砂岩样品均存在启动压力梯度，充注流速很慢。不同的是凝灰岩启动压力梯度明显小于凝灰质粉砂岩，这是因为凝灰岩偏亲油润湿性使得同样致密条件下启动压力大幅降低。

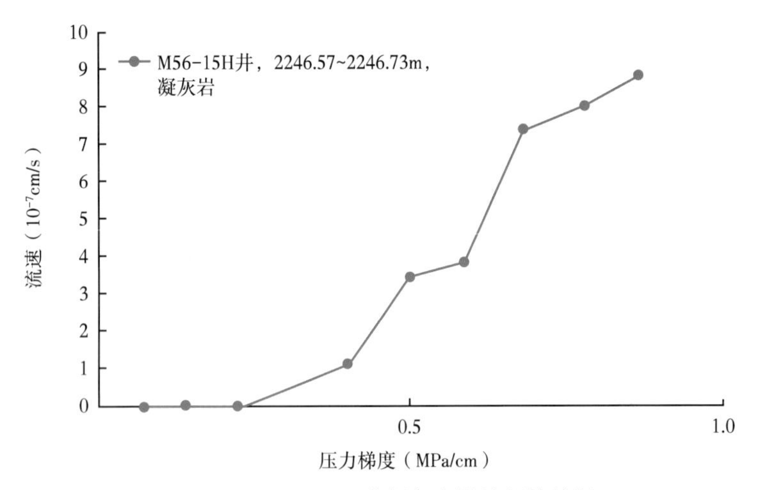

图 1-55 M56-15H 井凝灰岩样品驱替特征

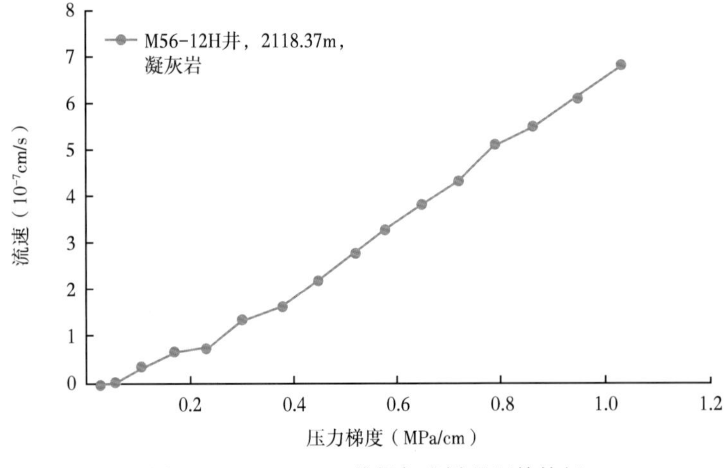

图 1-56 M56-12H 井凝灰岩样品驱替特征

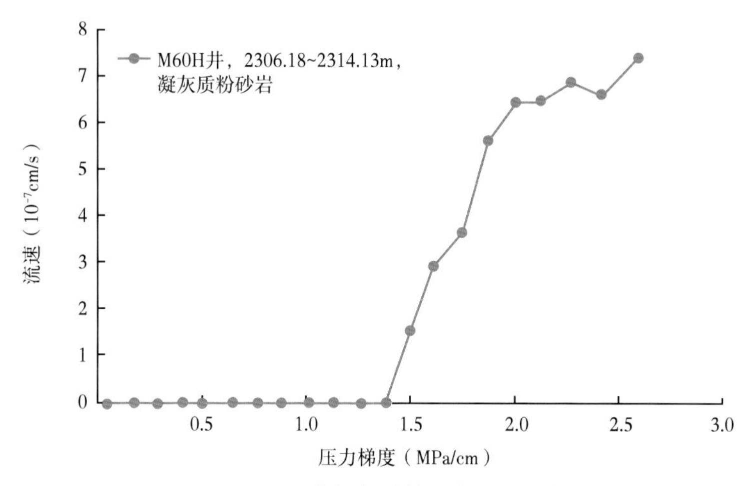

图 1-57　M60H 井凝灰质粉砂岩样品驱替特征

凝灰岩充注时启动压力梯度低除了与润湿性有关外，还与特殊的孔隙结构密切相关。孔喉分布的均匀程度主要通过孔喉比来体现，孔喉比越小，表明储层孔隙与喉道的差异越小，孔喉比越小，孔隙与喉道之间毛细管压力差越小。压汞测得的条湖组凝灰岩储层平均孔隙半径整体较小，孔喉比低（表 1-14）。退汞效率是孔喉比的直观反映，这是因为退汞效率与孔喉比成负相关关系，即孔喉比越小，退汞效率越高。条湖组凝灰岩储层平均孔喉半径整体较小，但退汞效率整体较高；且退汞效率随平均孔喉半径的增大而增大，说明平均孔喉半径越大，孔喉比越小（图 1-58）。一般孔喉比越小，启动压力梯度越低。正是由于凝灰岩脱玻化作用形成的孔隙小、数量多，孔隙和喉道差别较小，才使得充注时启动压力较小，并造成油层含油饱和度高。

表 1-14　凝灰岩孔隙结构参数表

序号	井名	深度（m）	岩性	平均孔隙半径（μm）	孔喉比
1	M56	2145. 20	凝灰岩	0. 12	18. 75
2	M56-12H	2121. 09	凝灰岩	0. 17	9. 63
3	M56-12H	2125. 91	凝灰岩	0. 09	10. 55
4	M56-15H	2244. 40	凝灰岩	0. 06	201. 38
5	M56-15H	2244. 84	凝灰岩	0. 02	5. 80
6	M56-15H	2247. 03	凝灰岩	0. 15	13. 28
7	M56-15H	2248. 11	凝灰岩	0. 17	4. 18
8	M56-15H	2248. 63	凝灰岩	0. 02	9. 80
9	M56-15H	2250. 10	凝灰岩	0. 04	327. 11
10	M56-15H	2252. 34	凝灰岩	0. 03	4. 52

所以，特殊的孔隙结构和偏亲油润湿性是导致凝灰岩启动压力大幅降低的主要原因，这也是远源的源储分离型凝灰岩致密储层石油充注成藏的主要机理。

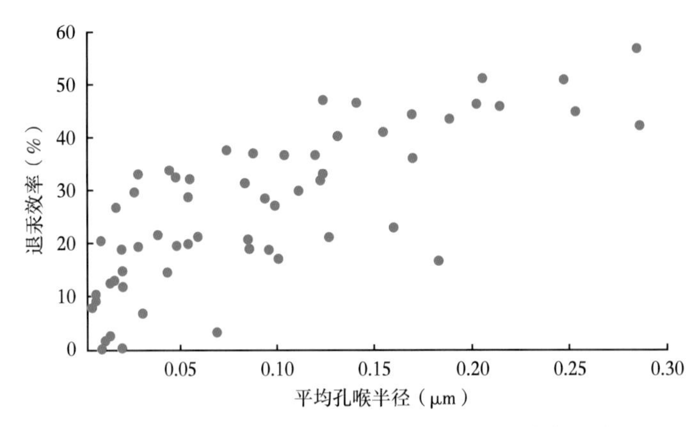

图 1-58　条湖组凝灰岩平均孔喉半径与退汞效率的关系

三、源储分离型致密油藏成藏模式

（一）输导特征

1. 断层和裂缝是石油运移的主要通道

油气运移输导通道有断裂和裂缝两种。垂向输导断裂沟通下部烃源岩与上部凝灰岩致密储层，马朗凹陷发育的主干断裂早期是火山喷发的重要通道，与裂隙式火山喷发密切相关，后期也是油气垂向输导的重要通道。裂缝分为构造裂缝和成岩裂缝，马朗凹陷条一段火山岩和条二段凝灰岩均发育高角度的构造裂缝，大部分为半充填或未充填，未充填部分含油，成岩裂缝较少，这些构造裂缝也是烃类运移和渗流的重要通道。构造裂缝的形成与分布主要与裂缝形成时期的古构造应力场有关，发育程度同时受断层、岩性、厚度和沉积相等因素的控制，在相同的构造应力下，裂缝的发育程度不同，脆性矿物含量高的岩石裂缝较发育一些。裂缝的形成在本质上受岩石力学层（一般一套岩石力学性质相近或一致）控制，所以裂缝密度一般都随厚度增大而减小。凝灰岩段厚度不大，与上下地层岩性差异显著，易于形成裂缝。所以，芦草沟组烃源岩向上排烃运移具备较好的垂向输导条件。

岩心观察结果表明，条湖组二段凝灰岩中裂缝较发育，除部分被充填外，大多都含油。不仅条湖组凝灰岩段裂缝发育，条湖组一段的火山岩裂缝还很发育（图 1-59），且部分有油显示，显然裂缝是油气向上运移的重要通道。此外，部分井发育条一段火山岩油层，如 M8 井的 1290~1300m 井段为玄武岩油层，正好是垂向输导作用的证据。

2. 白垩纪末构造运动形成的断裂开启与烃源岩大量生排烃形成良好配置

生烃史研究表明，芦草沟组烃源岩在白垩纪末成熟，白垩纪末的构造运动产生了大量能够沟通芦草沟组烃源岩和上部储层的断裂和裂缝输导体系，石油通过垂向断裂—裂缝向上运移至上部条湖组凝灰岩储层和侏罗系储层中聚集成藏。裂缝方解石脉体中发育发黄白色荧光的油包裹体，单偏光下透明呈黑色，伴生有次生盐水包裹体，数量不多（图 1-60）。凝灰岩裂缝方解石中与烃类包裹体伴生的盐水包裹体大小主要为 2~5μm，气液比为 5%~10%，通过对其进行测温，发现均一温度主要分布在 90~100℃之间（表 1-15）。

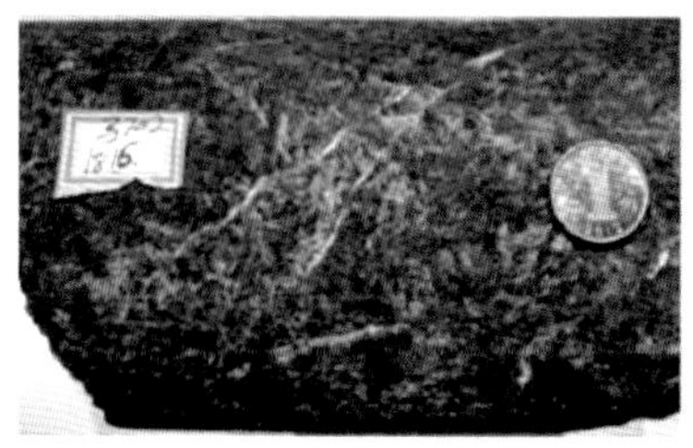

（a）M702井，1816m

（b）M702井，2094.10m

（c）M702井，1824.47m

（d）M52井，1941.05~1941.20m

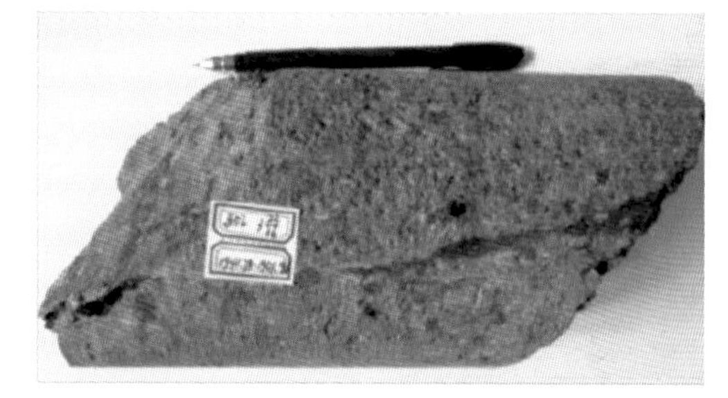

（e）M52井，1941.78~1941.96m

（f）L102井，2394.67m

（g）L102井，2396.2m

（h）L102井，2393.27m

图 1-59　马朗凹陷条一段火山岩中裂缝发育特征

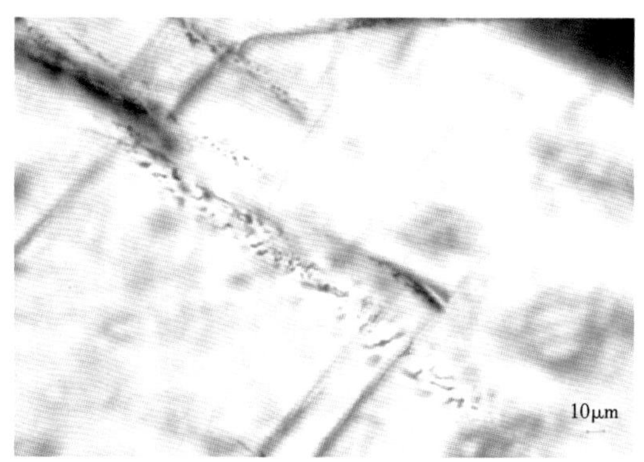

（a）裂缝方解石中的包裹体单偏光镜下显示

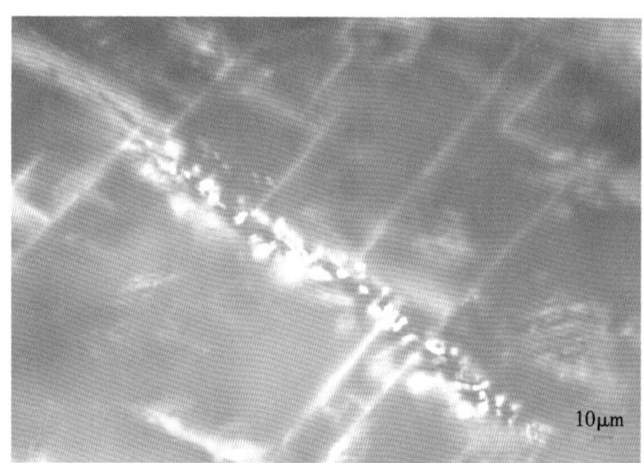

（b）裂缝方解石中的包裹体荧光照片

图 1-60　M56 井凝灰岩裂缝方解石中的包裹体显微特征（2142.18~2142.30m，P_2t_2）

表 1-15　M56 井凝灰岩中盐水包裹体特征（2142.18~2142.30m）

成因	类型	大小（μm）	T_h（℃）	G/L（%）	产状
次生	盐水	2.1	98.5	5	裂缝方解石
次生	盐水	4.3	99.2	8	裂缝方解石
次生	盐水	1.8	95.8	6	裂缝方解石

续表

成因	类型	大小（μm）	T_h（℃）	G/L（%）	产状
次生	盐水	2.5	100.2	7	裂缝方解石
次生	盐水	2.8	91.3	5	裂缝方解石
次生	盐水	3.1	93.4	7	裂缝方解石

结合埋藏史分析，石油的运聚期主要发生在白垩纪末（图1-61）。前人研究也认为芦草沟组大量生排烃时间为白垩纪末。由此可见，白垩纪末构造运动形成的断裂开启与烃源岩大量生排烃形成的良好配置为芦草沟组生成的石油向上运移创造了条件。

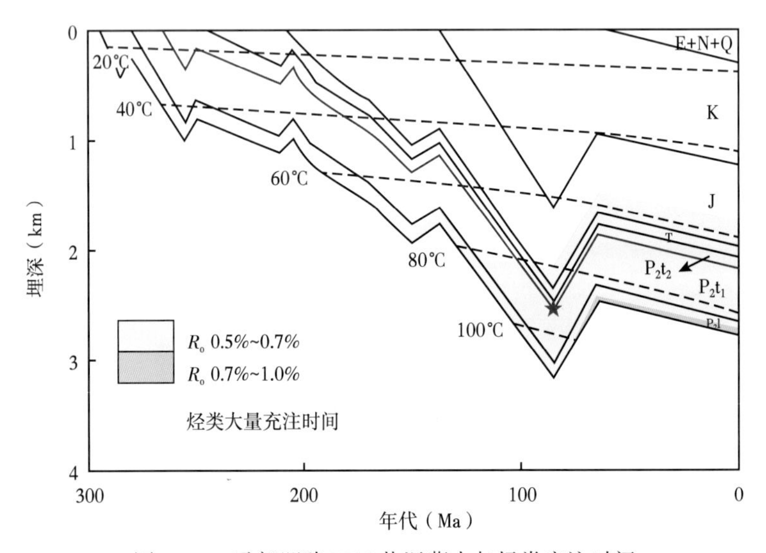

图1-61　马朗凹陷M56井埋藏史与烃类充注时间

马朗凹陷侏罗系发育常规油藏，为了研究侏罗系油气成藏期，观察了M1井1532m处侏罗系西山窑组砂岩中的流体包裹体特征，并测得了与烃类包裹体伴生的盐水包裹体的均一温度。研究表明，M1井石英颗粒中发育油包裹体，数量较多，单偏光下无色，荧光下黄色，伴生有盐水包裹体，形态较小（图1-62）。

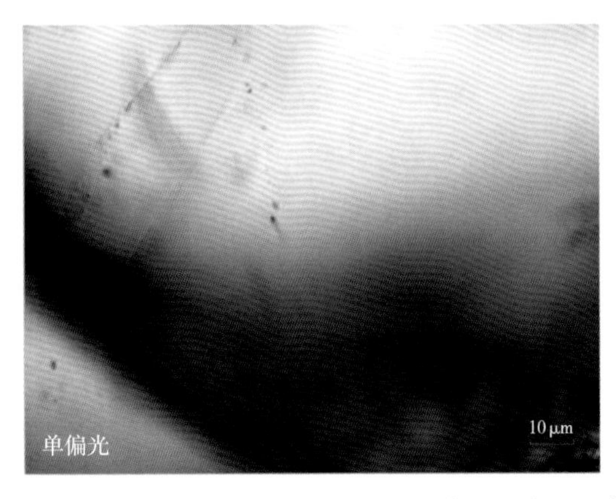

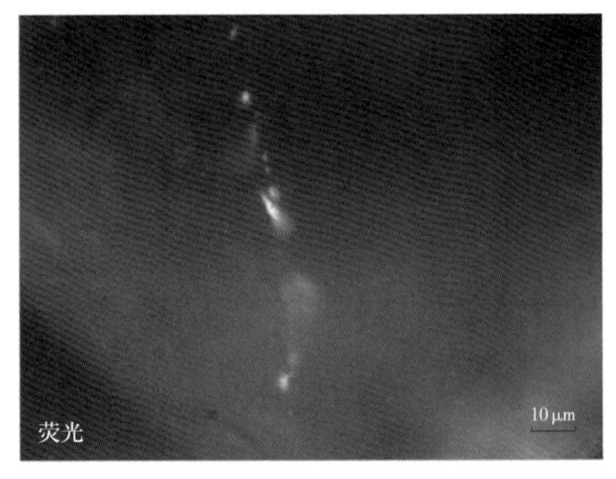

图1-62　M1井西山窑组石英颗粒内发育的油包裹体特征

通过对与油包裹体伴生的盐水包裹体进行测温，发现其均一温度主要分布在65~75℃之间。结合M1井的地层埋藏史，分析其油气成藏期也在白垩纪中晚期（图1-63）。可见，侏罗系油气充注时间和条湖组油气充注时间大体是一致的，前人的研究表明侏罗系原油来自芦草沟组。所以，燕山中晚期强烈的构造运动形成的断裂开启为芦草沟组生成的石油向上运移提供了通道。

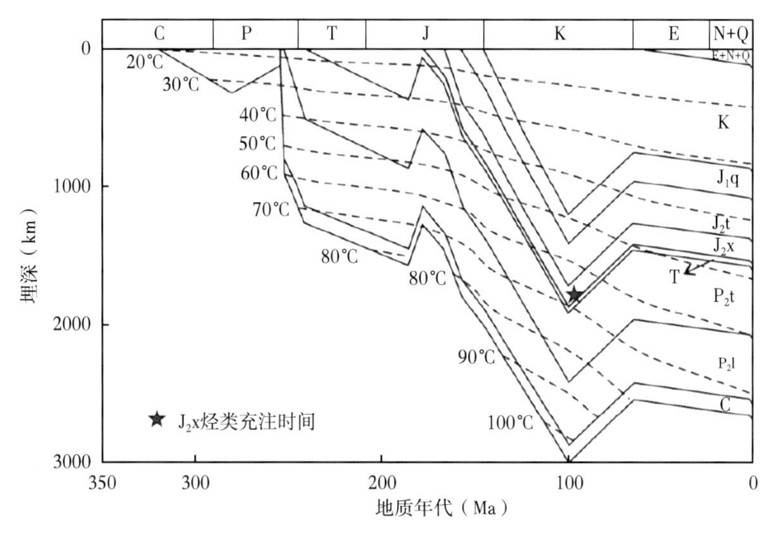

图1-63 M1井埋藏史与西山窑组油气充注特征

（二）致密油成藏与富集的关键因素

1. 凝灰岩储层质量和特殊孔隙结构是石油富集的基础

1）储层物性控制含油饱和度

条湖组凝灰岩致密油藏具有高含油饱和度的特点，含油饱和度主要分布在40%~90%之间。虽然凝灰岩中脆性矿物含量较高，裂缝比较发育，裂缝中大多含油，但是凝灰岩基质孔隙含油才是最重要的。

从马朗凹陷条湖组凝灰岩储层含油饱和度与孔隙度和渗透率之间的关系图可以看出，含油饱和度与孔隙度和渗透率之间均成正相关关系，但含油饱和度与孔隙度的相关性更好（图1-64），这说明含油饱和度受物性的影响，物性越好；尤其是孔隙度越高，含油饱和度越高。垂向上，凝灰岩段的含油饱和度非均质性较强，相邻井段差异也比较大，这也是

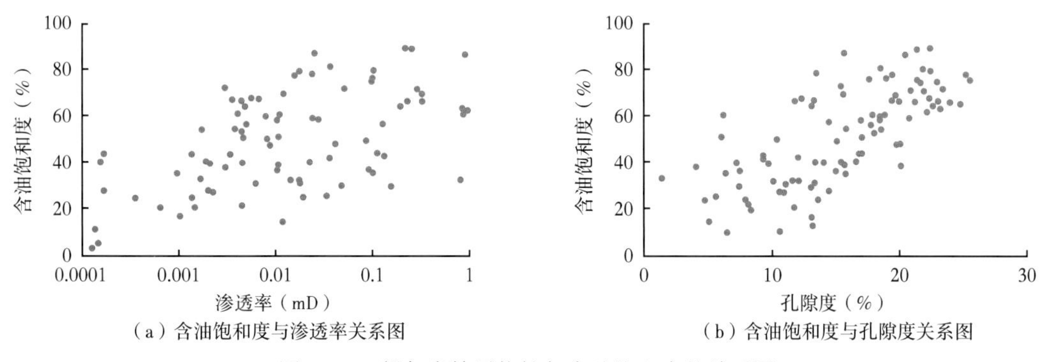

（a）含油饱和度与渗透率关系图

（b）含油饱和度与孔隙度关系图

图1-64 凝灰岩储层物性与含油饱和度的关系图

含油饱和度受储层物性影响较大的结果。另外，含油饱和度的大小与孔隙结构也有关系，平均孔喉半径越大或最大连通孔喉半径越大，含油饱和度越高（图1-65）。凝灰岩致密储层的含油性明显受控于物性和孔隙结构，这也从侧面反映了致密油不是原地自生自储，而是外来石油运移聚集的结果。

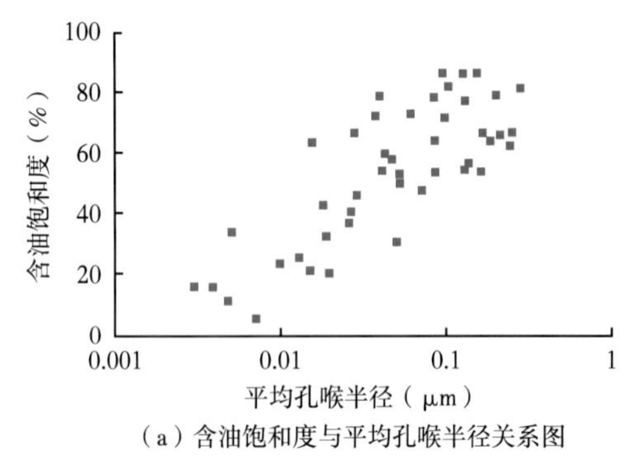

（a）含油饱和度与平均孔喉半径关系图

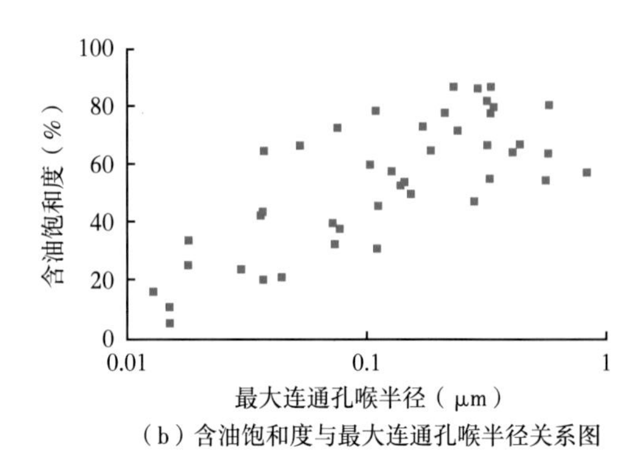

（b）含油饱和度与最大连通孔喉半径关系图

图1-65　凝灰岩孔喉半径与含油饱和度之间关系图

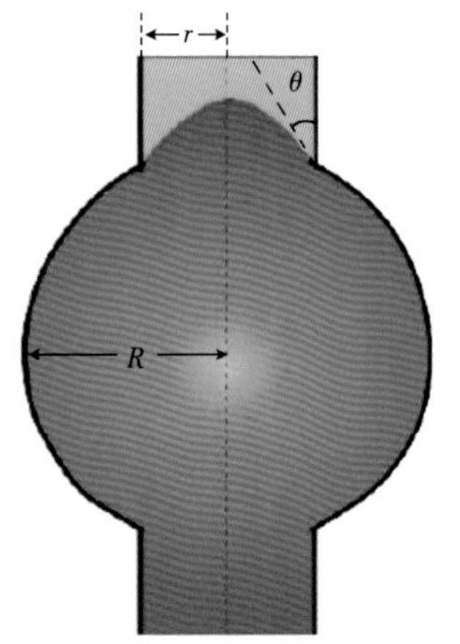

图1-66　凝灰岩孔喉大小示意图

2）喉道与孔隙半径大小相近的特殊孔隙结构是基质富含油的根本原因

条湖组凝灰岩致密油藏基质富含油，含油饱和度较高，而油藏中的原油并非自身生成，外来原油的进入与凝灰岩基质孔喉结构特征密切相关。凝灰岩的储集空间都是在脱玻化过程中形成的，孔隙小，数量大，所以孔喉比较小，孔隙与喉道相差不大（图1-66）。喉道与孔隙半径大小相近，毛细管力相差不大，这种特殊的孔隙结构是原油能够充注的重要原因之一，并且，即使是较小的孔隙和喉道都能够充满石油，所以基质含油饱和度较高。

2. 良好的芦二段排烃条件和断—缝输导体系是致密油藏形成的前提

条湖组凝灰岩致密油藏的原油主要来自芦草沟组二段，而芦草沟组三段岩性以泥岩类为主，是较好的封盖层，所以芦草沟组三段的分布直接影响了芦二段的排烃效率。在芦草沟组三段剥蚀区，芦草沟组二段与条湖组一段火山岩直接接触，直接接触排烃效率较高，只要火山岩断裂和裂缝发育，就有利于原油向上运移（图1-67）。而在断裂带周围，裂缝也比较发育，烃源岩生烃后通过裂缝排向断裂，并由此向上运移，所以在断层附近致密储层也有利于成藏，但充注的范围较小。条湖组已经发现的致密油藏基本位于芦三段缺失的地区，凝灰岩致密油储层中的成藏可能与缺少芦三段，芦二段排烃效率超高、断—缝造成源—储的有效沟通有重要关系。因此，马朗凹陷构造低部位和斜坡区条湖组凝灰岩石油高效富集的关键因素之一就是芦二段上部缺少芦三段的封盖层，火山岩裂缝和断裂较发育，具备断—缝输导的有效性和大面积多点充注的有利条件。

3. 储层岩石润湿性的改变是石油浮力充注的关键

既然条湖组凝灰岩致密油藏中的原油主要来自芦草沟组，那么只有充注之前的润湿性就是偏亲油性对充注才有意义。凝灰岩中含有沉积有机质，热演化程度比芦草沟组烃源岩略

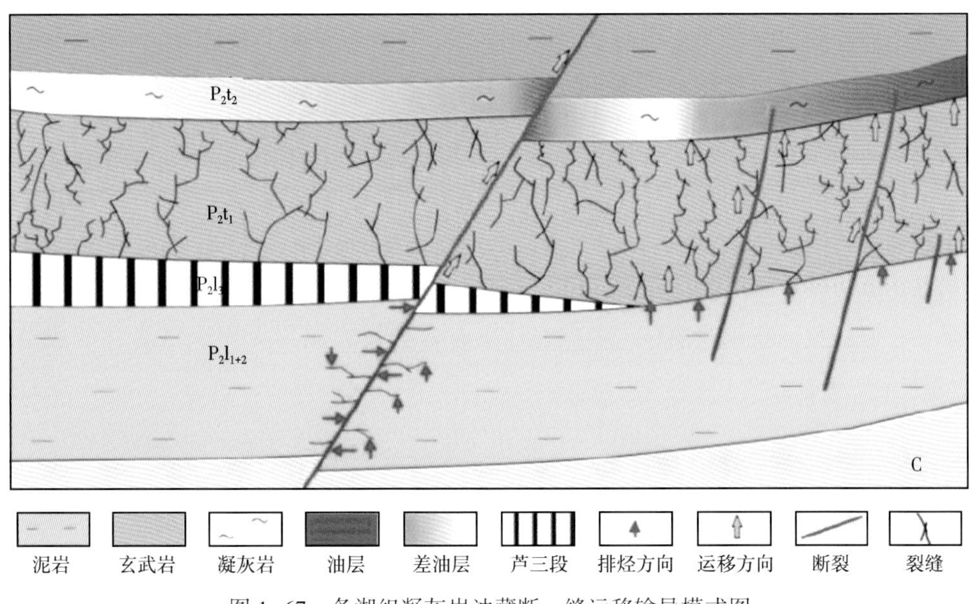

图 1-67　条湖组凝灰岩油藏断—缝运移输导模式图

低，但相差不大，所以生烃时间比较接近，自身生成的原油中极性组分较高，这些极性组分首先黏附在储层表面，使充注前偏亲水性的致密储层转变为偏亲油性岩石（图 1-68），从而使成藏时充注阻力降低，这也是源储分离型凝灰岩致密储层能够成藏的重要因素。

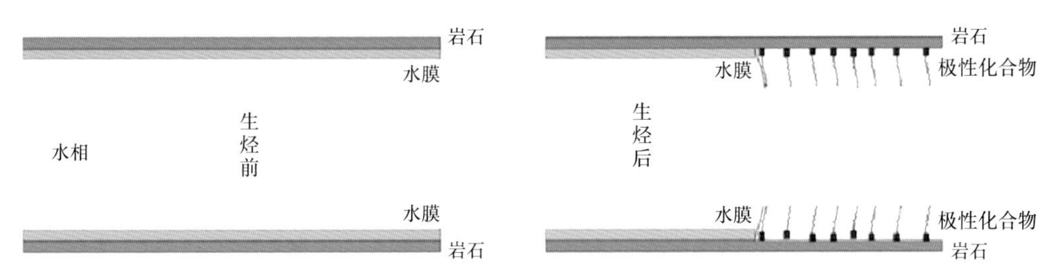

图 1-68　凝灰岩生烃前后润湿性变化示意图

（三）成藏模式

综上所述，条湖组凝灰岩致密油藏属于远源的源储分离型致密油藏，但凝灰岩中含有少量的沉积有机质，自身有机质可以生成少量的石油，在凝灰岩微孔中形成液态烃薄膜，使得凝灰岩储层的水润湿性下降，润湿性改变使得充注阻力大大降低，从而靠石油的浮力也能使源储分离的致密储层聚集成藏。但是，甜点富集的关键是芦草沟组优质烃源岩—输导断裂—条湖组凝灰岩有效储层的有效配置。显而易见，条湖组凝灰岩致密油藏的富集需要满足以下几个条件：（1）水体较深洼地发育的玻屑凝灰岩为有效储层；（2）水体较深洼地富集的原地有机质生烃优先润湿孔隙喉道，凝灰岩润湿性发生改变，大大降低石油充注的阻力；（3）来自下伏芦草沟组的石油通过断裂和裂缝优先充注在被烃润湿的凝灰岩中，并通过裂缝—微孔隙系统成藏。因此，只有满足芦草沟组优质烃源岩、油源断—缝、原始低洼处发育原始有机质的有利凝灰岩相带三者之间有利配置才能形成优质高效的致密油藏。

从充注方式来看，有两种形式：（1）在发育芦草沟组三段的地区，芦二段烃源岩向上排烃受到一定限制，芦二段优质烃源岩生成的石油主要通过断层及断层周围的裂缝系统向上排运，主要在断层附近的地带聚集，这种充注方式可以称为“线相充注”，部分向上运移至侏罗系形成常规油藏；(2) 在不发育芦三段的地区，芦二段优质烃源岩与条一段火山岩直接接触，火山岩脆性大，裂缝发育；一方面有利于芦二段高效排烃效率，另一方面断裂和裂缝可以形成大面积的多点充注条件。芦二段排出的石油通过断裂和火山岩裂缝的输导，向凝灰岩致密储层的充注也是大面积的，所以有利于石油聚集，这种充注方式可以称为“多点充注”。对比两种充注形式，目前发现的凝灰岩油藏大都位于多点充注区。

条湖组凝灰岩致密油藏独特的地质条件决定了其成藏模式的特殊性，可以概括为“自源润湿、它源成藏、断—缝输导、多点充注、有效凝灰岩储层大面积富集”的成藏模式（图 1-69）。

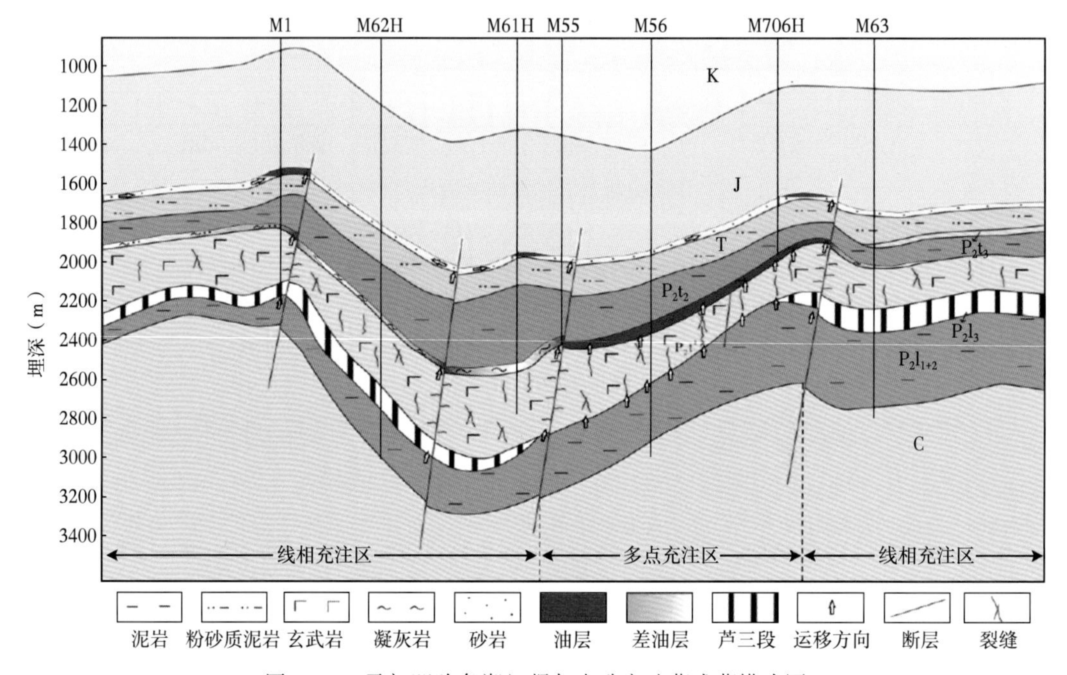

图 1-69　马朗凹陷条湖组凝灰岩致密油藏成藏模式图

第四节　本 章 小 结

一、勘探开发历程

三塘湖盆地自 20 世纪 50 年代开始油气勘探，20 世纪末至 21 世纪初相继发现了马郎、黑墩、北小湖和牛圈湖 4 个含油区块。三塘湖盆地自 1992 年开始地震勘探，1992—1998 年为预探阶段，完成二维地震勘探、三维地震勘探，提交控制地质储量为 7431×10^4t。1999—2003 年为评价、预探阶段，一边对已发现的北小湖油田和牛圈湖油田进行评价，提交探明地质储量 150×10^4t，一边对有利区目标进行预探。1995 年完钻 5 口，新发现黑墩、马中两个油田的控制地质储量 2551×10^4t。牛圈湖油田从 1995 年发现伊始就开始评价描述，先后进行过两次油藏描述，到 1999 年再第三次进行油藏描述，并钻探了 N101 井和

N102 井两口评价井，且 N120 井是采用当时最先进的水平井欠平衡钻井技术，但都没有能使储量升级。由于三塘湖油田成藏条件十分复杂，构造层次和格架复杂，沉积相带多变，裂缝发育，地层能量严重不足，储层非均质性强，油气富集区连片性差，原油黏稠，这些地质因素都导致了三塘湖油田开发效果差。

三塘湖油田原油储量大，埋藏深度为 600~800m，原油黏度较高，且渗透率较低，属于低孔隙度、低渗透率储层。为了提高油田产油量，需要通过一定的方式降低原油黏度，提高原油流动能力。自 2015 年开展增能压裂、注水吞吐试验获得成功，近两年扩大应用规模，年增油（2~3）$\times10^4$t。

二、主要认识

（1）三塘湖盆地中二叠统芦草沟组（P_2l）自下而上分为三段。其中，P_2l_2 分布了稳定咸化湖相高位域富碳酸盐岩段。平面上，主要分布于马朗凹陷和条湖凹陷，横向上具有西厚东薄的变化特征。

（2）在芦草沟组的三段烃源岩中，芦二段的烃源岩质量最好，有机碳含量大于 2.0%的占到 72%以上，属于好—极好烃源岩。

（3）芦草沟组烃源岩生物标志物具有低 Pr/Ph 和 γ-蜡烷/C_{30}Hop 特征，表征了一种咸化—半咸化还原性水介质环境，这种环境不仅有利于有机质保存，还有利于低熟油的生成，这也是芦草沟组烃源岩中可溶有机质含量高、原油成熟度低的主要原因。其中，芦草沟组二段生烃潜力最高，以Ⅲ型烃源岩为主。

（4）三塘湖盆地的生烃门限深度大致在 1600~1700m 之间。总体上，芦草沟组烃源岩处于低成熟—成熟阶段。马朗凹陷、条湖凹陷与汉水泉凹陷均发育了优质源岩，又以马朗凹陷最厚，其中，马朗凹陷芦草沟组二段 M7 井区优质烃源岩厚度可达到 120m。

（5）在三塘湖盆地各凹陷均分布高含有机碳含量区，马朗凹陷 TOC 最大值可以达到 6%~7%，分布的面积也最大；条湖凹陷和汉水泉凹陷高值区为 4%。马朗凹陷烃源岩 R_o 在 0.5%~0.9%之间，以低成熟烃源岩为主；条湖凹陷 R_o 在 0.8%~1.2%之间，以成熟烃源岩为主。总之，三塘湖盆地芦草沟组烃源岩热演化程度不是很高，以生产低成熟—成熟原油为主。

（6）三塘湖盆地 P_2l 致密油资源量为 25.67$\times10^8$t，其中，马朗凹陷为 18.66$\times10^8$t，占主导地位；条湖凹陷为 2.83$\times10^8$t；汉水泉凹陷为 4.18$\times10^8$t。致密油资源量计算结果显示了三塘湖盆地尤其是马朗凹陷具有良好的致密油勘探前景。

（7）条湖组凝灰岩中含有沉积有机质，所生原油的极性组分优先吸附在孔隙表面，使得凝灰岩的润湿性为偏亲油性。凝灰岩油驱水启动压力梯度较小，偏亲油润湿性和孔喉比小是导致凝灰岩启动压力梯度较小的主要原因，这也是源储分离型凝灰岩致密储层石油高效充注成藏的主要机理。

（8）马朗凹陷条湖组凝灰岩致密油藏中的原油主要来自芦草沟组二段烃源岩，是源储分离型的致密油藏。凝灰岩内致密油成藏与富集的关键因素有：一是受控于岩石孔隙结构和物性的凝灰岩储层质量；二是自身有机质生烃后极性组分吸附在储层孔喉表面，使充注前偏亲水的致密储层转变为偏亲油性岩石，使得石油充注阻力降低；三是缺失芦三段造成芦二段较高的排烃效率，芦二段与条一段裂缝性玄武岩直接接触有利于断裂—裂缝多点充注和条二段凝灰岩大面积成藏。“自源润湿、它源成藏、断—缝输导、多点充注、有效凝灰岩储层大面积富集”是凝灰岩致密油藏形成的主要模式。

第二章　凝灰岩致密储层形成机理

三塘湖盆地条湖组凝灰岩储层含有一定的沉积有机质，含沉积有机质凝灰岩致密油藏作为致密油藏的一种特殊类型，前人的研究较少，但科学意义显著。含沉积有机质凝灰岩中，微观孔隙的形成机理及演化规律直接关系到凝灰岩有效储层预测。因此，开展含沉积有机质凝灰岩储层特征和微观孔隙成因的研究，对深入分析凝灰岩致密油藏形成机理及对勘探开发均具有重要的意义。

第一节　凝灰岩致密孔隙结构特征

一、凝灰岩石类型

马朗凹陷条湖组主要发育凝灰岩、凝灰质泥岩和凝灰质粉砂岩三种岩石类型，其中，凝灰岩的含油性最好，凝灰质粉砂岩有油气显示，凝灰质泥岩不含油。

（一）凝灰岩

岩心观察发现，整个凝灰岩段非均质性很强，含油性也具有明显差异，所以，可以进一步细分凝灰岩。根据凝灰岩岩石结构和主要矿物组成差异将其分为玻屑凝灰岩、晶屑玻屑凝灰岩、泥质凝灰岩和硅化凝灰岩。

1. 玻屑凝灰岩

玻屑凝灰岩原始火山灰以玻屑成分为主，现今脱玻化程度已较高，可能含有少量较细粒的晶屑成分，晶屑和玻屑多为混杂堆积，由风力搬运直接沉降湖盆而形成。阴极发光技术可以反映石英等矿物的形成温度，如阴极发光条件下高温石英（大于573℃）呈蓝紫色，中高温石英（300～573℃）呈褐红色，低温石英不发光（小于300℃），方解石呈橘红色，长石发光多样，但长石中若含有千分之几的二价铁离子（Fe^{2+}），就能起激活剂的作用而发绿色光。

阴极发光条件下，条湖组玻屑凝灰岩中的石英颗粒大多不发光，说明它们大多是在低温条件下形成的，是火山灰玻璃质脱玻化作用的产物［图2-1（a）、（b）］。玻屑凝灰岩

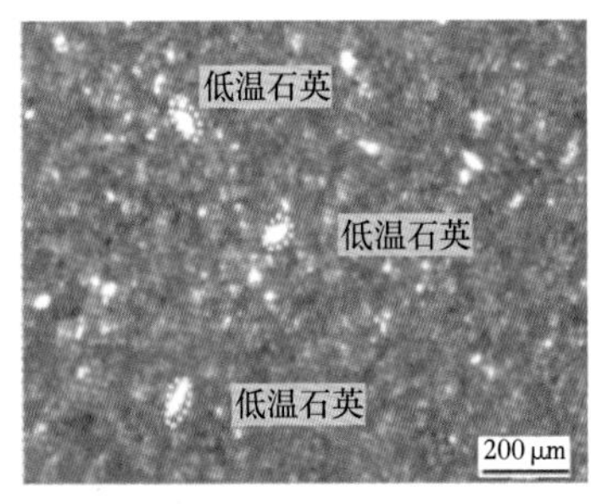

（a）M56井，2142.18m，单偏光

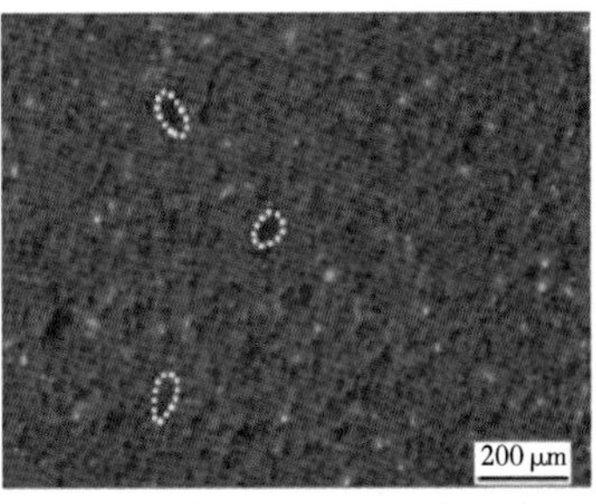

（b）M56井，2142.18m，阴极发光

（c）M56井，2143.3m，扫描电子显微镜

图2-1　玻屑凝灰岩镜下特征

储层质量最好，矿物组成以石英和长石为主，颗粒较小，大多小于3μm，黏土矿物含量很低，一般小于10%（表2-1）。其中，黏土矿物为非陆源物质，主要是火山灰玻璃质脱玻化过程中形成的，黏土矿物种类主要是叶片状绿泥石，呈分散状分布在其他石英和长石颗粒之间［图2-1（c）］。

表2-1 XRD分析条湖组凝灰岩矿物组成

井名	深度（m）	岩性	矿物相对含量（%）				
			石英	钾长石	钠长石	黏土矿物	方解石
LI	2547.86	玻屑凝灰岩	63	—	16	7	2
LI	2548.78	玻屑凝灰岩	57	6	8	4	6
LI	2548.70~2548.80	玻屑凝灰岩	51	—	20	9	15
LI	2548.90	玻屑凝灰岩	67	—	15	11	27
M56	2141.60~2141.80	玻屑凝灰岩	43	—	33	—	4
M56	2142.20~2142.30	玻屑凝灰岩	49	—	36	—	7
M56	2142.50~2142.60	玻屑凝灰岩	32	—	35	4	10
M56	2142.80~2142.96	玻屑凝灰岩	69	—	29	4	—
M56	2143.60~2143.70	玻屑凝灰岩	36	—	42	9	6
M56	2144.10~2144.40	玻屑凝灰岩	66	—	46	5	—
M56	2144.90~2144.60	玻屑凝灰岩	57	—	58	—	10
M56	2144.73	玻屑凝灰岩	52	—	19	4	8
M56	2145.30~2145.40	玻屑凝灰岩	68	—	57	4	3
M7	1790.80~1790.90	玻屑凝灰岩	45	—	9	14	11
M7	1885.06	玻屑凝灰岩	40	—	37	6	—
M56-12H	2118.20~2118.30	玻屑凝灰岩	45	—	36	12	—
M56-12H	2118.90~2119.10	玻屑凝灰岩	41	—	28	4	—
M56-12H	2122.40~2122.60	玻屑凝灰岩	43	—	38	17	—
M55	2269.15~2269.25	晶屑玻屑凝灰岩	56	—	24	13	23
M55	2270.33~2270.48	晶屑玻屑凝灰岩	38	—	21	28	6
M55	2281.00	晶屑玻屑凝灰岩	9	11	17	31	—
M56-15H	2252.40	晶屑玻屑凝灰岩	45	10	34	10	3
M56-12H	2110.86~2111.07	泥质凝灰岩	53	—	28	16	—
M56-12H	2116.66~2116.76	泥质凝灰岩	72	—	19	43	—
M62	2379.00~2379.16	泥质凝灰岩	58	—	55	21	15
M62	2381.29~2381.42	泥质凝灰岩	50	5	18	26	6
M56-12H	2131.10	硅化凝灰岩	63	13	30	2	2
M56-12H	2131.12	硅化凝灰岩	57	—	21	3	4
M56-15H	2547.86	硅化凝灰岩	51	13	22	7	—
M56-15H	2548.78	硅化凝灰岩	67	7	30	13	—

2. *晶屑玻屑凝灰岩*

晶屑玻屑凝灰岩原始火山灰仍然以玻屑成分为主，玻屑含量大于50%，但是晶屑含量明显增加，且晶屑颗粒粒径较大。阴极发光条件下，发现晶屑玻屑凝灰岩中既有发蓝紫光的石英，又有不发光的石英，说明这些石英既有原始晶屑中的高温石英，又有脱玻化作用形成的低温石英［图2-2（a）、（b）］。晶屑玻屑凝灰岩储层质量较好，但黏土矿物含量略高，主要分布在10%~30%之间，黏土矿物会充填、分割孔隙，使孔隙结构复杂化，导致孔隙度下降，喉道变细。晶屑玻屑凝灰岩中黏土矿物成因与玻屑凝灰岩一致，但伊/蒙混层含量明显增多［图2-2（c）］，主要是因为原始晶屑中富含钾，玻璃质脱玻化作用中形成的黏土矿物向伊/蒙混层转化而形成的。

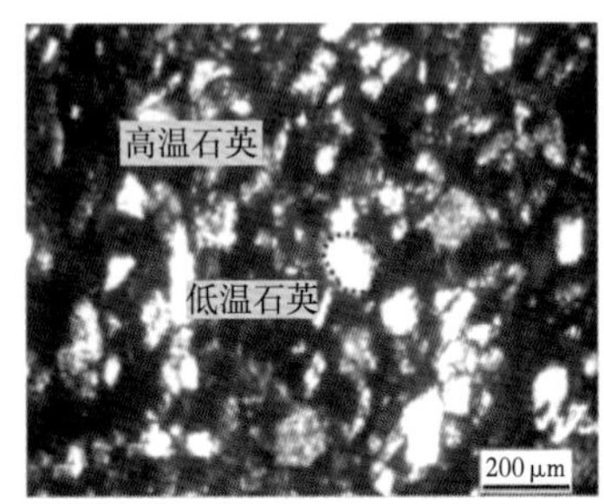

（a）M55井，2267.7m，单偏光

（b）M55井，2267.7m，阴极发光

（c）M55井，2268.25m，扫描电子显微镜

图2-2　晶屑玻屑凝灰岩镜下特征

3. *泥质凝灰岩*

泥质凝灰岩的原始火山灰虽然以玻屑成分为主，含少量细粒晶屑，但陆源泥质含量相对较高，岩石更致密（图2-3）。它是由于距离火山口较远或者火山喷发强度较弱，火山灰供给不足，较多陆源泥质碎屑混入形成的，类似沉凝灰岩。泥质凝灰岩储层质量较差，黏土矿物含量较高，一般大于15%。

（a）M56-12H井，2110.2m，单偏光

（b）M56-15H井，2248m，扫描电子显微镜

图2-3　泥质凝灰岩镜下特征

4. *硅化凝灰岩*

硅化凝灰岩也是以玻屑成分为主，含一定量晶屑，但最大的特点就是具有明显的硅化现象，即凝灰岩中有连片的非晶态的SiO_2（图2-4）。这种类型的凝灰岩很致密，测井曲线表现为电阻率非常高，一般都大于300Ω·m。硅化凝灰岩的原始物质成分是玻屑，由于

处于火山岩与凝灰岩的过渡带，底部玄武岩致密，凝灰岩脱玻化过程中流体向下交换受阻，流体中的 Si 离子形成 SiO_2 沉淀，原始脱玻化孔多被硅质胶结，从而形成非晶态为主的硅化凝灰岩。

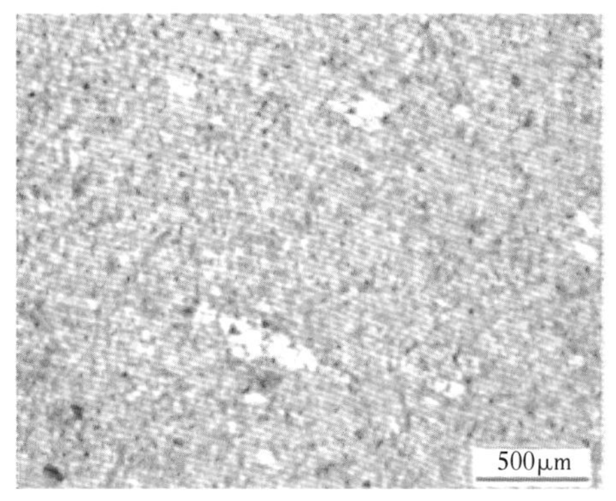

（a）M56-12H井，2131.12m，单偏光

（b）M56-12H井，2131.12m，扫描电子显微镜

图 2-4　硅化凝灰岩镜下特征

（二）凝灰质泥岩

凝灰质泥岩中原始火山灰含量很低，主要由陆源泥质沉积物组成，属于火山—沉积碎屑岩，是在水体较深环境下形成的。矿物组成中黏土矿物含量很高，一般大于 50%。凝灰质泥岩物性很差，基本不能作为储层。但凝灰质泥岩中有机质含量较高，是潜在的烃源岩。

（三）凝灰质粉砂岩

凝灰质粉砂岩中原始火山灰含量也很低，受河流搬运作用影响，由粉砂岩与火山灰混合沉积作用而形成，岩石性质更接近粉砂岩（图 2-5）。

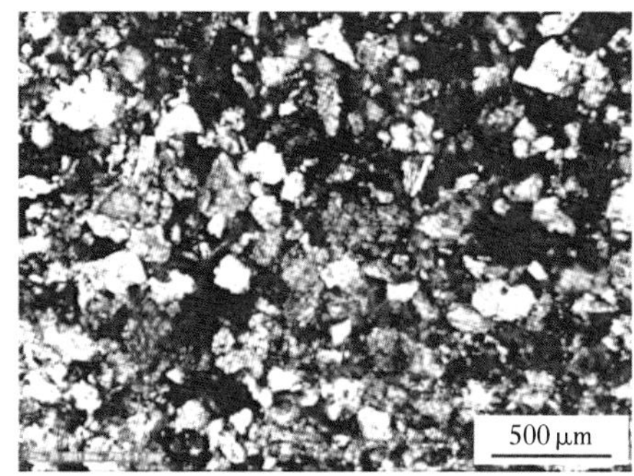

（a）凝灰质粉砂岩镜下500 μm显示

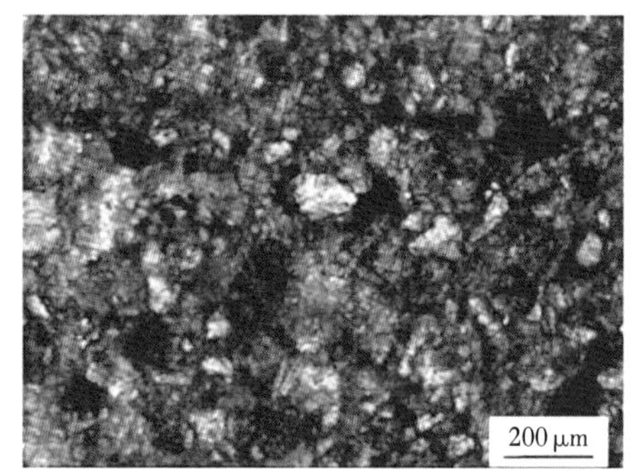

（b）凝灰质粉砂岩镜下200 μm显示

图 2-5　凝灰质粉砂岩镜下特征

岩石矿物组成主要是石英和长石，其次是黏土矿物，方解石、黄铁矿等矿物较少。凝灰质粉砂岩也是一类物性较好的储层。

二、微观孔喉结构与类型

（一）凝灰岩孔喉结构特征

孔隙结构指的是岩石中孔隙和喉道的数量、大小、几何形态、分布及其连通关系等，代表着岩石的储集性能和渗流特征。现采用压汞法来研究孔隙结构，压汞法所获得的孔隙结构参数大致可分为三类：（1）反映孔喉大小的参数，如最大孔喉半径、平均孔喉半径和饱和度中值孔喉半径；（2）反映孔喉分选性的参数，如偏度和分选系数等；（3）反映孔喉连通性的参数，如排驱压力、饱和度中值压力、最大进汞饱和度和退汞效率等。本次研究一共对58块凝灰岩样品进行了孔隙结构分析，部分实验样品孔隙结构参数见表2-2。

表2-2 凝灰岩储层典型样品孔隙结构参数

井名	深度（m）	孔隙度（%）	孔喉大小参数			孔喉分选性参数		孔喉连通性参数			
			平均孔喉半径（μm）	最大连通孔喉半径（μm）	饱和度中值半径（μm）	分选系数	偏度	退汞效率（%）	最大进汞饱和度（%）	排驱压力（MPa）	饱和度中值压力（MPa）
M56	2141.97~2142.18	24.4	0.101	0.161	0.100	0.05	0.79	16.71	95.14	4.56	7.32
M56-15H	2248.27~2248.39	23.1	0.104	0.322	0.041	0.08	0.69	36.73	90.57	2.28	17.80
M56-12H	2121.69~2121.86	22.9	0.205	0.311	0.224	0.08	0.26	51.04	93.70	2.36	3.28
M56	2143.53~2143.61	22.9	0.111	0.237	0.109	0.07	0.58	29.93	96.17	3.10	6.72
M56-12H	2122.44~2122.65	22.3	0.123	0.221	0.122	0.06	1.01	47.11	95.68	3.32	6.01
M56	2142.96~2143.08	21.6	0.122	0.225	0.123	0.07	0.15	32.10	97.52	3.26	5.98
M56-15H	2264.62~2264.83	20.4	0.154	0.334	0.074	0.12	0.37	40.56	94.44	2.20	10.00
M56-15H	2259.05~2259.33	20.0	0.214	0.448	0.203	0.14	0.07	46.16	97.30	1.64	3.62
M56-15H	2255.28~2255.46	19.4	0.084	0.216	0.006	0.05	0.45	20.74	93.39	3.41	118.60
M56-15H	2260.57~2260.73	18.5	0.044	0.105	0.007	0.02	0.61	33.76	89.10	7.00	111.60
M56-15H	2255.55~2255.78	17.0	0.047	0.129	0.064	0.03	1.17	32.55	95.86	5.68	11.40
M56	2144.86~2144.99	16.0	0.048	0.112	0.041	0.03	1.23	19.91	95.98	6.56	17.80
M56	2144.39~2144.59	14.3	0.012	0.048	0.008	0.01	2.20	1.95	88.76	15.40	92.40
M56-12H	2118.16~2118.29	13.3	0.028	0.053	0.025	0.02	1.85	19.89	95.66	13.80	28.90
M56-15H	2247.48~2247.65	13.1	0.003	0.013	0.114	0.01	0.68	8.12	54.06	58.20	6.44
M56-15H	2259.77~2260.05	12.2	0.029	0.115	0.008	0.05	0.67	6.65	84.92	6.40	90.40
M56-12H	2114.63~2114.77	9.4	0.018	0.036	0.015	0.02	7.16	18.04	94.67	20.60	49.20
M56-12H	2110.86~2111.07	5.7	0.013	0.018	0.006	0.03	7.86	12.31	82.85	41.20	128.40
M56-12H	2109.56~2109.79	8.5	0.019	0.037	0.013	0.03	8.50	0.00	85.45	19.90	56.30
M56-15H	2267.35~2267.53	8.4	0.085	0.574	0.029	0.16	2.23	19.25	68.28	1.28	25.20
M56-12H	2129.85~2129.98	7.2	0.182	0.557	0.101	0.22	2.99	16.88	85.90	1.32	7.28

1. 孔喉大小

条湖组凝灰岩储层最大孔喉半径分布在0.013~0.835μm之间，平均值为0.205μm；平均孔喉半径分布在0.003~0.286μm之间，平均值为0.085μm；饱和度中值孔喉半径分布在0.004~0.36μm之间，平均值为0.090μm。由以上数据可知，凝灰岩储层孔喉半径都在1.0μm以下，普遍小于0.5μm，属于典型的微孔隙。

2. 孔喉分选性

条湖组凝灰岩储层偏度主要分布在0.07~12.8之间，平均值为1.90；分选系数主要分布在0.004~0.325之间，平均值为0.074。表明凝灰岩孔喉分选性整体上良好，但孔喉偏细。

3. 孔喉连通性

条湖组凝灰岩储层排驱压力主要分布在0.88~58.2MPa之间，平均值为11.35MPa；饱和度中值压力主要分布在2.0~188.6MPa之间，平均值为36.9MPa；最大进汞饱和度主要分布在54.1%~99.1%之间，平均值为87.9%；退汞效率分布在0~51.04%之间，平均值为25.1%。由以上数据可知，凝灰岩储层排驱压力整体上较高，这反映出其孔喉偏小的特点，但最大进汞饱和度和退汞效率也较高，反映出主要孔喉是彼此连通的。

（二）凝灰岩孔喉结构类型

根据压汞曲线及其参数特征将条湖组凝灰岩孔隙结构类型分为四类：高孔粗喉型、中孔细喉型、低孔细喉型、特低孔中喉型。凝灰岩的孔喉结构与孔隙度之间具有较好的相关性，这四种孔隙结构类型与前文所述的四种凝灰岩岩石类型相对应（图2-6）。

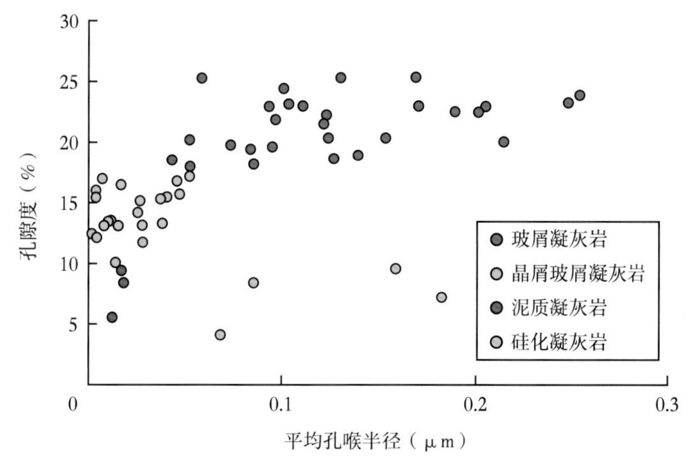

图2-6　条湖组凝灰岩平均孔喉半径与孔隙度关系图

1. 高孔粗喉型

压汞曲线直线段斜率小且较长，反映喉道分布集中，排驱压力较小，退汞效率较高（主要分布在40%~51%之间），说明孔隙结构很好（图2-7）。该类孔隙结构的凝灰岩储层物性最好，孔隙度大多大于18%。此类孔隙结构多出现在玻屑凝灰岩中，因为玻屑凝灰岩中可供脱玻化的玻屑成分含量最高，黏土矿物含量最低，颗粒最细，脱玻化孔最多，相邻的脱玻化孔彼此连通性好，共同促进了高孔粗喉孔隙结构的形成。

2. 中孔细喉型

压汞曲线直线段斜率也较小且较长，反映喉道分布相对集中，但排驱压力较大，退汞效率较高（主要分布在10%~40%之间），说明孔隙结构较好（图2-8）。该类孔隙结构的凝灰岩储层物性较好，孔隙度分布范围在10%~18%之间。此类孔隙结构多出现在晶屑玻屑凝灰岩中，由于晶屑含量增加，可供脱玻化的成分减少，使孔隙度降低。此外，该类凝灰岩中伊/蒙混层黏土矿物含量较高，它会充填、分割孔隙，使孔隙结构复杂化，导致孔隙度下降、喉道变细、物性变差。

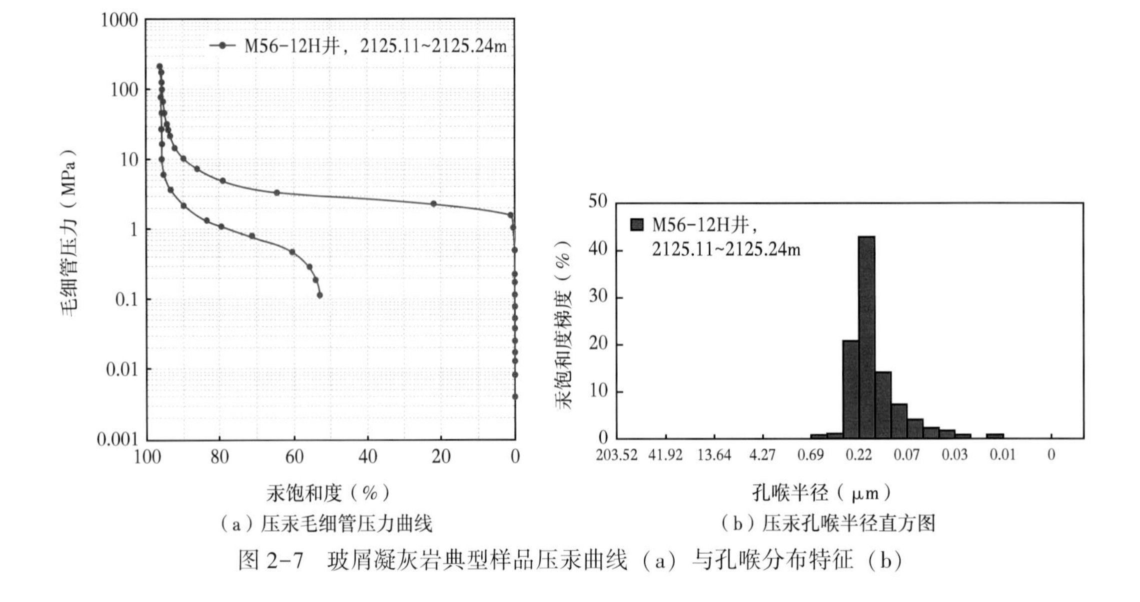

（a）压汞毛细管压力曲线
（b）压汞孔喉半径直方图

图 2-7 玻屑凝灰岩典型样品压汞曲线（a）与孔喉分布特征（b）

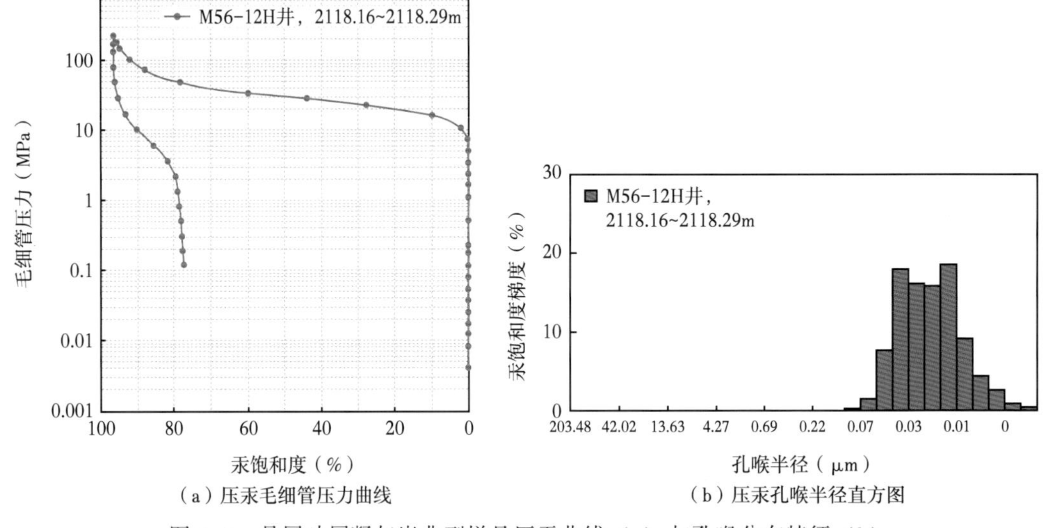

（a）压汞毛细管压力曲线
（b）压汞孔喉半径直方图

图 2-8 晶屑玻屑凝灰岩典型样品压汞曲线（a）与孔喉分布特征（b）

3. 低孔细喉型

压汞曲线直线段斜率较大且较短，排驱压力较大，退汞效率较低（小于 20%），说明孔隙结构差（图 2-9）。该类孔隙结构的凝灰岩储层物性较差，孔隙度一般小于 10%。此类孔隙结构主要出现在泥质凝灰岩中，泥质成分堵塞孔隙，且原始泥质含量高，孔隙流体流动不畅，脱玻化作用受到严重阻碍，从而导致储层物性较差。

4. 特低孔中喉型

压汞曲线直线段斜率大且短，排驱压力中等，退汞效率低（小于 20%），说明这类储层孔隙结构较差（图 2-10）。该类孔隙结构的凝灰岩很致密，储层物性也较差，孔隙度一般小于 10%。此类孔隙结构多出现在硅化凝灰岩中，孔喉半径由于保留了部分原始玻屑凝灰岩的特征，表现出“双峰”的特点，大小均有，但平均孔喉半径一般大于 0.05μm（图 2-10）。

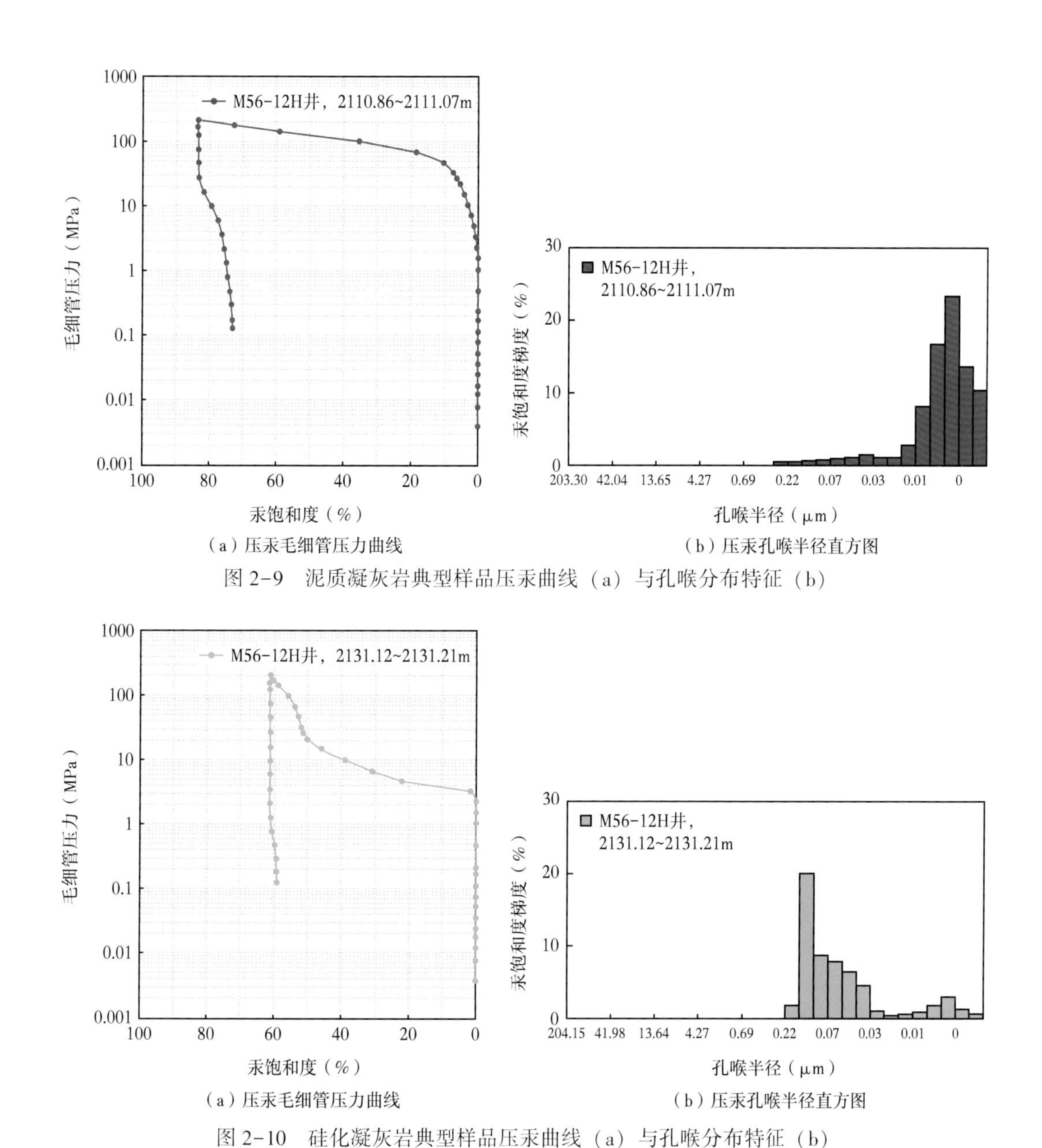

（a）压汞毛细管压力曲线　　（b）压汞孔喉半径直方图

图 2-9　泥质凝灰岩典型样品压汞曲线（a）与孔喉分布特征（b）

（a）压汞毛细管压力曲线　　（b）压汞孔喉半径直方图

图 2-10　硅化凝灰岩典型样品压汞曲线（a）与孔喉分布特征（b）

三、储集空间类型

条湖组含沉积有机质凝灰岩储层致密，常规岩石薄片下很难看到孔隙，但扫描电子显微镜和 CT 扫描下发现微小孔隙很发育，单个微孔孔隙体积很小，但数量巨大，孔隙大小主要是微米—纳米级（图 2-11）。这与储集空间类型主要是溶蚀孔和构造缝的不含沉积有机质凝灰岩不同。为了方便统一，这里采用 Loucks 等于 2012 年对非常规泥页岩的分类方案。Zhao 等于 2013 年对富有机质灰岩孔隙类型的研究也用了这一标准。凝灰岩中与基质有关的孔隙可以分为矿物粒间孔、矿物粒内孔和有机质孔三类；此外，还有与裂缝有关的孔隙。

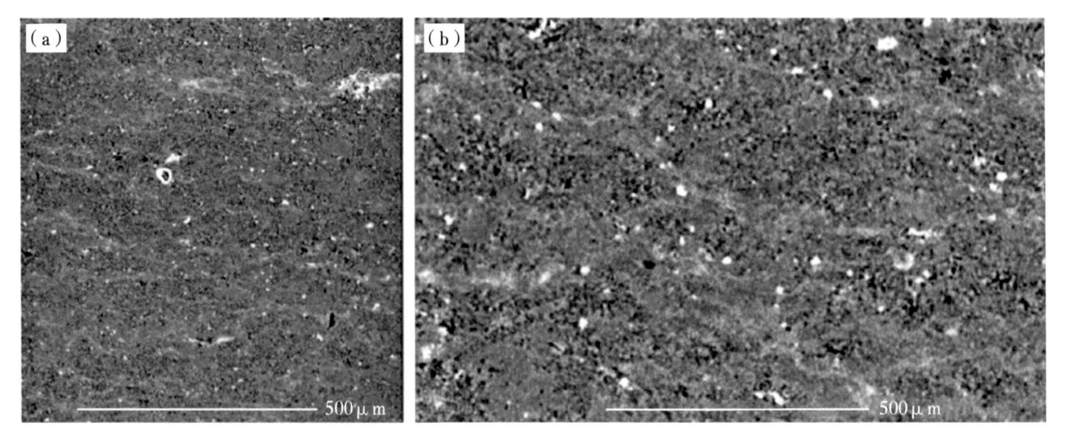

图 2-11　CT 扫描凝灰岩微观孔隙特征（M56-12H 井，2118.4m）

（一）粒间孔

条湖组凝灰岩的岩石学特征分析表明，凝灰岩矿物成分比较单一，主要是石英和长石，所以粒间孔主要是石英和长石颗粒之间的孔隙，扫描电子显微镜下清晰可见，主要为微米—纳米级孔［图 2-12（a）、（b）］。凝灰岩中矿物之间的粒间孔或微晶之间的晶间孔主要是脱玻化作用形成的，是凝灰岩中最主要的孔隙类型。

（二）粒内孔

三塘湖盆地条湖组凝灰岩中发育的粒内孔隙主要有长石溶蚀孔，以及黄铁矿微球团孔和黏土矿物中的孔隙。溶蚀孔隙的形成主要是由于生烃过程中产生的有机酸对不稳定矿物的溶蚀作用造成的。常见的是脱玻化作用产物之一的长石矿物或凝灰岩中长石晶屑的溶蚀形成的溶蚀孔隙［图 2-12（c）］，扫描电子显微镜能谱分析溶蚀孔隙所在的矿物的成分主要是 O、Si、Al、Na。三塘湖盆地条湖组凝灰岩自身含有一定的沉积有机质，埋藏过程中会产生少量的有机酸，这些有机酸是长石遭受溶蚀的主要原因。凝灰岩中也发育黄铁矿，表明凝灰岩形成于还原环境，黄铁矿微球团包括很多黄铁矿晶体，这些晶体之间也有很多微孔［图 2-12（d）］，也是烃类的储集空间。虽然凝灰岩中黏土矿物含量很低，但黏土矿物成分以绿泥石为主，绿泥石呈叶片状，叶片之间发育微孔隙［图 2-12（e）］。

（三）有机质孔

三塘湖盆地凝灰岩中含有一定量的沉积有机质，且主要处于成熟演化阶段，有机质热演化生烃后会残留下来一些有机质孔。凝灰岩中的有机质孔可以通过氩离子抛光识别，主要呈圆形、椭圆形或不规则状，大小在 1.0μm 以下，即主要是纳米级别。这些孔隙也是含有机质凝灰岩致密储层的储集空间［图 2-12（f）］。Loucks 等首次描述了 FortWorth 盆地 Barnett 组泥页岩中的有机质孔，之后人们才重视了其他盆地泥页岩中的有机质孔，但几乎没有人提到凝灰岩中的有机质孔，本次研究发现凝灰岩中也是发育有机质孔的。但由于凝灰岩原始沉积有机质丰度低，且并不是所有的有机质都含有有机质孔，所以，凝灰岩中有机质孔的数量很少，对孔隙度的贡献不大。

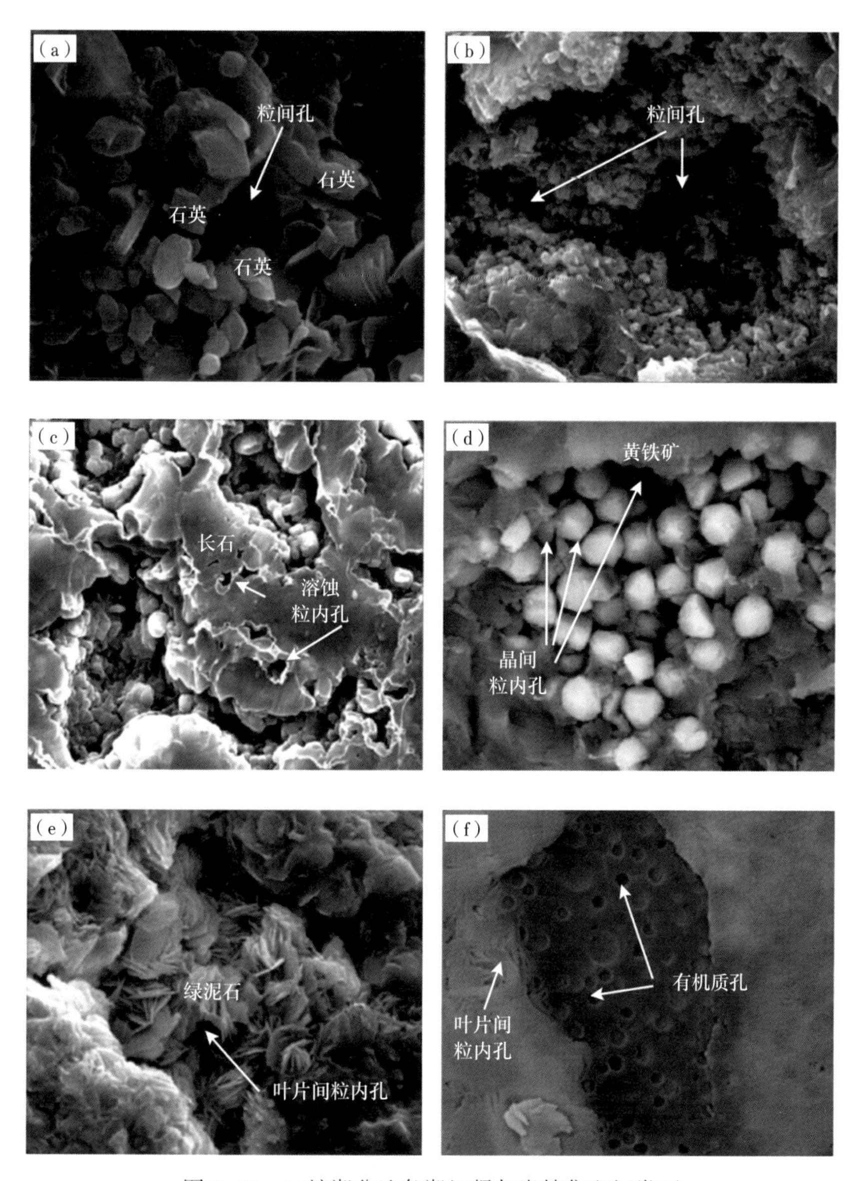

图 2-12 三塘湖盆地条湖组凝灰岩储集空间类型

(a) 脱玻化作用形成的石英颗粒粒间孔，M56 井，2143.3m；(b) 脱玻化作用形成的石英、长石颗粒粒间孔，L1 井，2548.7m；(c) 长石溶蚀形成的粒内孔，M56 井，2143.3m；(d) 黄铁矿粒内孔，L1 井，2548.7m；(e) 绿泥石叶片间粒内孔，M56 井，2142.5m；(f) 有机质孔，L1 井，2548.7m

(四) 裂缝

裂缝能极大地提高烃类的产量，即使有些裂缝是被充填的，但仍然能影响诱导裂缝的生成，对致密油体积压裂具有重要作用。三塘湖盆地凝灰岩岩心中可以看到很多裂缝，且多为高角度缝或近垂直的裂缝，目前部分被方解石胶结物充填。岩心观察可看到很多开启的裂缝中富含残留油，表明这些裂缝是烃类重要的运移通道［图 2-13 (a)］。显微镜下开启的微观裂缝也发育，宽度多小于 6μm［图 2-13 (b)］。

（a）岩心中高角度裂缝，M56-12井，2129.88m

（b）铸体薄片中裂缝，M56井，2142.9m

图 2-13　三塘湖盆地条湖组凝灰岩裂缝发育特征

第二节　凝灰岩微观孔隙形成机理及演化

一、微观孔隙形成机理

（一）凝灰岩原始沉积有机质地球化学特征

由于条湖组凝灰岩为油层，岩石中直接测得的总有机碳含量（TOC）不能代表原始沉积有机质的丰度，需要把岩石中的原油或沥青抽提出去，才能判断原始沉积有机质的特征。对凝灰岩岩心样品抽提前后的 TOC 进行对比分析后发现，抽提前后变化很大，所以只有抽提后样品的 TOC 才能作为条湖组凝灰岩生烃潜力的评价指标。条湖组二段凝灰岩样品抽提后的 TOC 反映出凝灰岩中沉积有机质丰度不高，TOC 主要分布在 0.5%~1.0%之间，（S_1+S_2）主要分布在 2~6mg/g。凝灰岩沉积有机质类型为Ⅲ—Ⅱ$_2$ 型，HI 分布在 20~524mg（HC)/g（TOC)，平均为 179mg（HC）/g（TOC）（图 2-14）。分布在Ⅱ$_1$ 型区域内数据点的样品 TOC 都很低，均小于 1.0%，而且岩性为玻屑凝灰岩。凝灰岩有机质成熟度不高，T_{max} 主要分布在 420~450℃之间。

三塘湖盆地二叠系条湖组凝灰岩含有沉积有机质，形成的主要原因可能是火山灰入水后迅速释放营养物质，有利于促进藻类勃发，也不排除火山灰造成了湖相生物的死亡，导致生烃物质快速埋藏。火山灰的粒度细，比表面积较大，其吸附力强，自身也可以大量吸附溶解状和颗粒状的有机质。凝灰岩形成时期马朗凹陷处于较小的湖盆环境，陆源有机质的输入也是重要的。此外，凝灰岩岩心中观察到有黄铁矿，表明水体处于还原环境，有利于有机质的保存。但凝灰岩有机质丰度不高，原因可能是火山灰沉积速率快，厚 20~30m 的凝灰岩中几乎没有碎屑岩夹层，反映火山灰的集中喷发导致凝灰物质沉积速率很快，沉积速率快对有机质具有稀释作用。

（二）凝灰岩微观孔隙形成机理

凝灰岩是火山灰经固结压实作用形成的，火山玻璃质是岩浆快速冷却条件下形成的极其不稳定的混合组分，其成分主要为硅酸盐，以氧化物的形式表示有 SiO_2、Al_2O_3、FeO、Fe_2O_3、MgO、CaO、Na_2O、K_2O、H_2O 等。在埋藏过程中，随着时间、温度和压力的变

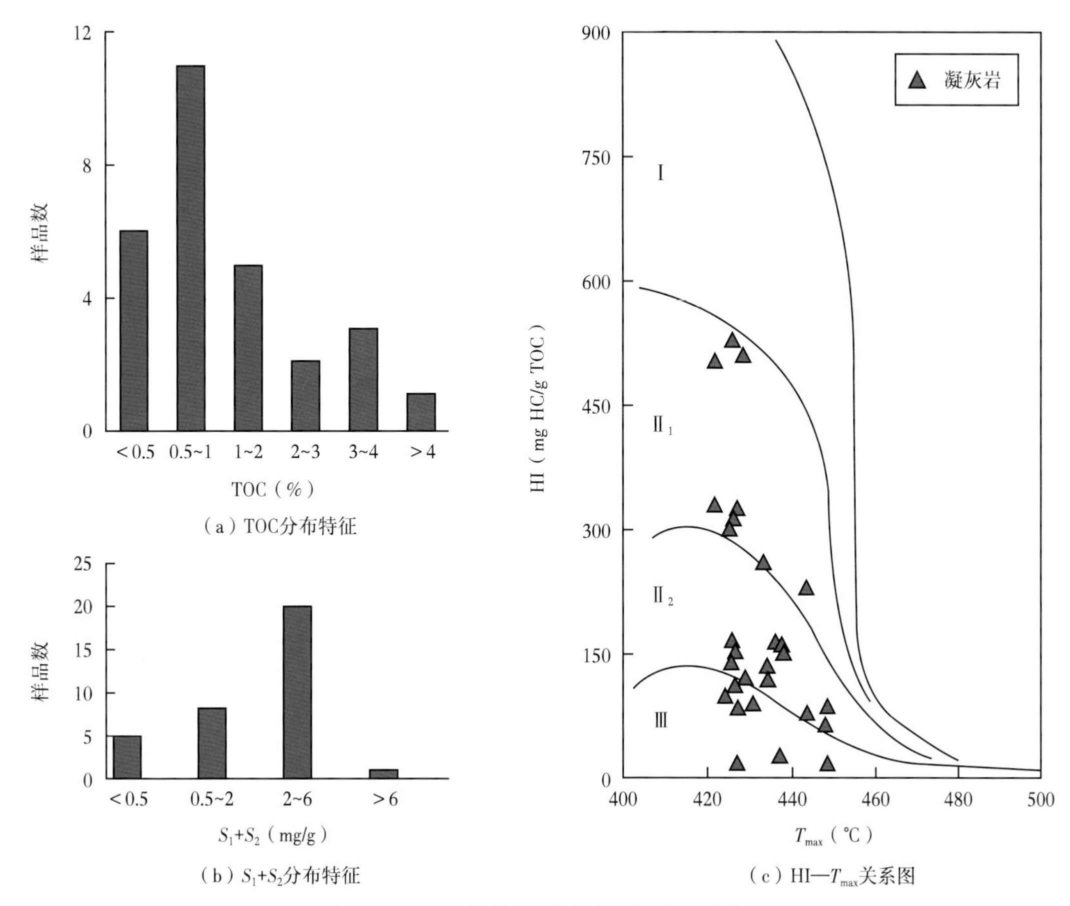

图 2-14　凝灰岩抽提后地球化学特征分布图

化，会发生强烈的脱玻化作用，当有水介质存在时，经水解脱玻化，其中一部分组分随孔隙水流失，剩余组分发生重结晶转化为雏晶或微晶，进而形成新的矿物。脱玻化的形成过程包括了玻璃质的溶解—沉淀、重结晶、金属离子的迁移转化等一系列地球化学作用，形成新矿物时体积缩小，从而在不同矿物之间形成大量的微孔隙。

玻璃质的脱玻化作用受各种地质因素影响，如地层温度、压力、pH 值、流体组分、流体流速等。前人实验研究表明，在 pH 值为单一变量条件下，玄武岩玻璃质（基性）和流纹岩玻璃质（酸性）的溶解速率在 pH 值小于 7.0 时，随着 pH 值升高，溶解速率快速降低；当 pH 值大于 7.0 之后，随着 pH 值升高，溶解速率缓慢上升；在温度为单一变量条件下，温度越高，溶解速率越高（图 2-15）。

酸性条件下，有利于铝硅酸盐的溶解、铝离子的迁移和二氧化硅的沉淀，所以有利于脱玻化的进行。条湖组凝灰岩之上是一套稳定分布的泥岩，封盖条件较好，凝灰岩处于相对封闭的环境，地层中的 H^+ 主要来自有机质演化过程中产生的有机酸。条湖组凝灰岩脱玻化程度较高的有利条件之一就是本身含有一定的沉积有机质，这些有机质在热演化过程会产生有机酸。有机质丰度越高，生成的有机酸越多，从而越有利于脱玻化作用的进行，最终导致凝灰岩的孔隙度也就越大。凝灰岩原始有机质丰度和孔隙度的实测数据显示，凝灰岩抽提后的 TOC 和孔隙度之间有一定的正相关性，但不是线性关系（图 2-16），这说明凝灰岩自身有机质对孔隙的形成确实有贡献，但由于凝灰岩储层孔隙的形成还受到其他

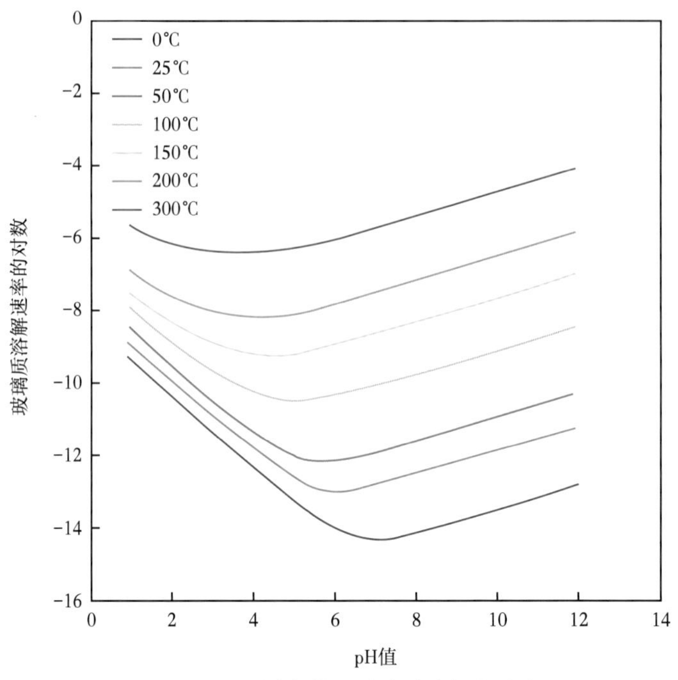

图 2-15 不同条件下玻璃质溶解的速率

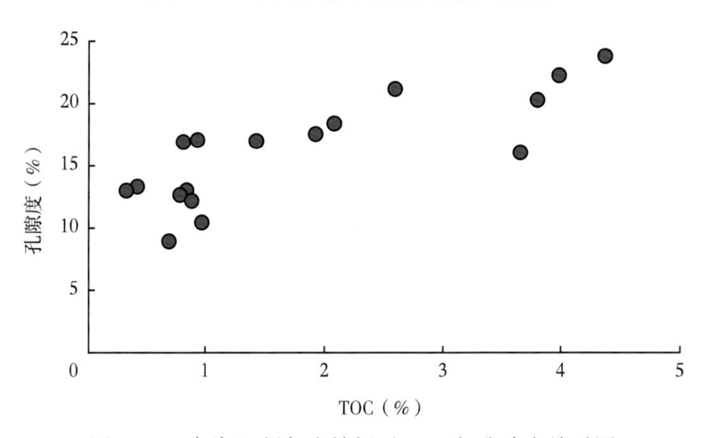

图 2-16 条湖组凝灰岩抽提后 TOC 与孔隙度关系图

因素的影响，目前还无法定量分析凝灰岩中有机质对孔隙形成的贡献量的大小；但同时也要考虑到热演化程度，成熟度太低时，即使丰度再高，有机酸生成量也不会太大。所以，有机酸含量是有机质丰度和热演化程度共同作用的结果。

温度对含有机质凝灰岩脱玻化作用的影响体现在两个方面：一是提高了热演化程度，使有机酸生成量增大；二是温度能够提高脱玻化的速率，温度升高有利于促进玻璃质中质点的活动及重新排列。烃源岩在成岩温度 60℃左右到大量生成液态烃之前，都能够产生大量的有机酸。75~90℃是短链羧酸浓度最大时期，即干酪根释放含氧基团的最高峰，在此期间内有机质开始成熟并释放有机酸，80~120℃为有机酸保存的最佳温度，当温度升高到 120~160℃时，羟酸阴离子将发生热脱羧作用而转变成烃类和 CO_2，二元羧酸变成一元羧酸，溶液中的 CO_2 浓度明显提高，但有机酸的浓度降低。三塘湖盆地马朗凹陷古构造演化表明，白垩纪末时地层沉降量最大，后期抬升，所以三塘湖盆地条湖组含有机质凝灰岩在白垩纪末埋深最大。另外，白垩纪末原油充注进入储层，会对水—岩化学反应起到抑制作用，结合热史分析，白垩纪早期条湖组二段地层温度达到60℃左右，所以，脱玻化作用主要发生在白垩纪早期到白垩纪末期，后期构造抬升之后脱玻化作用较弱。

凝灰岩脱玻化作用形成的单个微孔孔隙体积很小，但数量巨大。凝灰岩储层高孔隙度、低渗透率的特征的形成就与含沉积有机质凝灰岩脱玻化作用有关，脱玻化形成的单个粒间孔体积小但数量巨大造成了凝灰岩的总孔隙度较高。凝灰岩孔喉半径都小于 1.0μm，大多数小于 0.1μm，且孔喉半径较大时，渗透率也较高（图 2-17）。由于平均喉道半径与渗透率成正相关关系，凝灰岩喉道半径较小，导致渗透率很低。

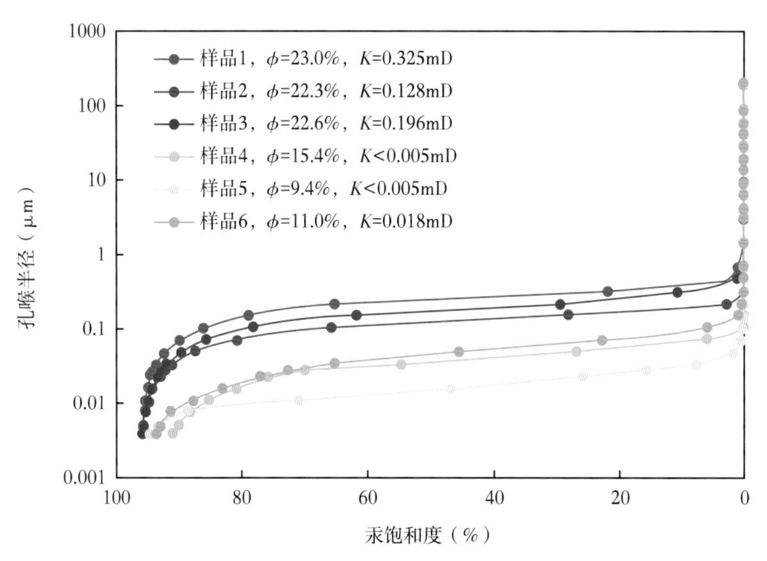

图 2-17　条湖组典型凝灰岩样品孔喉半径分布特征

二、凝灰岩孔隙演化特征

由于凝灰岩中最主要的孔隙类型是脱玻化作用形成的矿物之间的孔隙，若已知现今岩石中石英和长石等主要矿物的含量，就可以反推其形成过程中所产生的孔隙。

（一）脱玻化孔隙度计算模型的建立

脱玻化孔隙计算模型是用全岩矿物分析数据算出岩石的标准矿物含量，再用质量平衡的方法算出脱玻化形成的孔隙。如果凝灰岩中含有较多的晶屑和岩屑，还需要剔除凝灰岩中晶屑和岩屑的影响。本次建立的脱玻化孔隙度计算模型就是将原始火山物质元素组成分配成现今凝灰岩中的主要矿物，再以实测矿物之间的比例来分配各个矿物的物质的量，结合各种矿物密度计算生成矿物体积，从而计算脱玻化孔隙度。

具体流程如下：首先确定现今全岩矿物组成（表 2-3），凝灰岩的矿物类型主要是石英、长石和少量的黏土矿物，其中黏土矿物主要是绿泥石，下面以只含有这三种矿物的凝灰岩为例介绍。然后，根据全岩矿物分析数据，计算各个矿物物质的量的比例，假定石英矿物物质的量为 1，计算其他矿物的相对物质的量的相对比值 a、b、c；再根据主量元素分析结果（表 2-4 中质量分数 M_1、$M_2 \cdots M_{10}$）先组合为绿泥石，其次组合长石矿物（钠长石和钾长石），最后为石英并确定不同矿物类型的质量分数 m_1、$m_2 \cdots m_4$；最后，根据各种矿物的密度（表 2-5）计算脱玻化所产生的孔隙度。

表 2-3 凝灰岩主要矿物组成及对应摩尔质量和物质的量

矿物类型	绿泥石	钠长石	钾长石	石英
质量分数（%）	m_1	m_2	m_3	m_4
分子式	$(FeMgAl)_6[(SiAl)_4O_{10}](OH)_8$	$NaAlSi_3O_8$	$KAlSi_3O_8$	SiO_2
摩尔质量（g/mol）	1158	262	278	60
物质的量相对比值	a	b	c	1

表 2-4 凝灰岩主量元素含量及对应摩尔质量

主量元素	SiO_2	TiO_2	Al_2O_3	Fe_2O_3	FeO	MnO	MgO	CaO	Na_2O	K_2O	合计
质量分数（%）	M_1	M_2	M_3	M_4	M_5	M_6	M_7	M_8	M_9	M_{10}	M
摩尔质量（g/mol）	60	80	102	160	72	71	40	56	62	94	797

注：$M=M_1+M_2+\cdots+M_9+M_{10}$。

表 2-5 凝灰岩主要矿物和火山灰密度取值

矿物	石英	钠长石	钾长石	绿泥石	火山灰
密度（g/cm^3）	2.65	2.62	2.59	2.7	2.36

由于不同类型的凝灰岩的孔隙度大小有明显差异，对玻屑凝灰岩和晶屑玻屑凝灰岩分别计算脱玻化产生的孔隙度。结果表明，脱玻化新增孔隙随埋深增大而增大，但玻屑凝灰岩增大得更快，停止增大的埋深更大，推测在3000m左右仍具有增大趋势，而晶屑玻屑凝灰岩孔隙度首先随埋深增大而增大，随之趋于稳定，埋深在2600m左右后孔隙度基本不再变化（图 2-18），这是因为原始火山玻璃质的多少决定脱玻化的进程，玻屑成分越多，脱

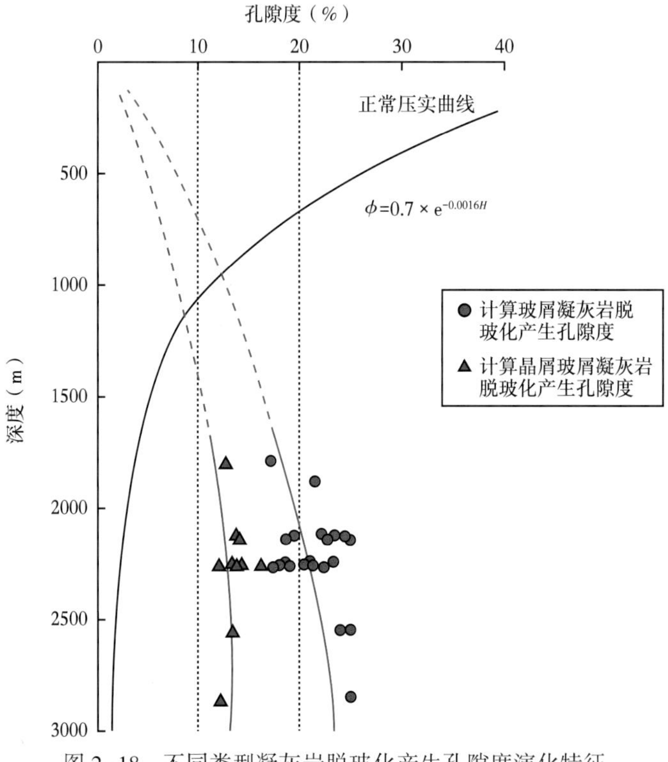

图 2-18 不同类型凝灰岩脱玻化产生孔隙度演化特征

玻化程度越大。

（二）凝灰岩孔隙度演化规律

1. 孔隙度演化特征

采用成岩效应叠加法来研究凝灰岩的孔隙演化特征。不同成岩作用类型对储层物性的影响可以分为破坏性成岩作用和建设性成岩作用，分别建立孔隙度减小模型和孔隙度增大模型，两个模型分别以时间为变量，地层在任何一个时间点上的孔隙度等于两个模型独立演化到该点时的效果叠加。由于条湖组凝灰岩是火山灰空降成因，原始火山灰颗粒较细，粒径相当于泥岩，火山灰固结压实形成凝灰岩的过程实际上包含了细粒沉积物的正常压实和火山玻璃的脱玻化两个过程，压实是减孔过程，而脱玻化是增孔过程。凝灰岩的孔隙度减小模型实际上就是压实模型，压实曲线可以用泥岩压实曲线来代替，本次利用凝灰岩上部泥岩段声波时差测井数据计算压实孔隙度，拟合泥岩孔隙度与深度的关系：

$$\phi_2 = 0.7\times e^{-0.0016H} \quad (2-1)$$

式中 ϕ_2——压实剩余孔隙度；

H——深度，m。

凝灰岩的孔隙度增大模型是脱玻化产生的孔隙度模型，将泥岩压实剩余孔隙度与计算得出的脱玻化孔隙度相加，得到理论计算的各类凝灰岩的现今孔隙度。研究发现，计算孔隙度与实测孔隙度之间具有较好的正相关关系［图 2-19（a）］，并且经过单种矿物与计算孔隙度的相关性分析，发现石英含量与计算孔隙度的正相关性最好［图 2-19（b）］，这是因为石英矿物是条湖组凝灰岩最主要的脱玻化产物，这也说明可以利用矿物组成来预测孔隙度。

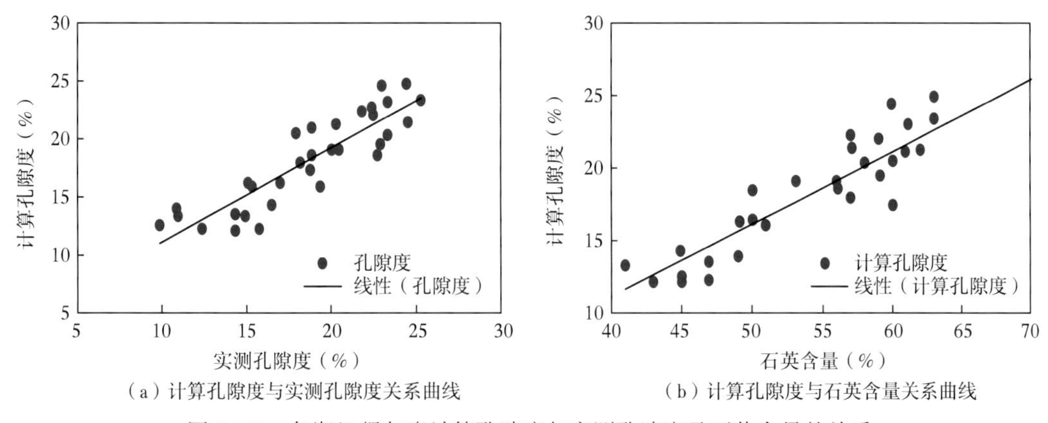

（a）计算孔隙度与实测孔隙度关系曲线　（b）计算孔隙度与石英含量关系曲线

图 2-19　条湖组凝灰岩计算孔隙度与实测孔隙度及石英含量的关系

两种类型凝灰岩孔隙度随深度增大有相似的演化规律（图 2-20），即先减小后增大，这是因为浅层压实减孔作用占主导地位，深层脱玻化作用增大的孔隙度大于压实作用减小的孔隙度，整体表现为孔隙度增大。但相同深度条件下，玻屑凝灰岩的孔隙度大于晶屑玻屑凝灰岩，浅层晶屑玻屑凝灰岩随深度增大而减小的速率大于玻屑凝灰岩；较深层晶屑玻屑凝灰岩随深度增大而增大的速率小于玻屑凝灰岩。玻屑凝灰岩在埋深大于 3000m 时仍有高孔隙度特征，但晶屑玻屑凝灰岩在埋深大于 2600m 时孔隙度基本不再变化，甚至有减小趋势。这说明凝灰岩的原始物质组成和埋深均影响脱玻化程度。

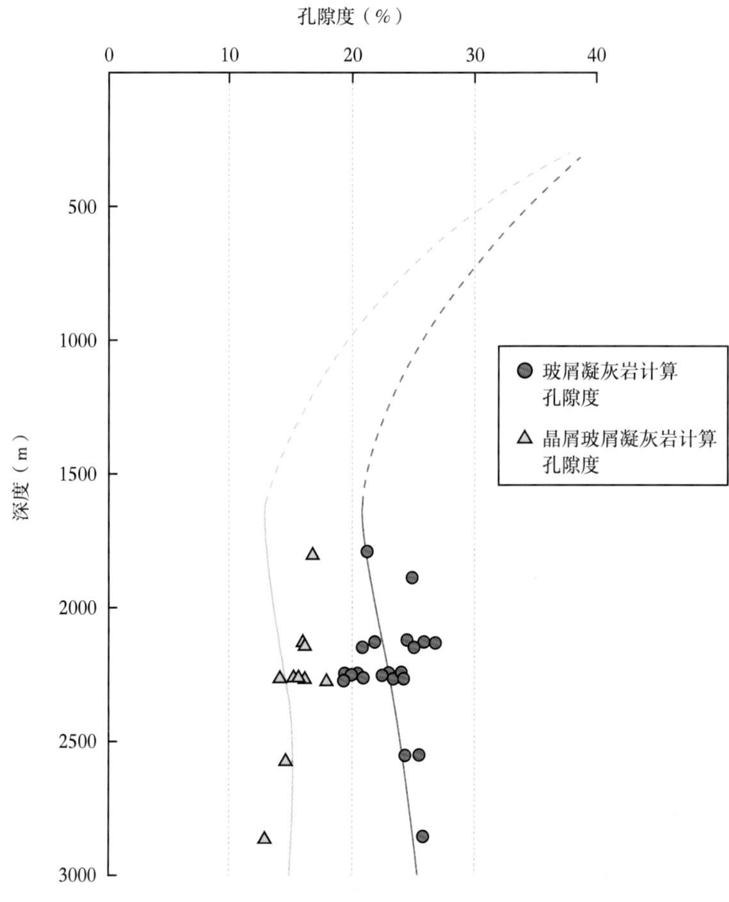

图 2-20　不同类型凝灰岩总孔隙度演化特征

2. 凝灰岩孔隙演化阶段划分

由于凝灰岩的孔隙演化特征是压实减孔和脱玻化增孔两个过程的叠加，所以压实作用和脱玻化作用的阶段性直接导致凝灰岩孔隙演化的阶段性。压实作用从沉积初期持续至今，脱玻化作用虽然也是自火山灰形成就开始存在的，但主要发生在白垩纪末构造抬升之前。

根据凝灰岩孔隙度演化特征，凝灰岩孔隙演化可以划分为三个阶段，分别是正常压实减孔阶段、脱玻化增孔阶段和增孔后演化阶段；结合条湖组埋藏史和热史分析，这三个阶段分别发生在白垩纪早期之前、白垩纪石油充注之前及白垩纪末之后（图 2-21）。

白垩纪早期之前的正常压实减孔阶段，脱玻化作用微弱，压实减孔作用占主导地位。白垩纪及白垩纪末石油充注之前的脱玻化增孔阶段，脱玻化增孔作用占主导地位，脱玻化增大的孔隙足以抵消压实减小的孔隙，总孔隙度增大；白垩纪末之后的增孔后演化阶段，压实作用和脱玻化作用都较弱，孔隙度变化趋势较小。

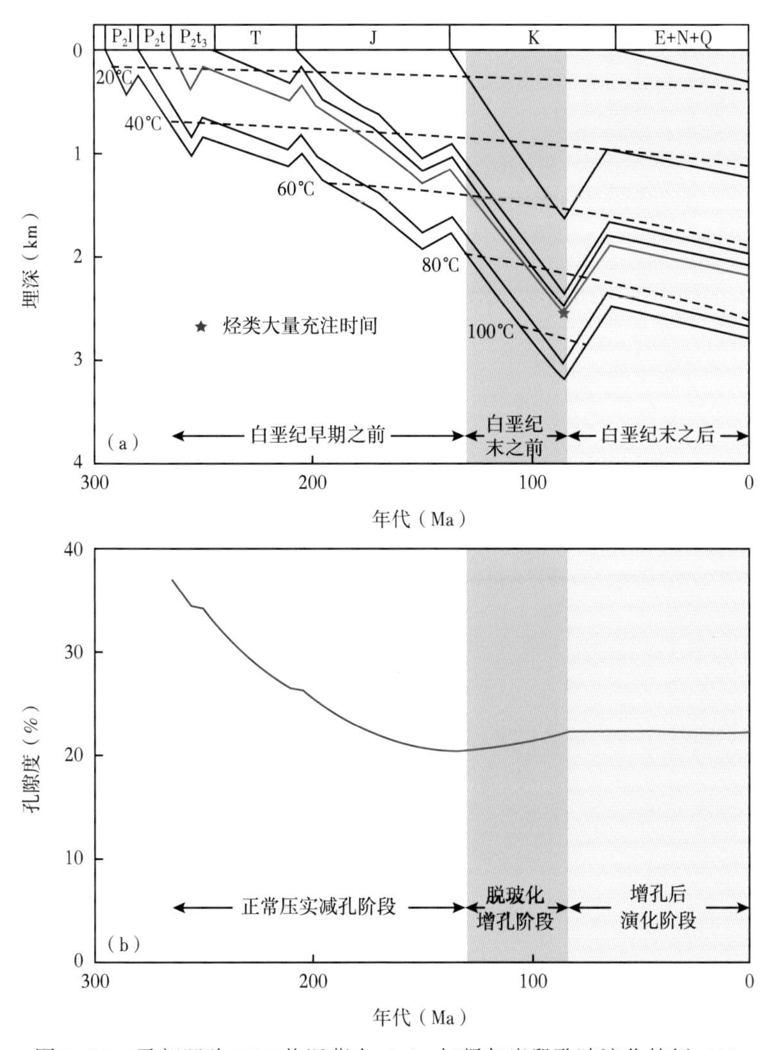

图 2-21　马朗凹陷 M56 井埋藏史（a）与凝灰岩段孔隙演化特征（b）

第三节　条湖组凝灰岩分布与控制因素

一、垂向分布特征

不同类型的凝灰岩在垂向上的分布有一定的规律性（图 2-22）。玻屑凝灰岩在垂向上主要分布在凝灰岩段的中下部，是火山喷发末期较早阶段的产物。晶屑玻屑凝灰岩垂向上也主要分布在凝灰岩段的中下部，晶屑分布受到火山喷发强弱的控制，一次火山喷发形成的晶屑应主要呈环带状或者扇形分布在火山口周围，而下一次火山喷发变强或者减弱，就会使晶屑分布环带或扇形超过或者小于原先的晶屑分布范围。

多次火山喷发强弱不同、相互叠加，在垂向上形成了玻屑凝灰岩与晶屑玻屑凝灰岩呈不等厚互层的现象。泥质凝灰岩垂向上主要分布在凝灰岩段的上部，由于火山喷发末期火山灰供应不足造成的。硅化凝灰岩垂向上主要分布在凝灰岩段的底部，与下部玄武岩直接接触，厚度较薄。

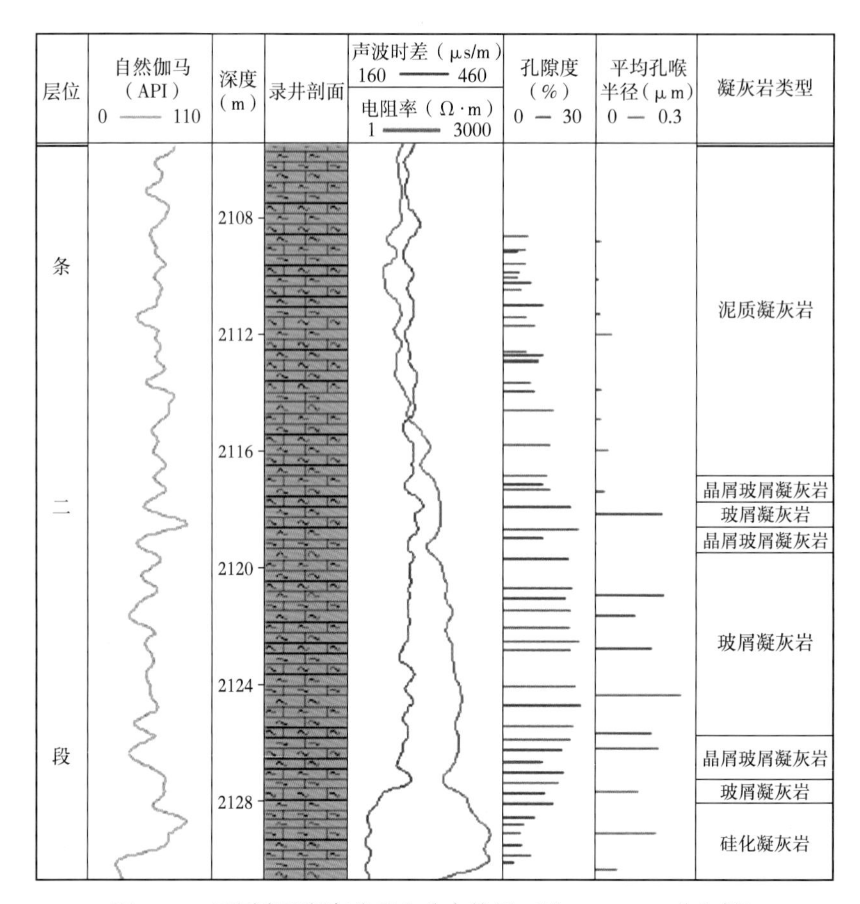

图 2-22 不同类型凝灰岩垂向分布特征（以 M56-12H 井为例）

二、凝灰岩岩相分布模式与控制因素

（一）凝灰岩岩相分布模式

马朗凹陷条湖组凝灰岩是火山灰直接降落湖盆中形成的，火山口（火山活动带）是凝灰岩的物质来源，不同类型凝灰岩的形成与距离火山活动带的远近有直接关系（图 2-23）。一般来说距离火山口越近，晶屑含量越高，较大的晶屑颗粒不能被风搬运太远，就近沉积形成晶屑玻屑凝灰岩，即晶屑玻屑凝灰岩平面上主要分布在近火山口带。在一定范围内，距离火山口越远，玻屑含量越高，从而形成玻屑凝灰岩，即玻屑凝灰岩平面上主要分布在中远火

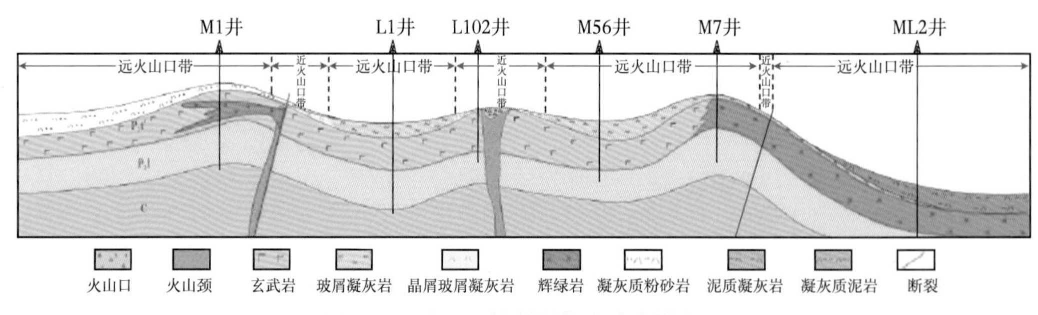

图 2-23 火山口控制凝灰岩分布模式图

山口带。但是距离过远则火山灰供给不足，泥质含量增加，形成泥质凝灰岩或凝灰质泥岩，所以，泥质凝灰岩平面上主要分布在远火山口带。受到陆源碎屑影响较大的地方形成凝灰质粉砂岩或凝灰质砂砾岩。

根据主干断裂的分布，结合地震反射特征，在地震剖面上识别出火山活动带，再依据火山口控制凝灰岩分布的模式以及单井揭示的条二段凝灰岩段的岩石类型，作出马朗凹陷条湖组二段底部凝灰岩段的岩相图（图 2-24）。

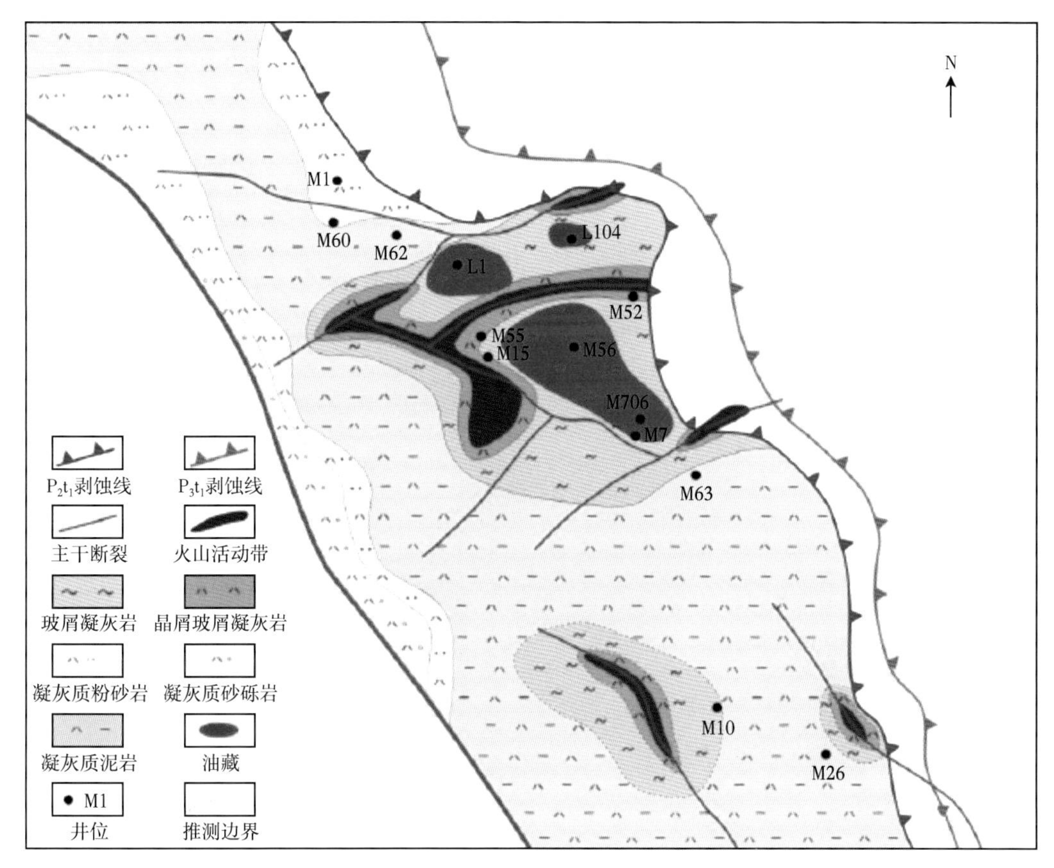

图 2-24　马朗凹陷条湖组凝灰岩岩相与油藏分布图

从图 2-24 中可以看出，除了马朗凹陷西北部由于受到河流夹带的陆源碎屑影响而主要发育凝灰质粉砂岩及马朗凹陷西南部由于受到南部山麓物源影响发育凝灰质砂砾岩外，其他凝灰岩分布均与火山活动带有关系。晶屑玻屑凝灰岩分布在距离火山口最近的地方，玻屑凝灰岩分布在与火山口有一定距离的火山活动带两侧的沉积洼地，而凝灰质泥岩或泥质凝灰岩则分布湖盆水体较深的地方。目前已发现的凝灰岩致密油藏主要分布在玻屑凝灰岩岩相区，即分布在火山活动带两侧的沉积洼地。

（二）凝灰岩分布的控制因素

马朗凹陷条湖组凝灰岩主要分布在条一段玄武岩之上，属于火山喷发旋回末期的产物，凝灰岩原始火山灰的形成与分布往往与火山活动带的位置有关。

由于马朗凹陷内火山喷发模式以裂隙式喷发为主，火山活动带的分布均与凹陷内发育的几条主干断裂有关。除此之外，条湖组裂隙式喷发的火山灰进入湖盆后，与正常沉积物的沉积方式相似，即在不受湖浪干扰的情况下，原始火山灰主要受自身重力与湖底地形双重因素控制。所以，湖底古地形也是凝灰岩分布的主要控制因素。古地形相对低洼的地方凝灰岩沉积厚度较大，相对隆起的部位凝灰岩厚度较小。由于马朗凹陷部分地区条湖组二段顶部遭受剥蚀，条二段现今的地层厚度并不能反映凝灰岩形成时期的古沉积地形，但恢复剥蚀厚度之后的条二段地层厚度可以反映凝灰岩形成时的古地形。采用地层厚度趋势法恢复原始厚度，并把条湖组二段原始顶界面拉面即可得到整个凹陷的沉积古地形图（图 2-25）。古地形展布特征显示马朗凹陷北侧主要发育三个古沉积洼地，凝灰岩的分布主要受这三个古沉积洼地的影响。

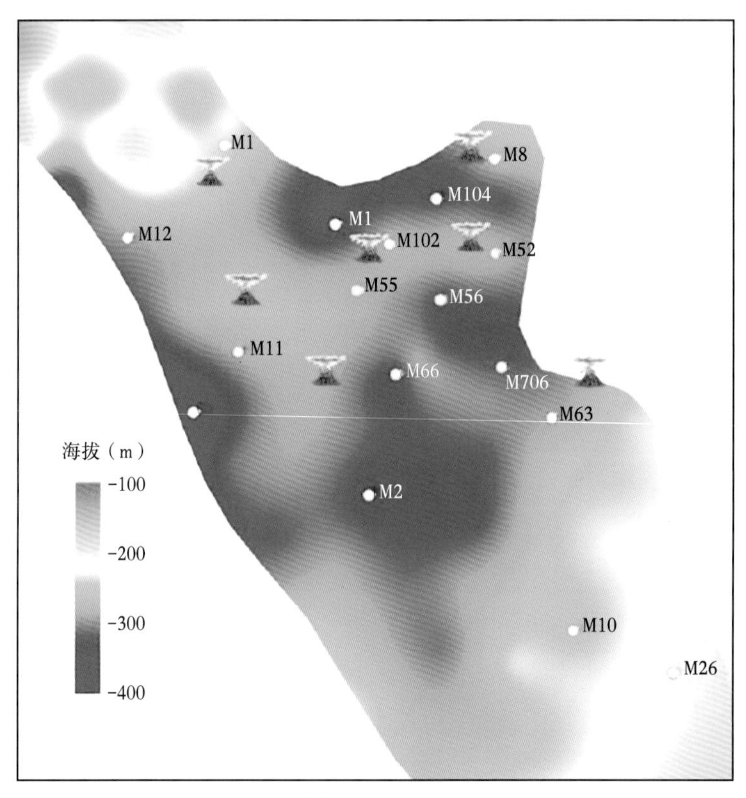

图 2-25　马朗凹陷条二段沉积期古地形分布特征

三、凝灰岩分布预测

由于马朗凹陷条湖组凝灰岩厚度多小于地震资料分辨率，在地震剖面上最多对应一条同相轴（图 2-26）。

即便较准确地追踪了这条同相轴，地震解释也具有多解性，所以仅依靠地震反演的方法预测凝灰岩厚度是不可行的。但根据凝灰岩分布受火山活动带分布和沉积古地形高低双重因素控制的特点，可以在已知钻井凝灰岩厚度统计的基础上，结合条湖组二段沉积时期的古地形特征，对凝灰岩厚度分布进行预测。从条湖组二段底部凝灰岩厚度分布图上可以看出，马朗凹陷条湖组二段底部凝灰岩厚度较大的地区主要分布在现今北部斜坡带火山活动带两侧的沉积洼地，可见多个厚度中心，最厚可达 40m，向凹陷的南部和东部逐渐减薄（图 2-27）。

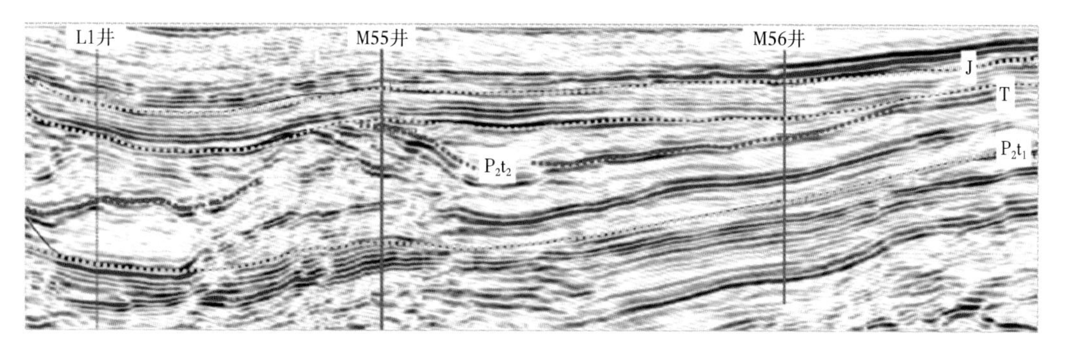

图 2-26　马朗凹陷过 L1 井—M55 井—M56 井地震剖面图

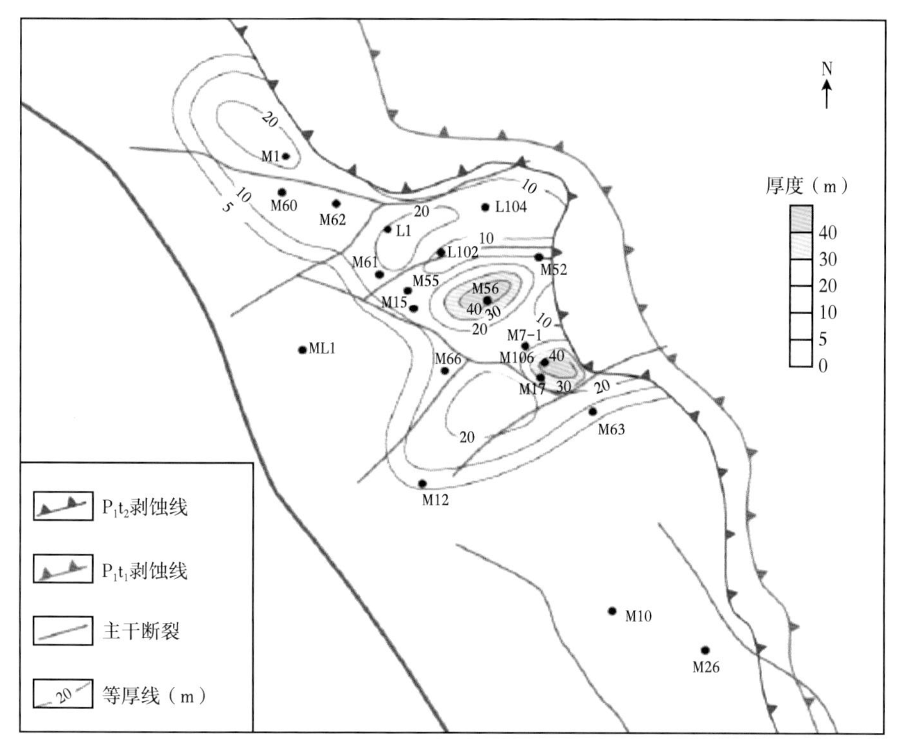

图 2-27　马朗凹陷条二段凝灰岩厚度分布预测图

第四节　凝灰岩油藏特征

一、凝灰岩储层含油特征

岩心观察发现，条湖组凝灰岩中发育微裂缝，这些裂缝除部分被方解石充填外，其余大部分都含油。但是裂缝含油并不是最主要的，凝灰岩油层基质和裂缝均含油（图 2-28），且基质含油饱和度较高。选取 57 个裂缝不发育的样品进行含油饱和度统计，结果表明，储层含油饱和度主要分布在 40%~90%之间（图 2-29），说明凝灰岩储层含油饱和度整体较高。

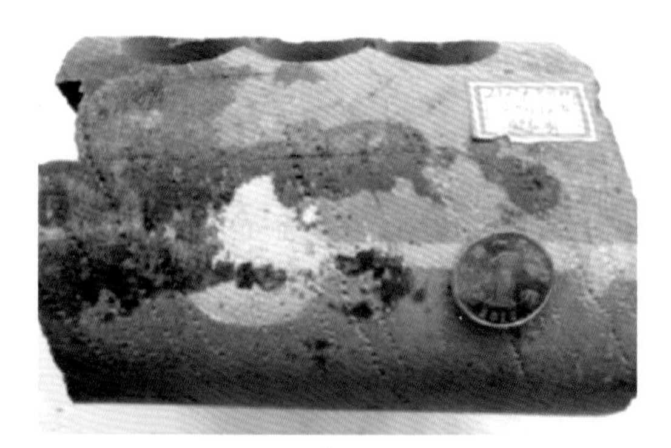

（a）M56-12H井，2129.88m岩心

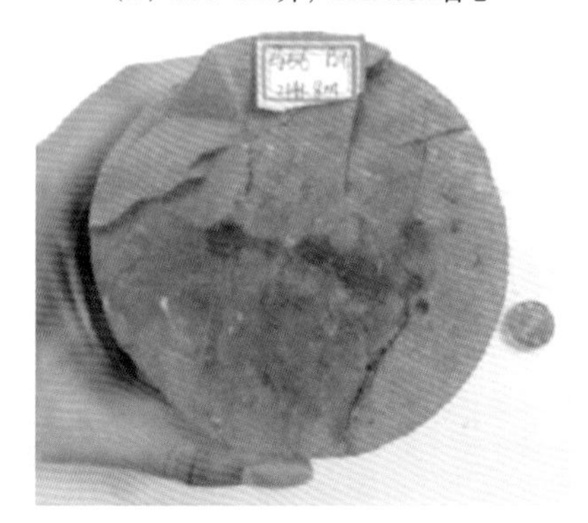

（b）M56井，211.8m岩心

图 2-28　马朗凹陷条湖组凝灰岩岩心照片

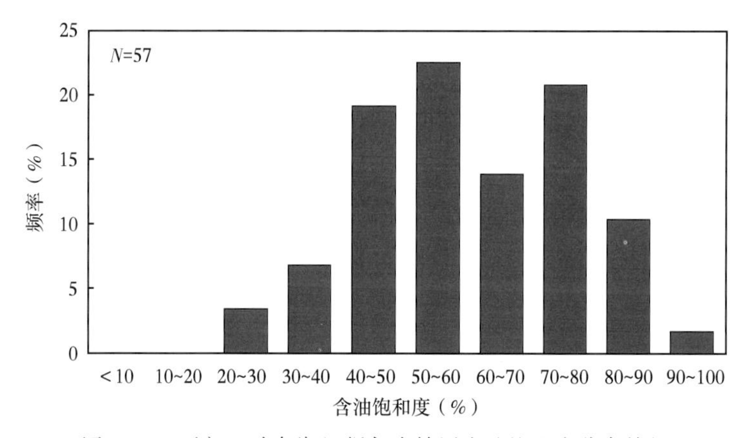

图 2-29　马朗凹陷条湖组凝灰岩储层含油饱和度分布特征

二、凝灰石油藏分布特征

平面上，目前已发现的凝灰岩致密油藏主要分布在火山构造带两侧的沉积洼地，岩性以玻屑凝灰岩为主，其次是晶屑玻屑凝灰岩，其他岩性很少。剖面上，凝灰岩段大都含油，含油饱和度有差异，凝灰岩油藏的下部是玄武岩，上部是泥岩，上下封盖条件均较好（图 2-30）。凝灰岩油藏的分布受构造控制作用不明显，油层主要分布在现今的构造低部位（洼地）和斜坡地区（图 2-31），该特征与其他类型致密油是类似的。储层含油性的好坏与岩性关系密切，玻屑凝灰岩的含油性比其他岩性好。

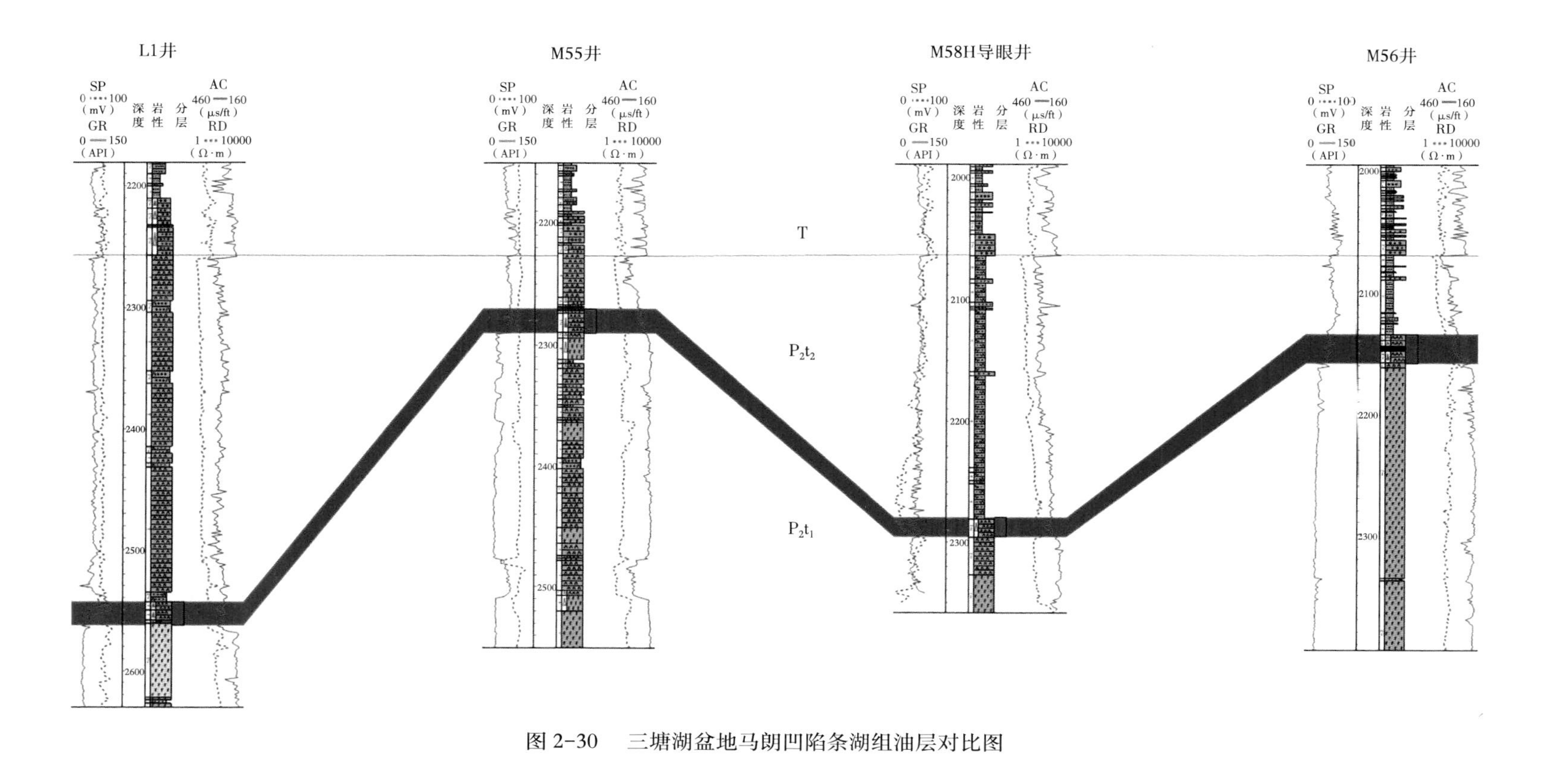

图 2-30 三塘湖盆地马朗凹陷条湖组油层对比图

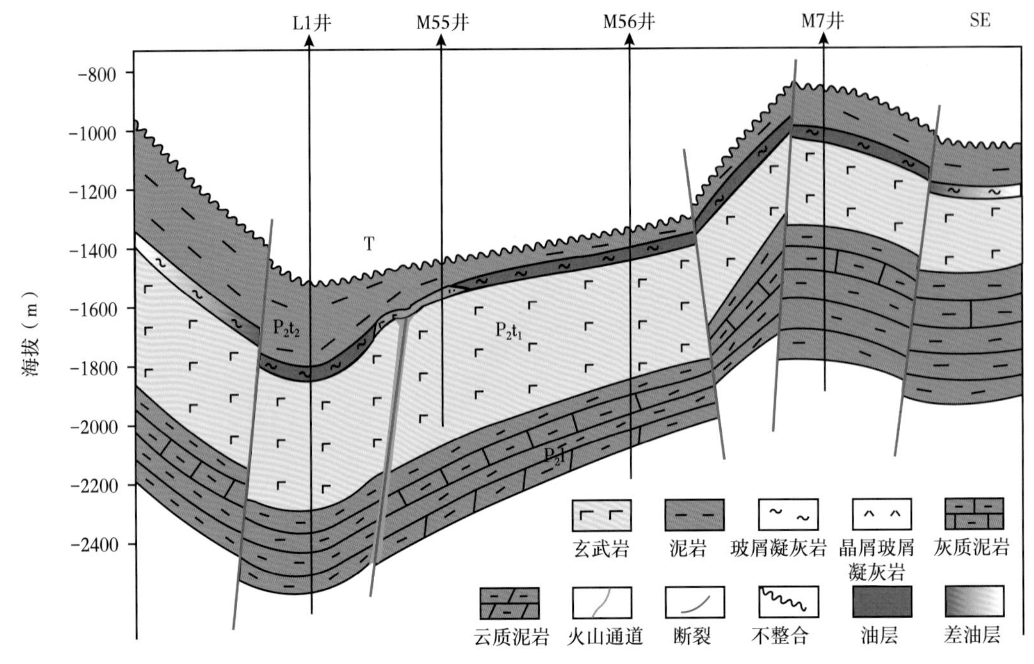

图 2-31　马朗凹陷条湖组凝灰岩致密油藏剖面图

三、致密油藏类型

致密油藏类型通常指的是源储关系类型，国内外已发现的致密油藏多数为源储共生型，包括源储一体型和源储接触型两种类型。源储一体型油气聚集是指烃源岩生成的油气没有排出，滞留于烃源岩层内部形成油气聚集，包括页岩油；源储紧密接触型油气聚集是指与烃源岩层系共生的各类致密储层中聚集的石油，是近源油。也就是说，致密油藏源储关系类型就是源内型和近源型两种，源内型包括了源储一体型和互层型。源储一体型既是烃源岩又是储层，岩性主要有泥岩、页岩、灰质泥岩、云质泥岩等，如三塘湖盆地芦草沟组。互层型是泥岩、页岩、灰质泥岩、云质泥岩等烃源岩中夹薄层砂岩或碳酸盐岩，这些薄层的砂岩或碳酸盐岩是致密储层，如吉木萨尔凹陷芦草沟组。近源型是烃源岩与储层紧密接触，若烃源岩在下，则称之为下源上储型，如鄂尔多斯盆地延长组的大部分致密油藏；若烃源岩在上，则称之为上源下储型，如松辽盆地扶杨油层。不同类型致密油藏的形成往往与湖平面的变化有关，水进时期通常形成上源下储型致密油藏，湖侵或最大湖泛时期通常形成源内致密油，水退期往往形成下源上储型致密油藏。

以上这些都是常见的致密油藏类型，但三塘湖盆地条湖组凝灰岩致密油藏与它们不相同。虽然条湖组凝灰岩储层致密，但油源对比表明凝灰岩中的石油主要来自下伏芦草沟组烃源岩，源—储之间隔有几百米的火山岩，属于源储分离型的致密油藏类型，石油的富集可能具有特殊的机理。据此，致密油藏源储组合类型可以划分为三种，分别是源内型、近源型和源储分离型（远源型）。远源型比较少见，三塘湖盆地条湖组凝灰岩致密油藏就是这种特殊的源储关系类型（表 2-6）。

表 2-6　致密油藏源储类型划分图

类型	源储关系	岩性剖面特征	岩性描述	实例
源内型	源储一体型	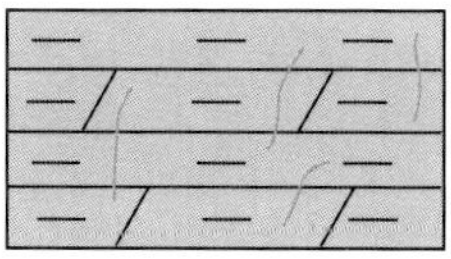	泥岩、页岩、灰质泥岩、云质泥岩等	三塘湖盆地芦草沟组
	互层型	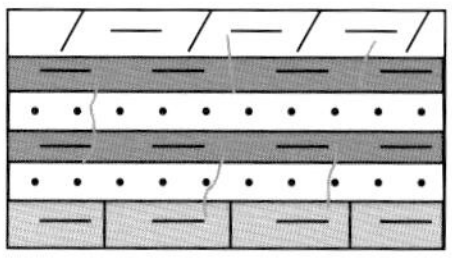	泥岩、页岩、灰质泥岩、云质泥岩等夹薄层砂岩	吉木萨尔凹陷芦草沟组
近源型	上源下储型	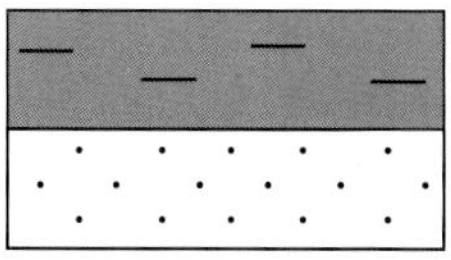	泥页岩在上，砂岩在下，直接接触	松辽盆地扶杨油层
	下源上储型	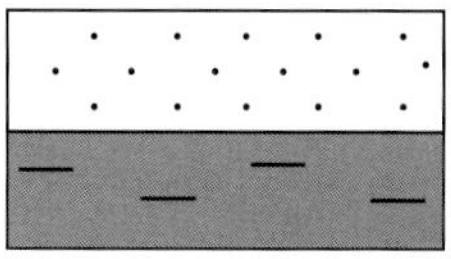	泥页岩在下，砂岩在上，直接接触	鄂尔多斯盆地延长组
源储分离型	下源上储型（远源型）	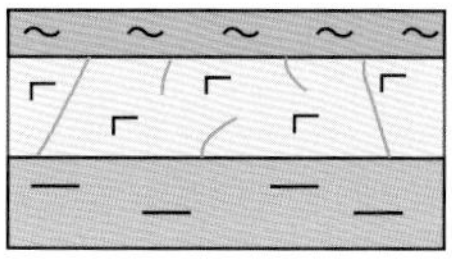	泥页岩在下，砂岩、凝灰岩等在上，非直接接触	三塘湖盆地条湖组凝灰岩

砂岩　玄武岩　泥岩　凝灰岩　灰质泥岩　云质泥岩　裂缝

第三章　致密油有效开发实验技术

第一节　储层润湿性特征及压裂液对储层润湿性影响

为了系统研究储层润湿性特征，以及三塘湖区块条湖组致密油地层能量不足、压裂后见油早、压裂液返排率低、体积压裂过程中大量压裂液进入地层后对储层润湿性能的影响，开展系统论证实验，评价压裂液对储层润湿性的影响，并评价了不同注入流体驱油实验。

一、润湿性测试方法

目前岩心润湿性测试主要有三种方法：接触角法、Amott 方法（渗吸驱替法、行业标准方法）及 USBM 方法（离心法，美国矿务局）。接触角法触角法主要用于纯净流体和人造岩心系统润湿性的测定。通常根据水在固体表面的角度 θ 的测定来定义系统的润湿性，一般定义 $\theta<75°$时为水润湿；$75°<\theta<105°$时为中性润湿；当 $\theta>105°$时为油润湿。该方法简单、直观；但是不能考虑岩石表面的非均质性，岩石表面粗糙程度及油组分会影响测量结果，不确定性强；测量的是岩石局部润湿性；无法直接取得数据；只能适用于常温、常压条件下测试。USBM 方法通过离心实验确定驱替和渗吸毛细管压力曲线，通过两者面积之比确定岩心平均润湿性。该实验也只能适用于常温、低压条件下的测试，且接近中性润湿性非常敏感。Amott 法测量润湿性，首先一般将润湿相流体自动渗吸进入岩心，驱替非润湿流体，结合渗吸和强制驱替来测量岩心的平均润湿性，在实验测定中可使用油藏岩心和流体，且可在高温、高压条件下进行，最接近于油藏实际地层条件。因此，此次 46 次润湿性实验均采用 Amott 法。

二、实验测试流程及方法

（一）实验流程

实验测试流程如图 3-1 和图 3-2 所示。该系统主要由压力控制系统、恒温系统、中间容器及计量系统四部分构成，所有实验均在恒温箱中完成。

（二）测试方法

油藏原始润湿性测试步骤：

（1）由于现场密闭取心岩心未采用蜡封，岩心与空气接触时间长，实验前首先用地层水驱气，尽可能排除岩心中空气；

（2）排除气体后，岩心升温至地层温度 65℃，由于岩心物性太差，然后采用恒压驱方式模拟油驱水至少 24h 以上，直至不出水为止，建立原始束缚水条件；

（3）自吸水排油及水驱油：在 60℃、常压条件下，自吸水排油 72h 以上，记录自吸排出油量 V_{o1}；然后取出自吸后岩心，放入岩心夹持器，在 30MPa、65℃条件下，水驱油 24h 以上，并记录驱替排出油量 V_{o2}。

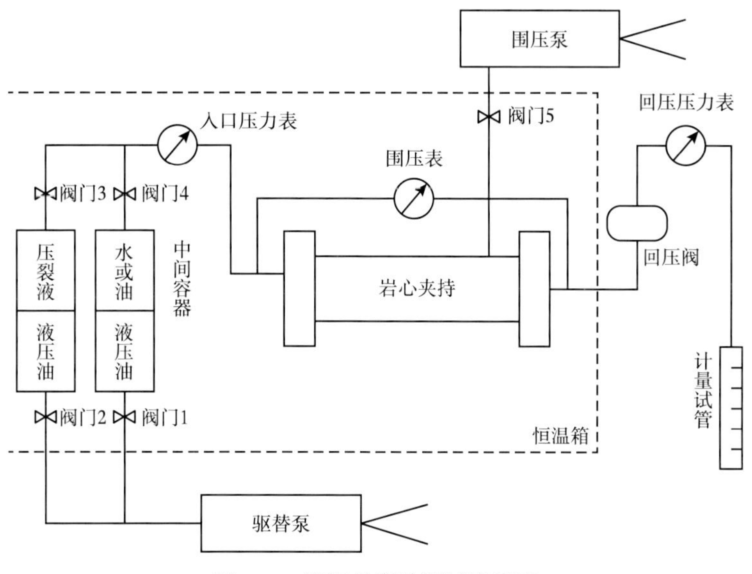

图 3-1　润湿性实验测试流程图

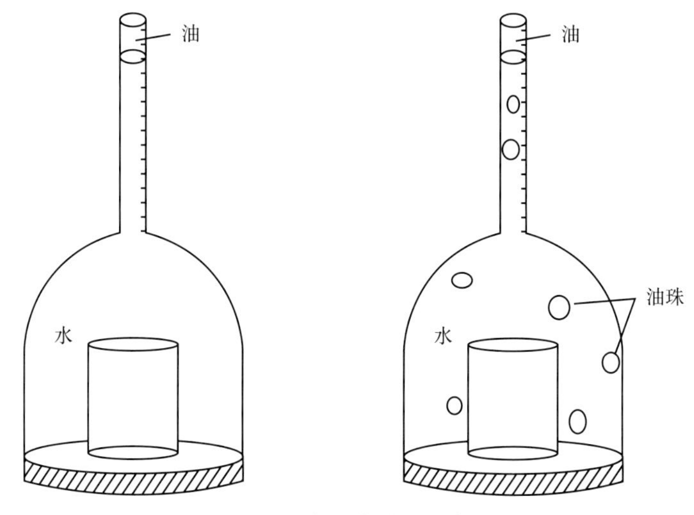

图 3-2　自吸水排油示意图

（4）自吸油排水及油驱水：取出步骤（3）后的岩心，放入油中，恒温 60℃、常压条件下油自吸排水 72h 以上，记录排出水量 V_{w1}；然后取出自吸油排水岩心，放入岩心夹持器，在 30MPa、65℃条件下，油驱水 24h 以上，并记录驱替排出水量 V_{w2}。

根据上述步骤，完成岩心原始润湿性测试，并分别计算水湿指数、油湿指数及相对润湿指数，具体计算公式如下：

$$W_w = \frac{V_{o1}}{V_{o1} + V_{o2}} \tag{3-1}$$

式中　W_w——水湿指数；

V_{o1}——自吸排出油量，mL；

V_{o2}——驱替排出油量，mL。

$$W_o = \frac{V_{w1}}{V_{w1}+V_{w2}} \tag{3-2}$$

式中　W_o——油湿指数；

V_{w1}——自吸排出水量，mL；

V_{w2}——驱替排出水量，mL。

$$I = W_w - W_o \tag{3-3}$$

式中　I—相对润湿指数。

计算得到相对润湿指数，根据表3-1判断岩石润湿性。

表3-1　岩石润湿性判断标准

岩样润湿性	强亲油	亲油	弱亲油	中性	弱亲水	亲水	强亲水
I	$-10 \leqslant I < -0.7$	$-0.7 \leqslant I < -0.3$	$-0.3 \leqslant I < -0.1$	$0.1 \leqslant I < 0.1$	$0.1 \leqslant I < 0.3$	$0.3 \leqslant I < 0.7$	$0.7 \leqslant I < 10$

测得岩石原始润湿性以后按照相对润湿指数较接近的原则，选择岩心分别开展压裂液和添加剂对岩石润湿性的影响的相关测试。具体测试步骤如下：

（1）根据现场压裂施工作业时间，采用压裂液及配制的添加剂液体驱替前述岩心96h；

（2）采用油驱压裂液，直到岩心出口端未见明显压裂液。

（3）重复岩石润湿性测试步骤（3）、（4），测试过程中要求测试时间及压差与原始润湿性测试一致。

三、实验样品配制与准备

（一）模拟油与地层水配制

现场选取地层流体样品20L，过滤掉大部分杂质后，按照地层条件下原油黏度56.2mPa·s要求通过添加低黏度油配制模拟油。采用地层原油和中性煤油按照体积比21:2配制，配制模拟油在65℃条件下测试其黏度为56.2mPa·s，与实验要求一致。

（二）压裂液配制

根据实验研究内容，分别取得现场实际用两种压裂液体系各2000mL。

1号压裂液体系配方：0.1%羟丙基瓜尔胶HPG+1.0%防膨剂KC1+0.3%黏土稳定剂BFC-3+0.3%破乳助排剂DL-8+0.05%杀菌剂FX-21；交联剂采用0.3%交联剂FAL-120。破胶剂采用0.025%过硫酸铵APS。

2号压裂液体系配方：0.2%羟丙基瓜尔胶HPG+1%防膨剂KC1+0.5%黏土稳定剂BFC-3+0.3%破乳助排剂DL-8+0.1%杀菌剂FX-21；交联剂采用0.3%交联剂FAL-120、破胶剂采用0.05%过硫酸铵APS。

压裂液体系在出入岩心前，按照比例加入破胶剂，具体过程如下：在装有配制好的滑溜水的密闭容器中，加入配方配比的破胶剂浓度，在65℃的恒温水浴中（储层温度65℃）放置8h以上。

添加剂单剂配制：取得一定质量自来水，并称重；然后按照实验方案设计浓度，分别加入 5 种不同质量浓度（0.1%、0.2%、0.3%、0.5%、1.0%）破乳助排剂压裂液体系，5 种不同浓度（0.1%、0.2%、0.3%、0.5%、1.0%）黏土稳定剂，在 65℃的恒温水浴中搅拌均匀放置 8h 以上备用。

（三）岩心选择

根据实验内容，分别取得 M56-12H 井的 16 块岩心、M56-15H 井的 33 块岩心，共计 49 块岩心，具体岩心数据见表 3-2。

表 3-2 实验岩心数据表

序号	井号	编号	长度（cm）	直径（cm）	孔隙度（%）	渗透率（mD）	备注
1	M56-12H	2-5/52-1	6.72	3.84	—	—	
2		2-36/52-1	7.17	3.85	—	—	
3		2-41/52-1	6.66	3.85	—	—	
4		2-48/52-1	7.90	3.84	—	—	
5		2-41/52-3	6.20	3.85	—	—	
6		2-48/52-3	7.15	3.85	—	—	
7		2-40/52-1	6.56	3.84	—	—	
8		2-5/52-2	6.83	3.84	—	—	
9		3-13/26-1	7.10	3.92	—	—	
10		2-40/52-2	5.46	3.85	—	—	
11		2-49/52-1	7.20	3.84	—	—	
12		3-13/26-2	6.07	3.86	—	—	
13		2-40/52-3	5.79	3.84	—	—	
14		2-36/52-2	4.54	3.84	21.29	0.9300	驱替实验
15		2-48/52-2	6.43	3.83	28.74	0.3280	
16		2-41/52-2	6.72	3.84	24.22	0.1230	
17	M56-15H	2-4/42	7.33	3.86	—	—	
18		2-21/42-2	4.08	3.84	—	—	
19		2-23/42-1	4.32	3.85	—	—	
20		2-42/42	7.90	3.84	—	—	
21		3-5/33-1	6.30	3.83	—	—	
22		3-16/33-1	4.84	3.84	—	—	
23		3-23/33-2	4.47	3.85	—	—	
24		3-30/33-1	4.94	3.86	—	—	
25		3-30/33-2	4.53	3.89	—	—	
26		3-31/33-1	4.72	3.86	—	—	
27		3-31/33-3	4.90	3.85	—	—	
28		2-21/42-4	5.04	3.83	—	—	
29		3-27/33-1	5.56	3.84	—	—	

续表

序号	井号	编号	长度（cm）	直径（cm）	孔隙度（%）	渗透率（mD）	备注
30	M56-15H	3-13/33	7.49	3.82	—	—	
31		2-16/42-2	7.14	3.83	—	—	
32		3-21/33-1	6.22	3.84	—	—	
33		2-21/42-1	7.18	3.83	—	—	
34		3-23/33-1	7.40	3.86	—	—	
35		3-21/33-2	6.42	3.84	—	—	
36		3-31/33-2	6.27	3.86	—	—	
37		2-16/42-1	6.10	3.84	—	—	
38		3-5/33-2	6.89	3.82	—	—	
39		1-4/32-1	6.26	3.84	—	—	
40		1-4/32-2	6.18	3.84	—	—	
41		1-14/32	3.85	3.84	—	—	
42		2-21/42-3	5.12	3.88	—	—	
43		2-23/42-2	6.12	3.84	—	—	
44		3-19/33	3.99	3.85	—	—	
45		3-28/33-2	6.65	3.86	—	—	
46		3-16/33-2	5.06	3.85	19.15	0.7290	驱替实验
47		3-22/33	5.59	3.87	16.66	34.8800	
48		3-27/33-2	6.85	3.84	23.44	0.4030	
49		3-28/33-1	6.20	3.84	14.31	0.0383	

所取岩心直径 3.84cm（1.5in）、长度 4～7cm。部分岩心表面可见裂缝（M56-12H 井 2-41/52-2 岩心、M56-15H 井 3-22/33 岩心），如图 2-1 所示。测试 7 块拟用于长岩心驱替实验岩心孔隙度、渗透率。孔隙度在 14.31%～28.74%之间，渗透率在 0.0383～0.93mD 之间，属于致密油储层。M56-15H 井的 3-22/33 岩心由于裂缝发育且连通，渗透率较高达到 34.88mD；但是 M56-12H 井的 2-41/52-2 岩心虽然裂缝发育但可能裂缝不连通，渗透率仍然较低，仅为 0.123mD。

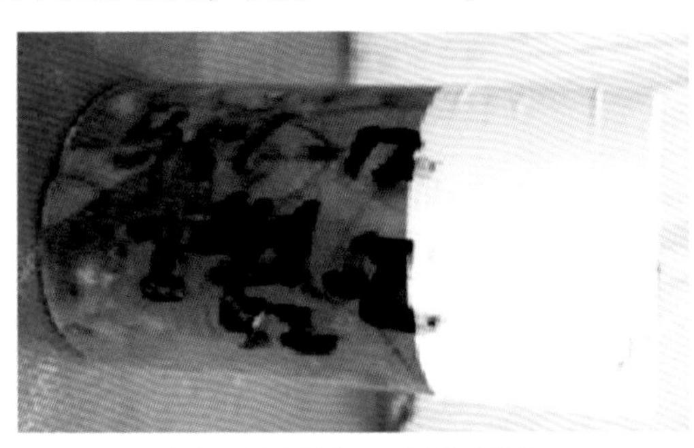

（a）M56-12H井，2-41/52-2岩心

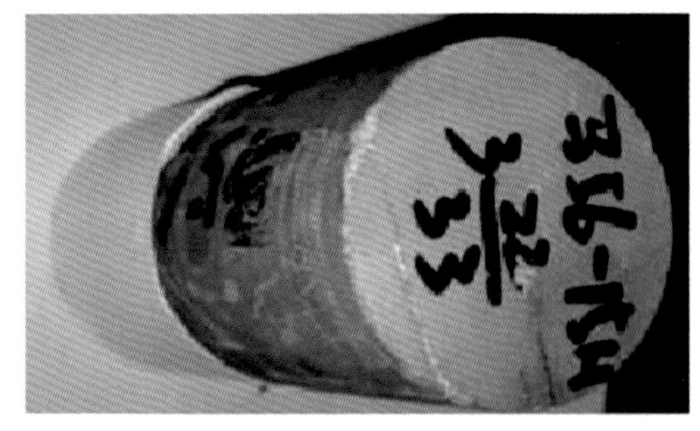

（b）M56-15H井，3-22/33岩心

图 3-3　部分岩心裂缝

四、储层原始润湿性测试

根据实验研究内容，选择30块岩心开展储层原始润湿性测试，测试结果见表3-3和图3-4。从实验测试结果来看，相对润湿指数0.18~0.48之间，平均值为0.37。相对润湿指数小于0.3的岩样共6块，相对润湿指数介于0.3~0.4的岩样共8块，相对润湿指数介于0.4~0.5的岩样共13块，相对润湿指数介于0.5~0.7之间岩样共2块。因此按照表3-1润湿性判别标准，总体而言目标区块表现为弱亲水—亲水性特征。

表3-3 储层原始润湿性测试结果

序号	井号	岩心编号	自吸水排油量(mL)	水驱油量(mL)	自吸油排水量(mL)	油驱水量(mL)	水湿指数	油湿指数	相对润湿指数	实验时间(h)	润湿性判断
1	M56-15H	3-19/33	1.10	0	0.93	0.21	1.00	0.82	0.18	173	弱亲水
2		2-21/42-4	2.05	0.25	0.49	0.35	0.89	0.58	0.31	524	亲水
3		3-13/33	2.09	0.62	0.65	1.24	0.77	0.34	0.42	497	亲水
4		3-27/33-1	2.16	0.63	0.72	1.14	0.77	0.39	0.39	528	亲水
5		2-16/42-2	1.97	0.54	0.54	0.86	0.78	0.39	0.40	398	亲水
6		2-16/42-1	1.86	0.49	0.65	0.97	0.79	0.40	0.39	416	亲水
7		2-21/42-1	1.53	0.40	0.45	0.90	0.79	0.33	0.46	463	亲水
8		3-23/33-1	1.85	0.62	0.61	1.40	0.75	0.30	0.45	448	亲水
9		3-21/33-2	1.63	0.77	0.42	0.60	0.68	0.41	0.27	469	弱亲水
10		3-31/33-2	1.75	0.30	0.59	0.85	0.85	0.41	0.44	420	亲水
11		2-16/42-1	1.95	0.42	0.61	0.68	0.82	0.47	0.35	436	亲水
12		3-5/33-2	1.73	0.50	0.91	0.88	0.78	0.51	0.27	468	弱亲水
13		3-16/33-2	1.62	0.37	0.74	1.11	0.81	0.40	0.41	425	亲水
14		3-22/33	1.57	0.39	0.48	0.83	0.80	0.37	0.43	469	亲水
15		3-27/33-2	1.68	0.59	0.76	1.03	0.74	0.42	0.32	528	弱亲水
16		3-28/33-1	1.71	0.66	0.53	0.84	0.72	0.39	0.33	528	亲水
17	M56-12H	2-41/52-3	2.35	0.35	0.95	0.73	0.87	0.57	0.30	452	弱亲水
18		2-40/52-1	2.95	1.78	0.74	4.51	0.62	0.14	0.48	387	亲水
19		2-48/52-3	0.86	0.35	0.41	0.41	0.71	0.50	0.63	465	亲水
20		2-5/52-1	2.73	0.84	0.65	0.65	0.76	0.50	0.25	677	弱亲水
21		3-13/26-1	7.35	2.75	0.15	0.35	0.73	0.30	0.42	616	亲水
22		2-5/52-2	1.92	0.82	0.65	0.86	0.70	0.43	0.27	406	弱亲水
23		2-40/52-2	1.83	0.68	0.62	1.34	0.73	0.32	0.41	439	亲水
24		2-49/52-1	1.62	0.99	0.43	0.95	0.62	0.31	0.31	480	亲水
25		3-13/26-2	1.92	0.72	0.35	0.76	0.73	0.32	0.41	490	亲水
27		2-36/52-1	2.13	0.84	0.49	0.54	0.72	0.48	0.24	410	弱亲水
28		2-36/52-2	2.36	0.44	0.51	0.67	0.84	0.43	0.41	420	亲水
29		2-41/52-2	1.94	0.66	0.54	1.29	0.75	0.30	0.45	420	亲水
30		2-49/52-2	1.44	0.59	0.37	0.95	0.71	0.28	0.43	480	亲水

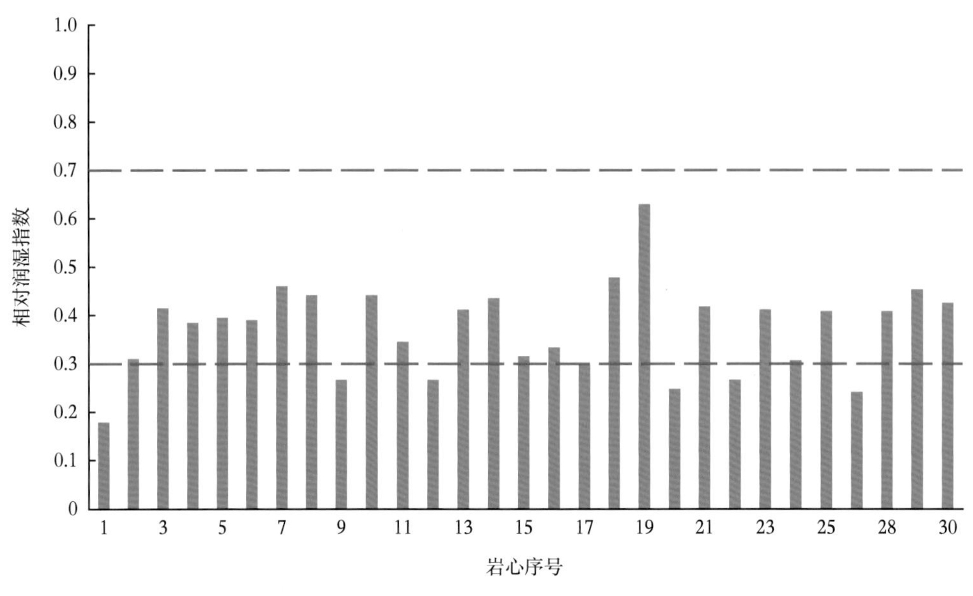

图 3-4　储层原始润湿性测试结果

五、压裂液对储层润湿性影响

按照原始指数基本一致原则，分别选择 M56-15H 井、M56-12H 井的各 3 块岩心开展压裂液对储层润湿性的影响实验，实验测试结果见表 3-4 和图 3-5。从测试结果可以看出，压裂液进入储层后储层岩石的亲水性更强。1 号压裂液体系作用后，相对润湿指数增加幅度在 46.87%～55.78%之间，平均增加幅度为 49.99%；2 号压裂液体系相对润湿指数增加幅度在 53.65%～71.21%之间，平均增加幅度为 61.19%。虽然两者作用后润湿指数增加幅度有差异，但是从相对润湿指数来看差异不大。

表 3-4　压裂液对储层润湿性的影响

井号	编号	自吸水排油量（mL）	水驱油量（mL）	自吸油排水量（mL）	油驱水量（mL）	水湿指数	油湿指数	相对润湿指数	实验时间（h）	润湿性	备注
M56-15H	2-21/42-1	2.97	0.29	0.21	0.87	0.91	0.19	0.72	463	强亲水	1 号压裂液
	3-23/33-1	3.19	0.34	0.24	0.73	0.90	0.25	0.66	448	亲水	
	3-31/33-2	2.99	0.21	0.24	0.61	0.93	0.28	0.65	420	亲水	
M56-12H	3-13/26-1	4.61	0.59	0.11	0.39	0.89	0.22	0.67	616	亲水	2 号压裂液
	2-40/52-2	3.28	0.24	0.25	0.59	0.93	0.30	0.63	439	亲水	
	3-13/26-2	2.33	0.52	0.11	0.87	0.82	0.11	0.71	490	强亲水	

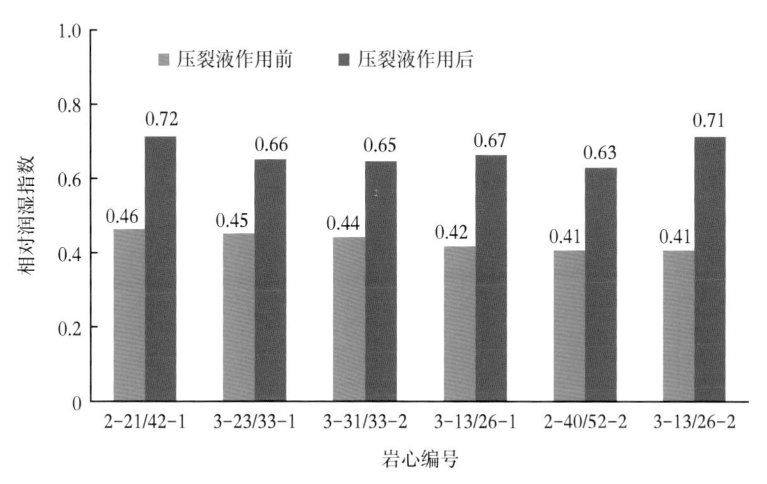

图 3-5　压裂液作用前后润湿性对比

六、添加剂对储层润湿性影响

一般影响储层润湿性主要是压裂液中阳离子（阴离子）添加剂。选择研究区块致密油压裂液体系中破乳助排剂、黏土稳定剂开展不同浓度对储层润湿性的评价。不同浓度助排剂影响润湿性实验测试结果如图 3-6 和图 3-7 所示。不同浓度黏土稳定剂影响润湿性实验测试结果如图 3-8 和图 3-9 所示。

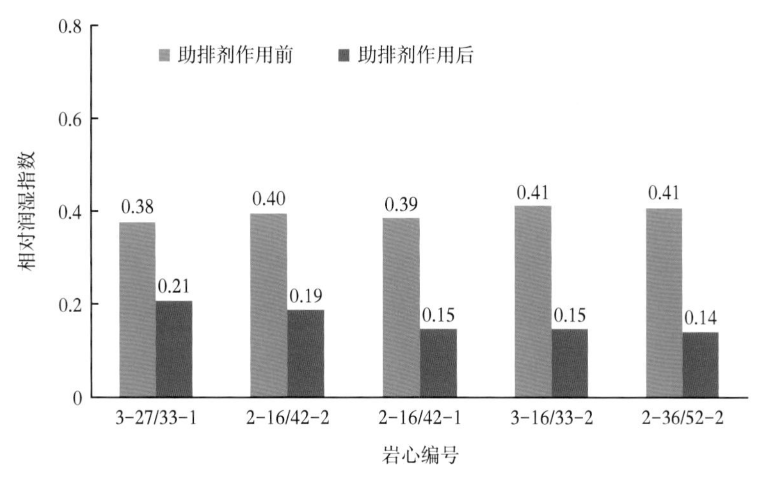

图 3-6　助排剂作用后相对润湿指数对比

从图 3-6 中破乳助排剂不同浓度对润湿性的影响实验结果可以看出，助排剂（DL-8，由阴离子表面活性剂、非离子表面活性剂、低分子助剂等组成）与储层岩石作用后相对润湿指数反而降低，岩样整体润湿性向弱亲水方向变化。分析认为自来水具有高的表面张力，与岩石表面的接触角小，对岩心的吸附量大；加入助排剂的压裂液破胶液，溶液表面张力和对岩心的吸附量明显会降低，但储层润湿性向中性润湿转化，有助于压裂液的返排。

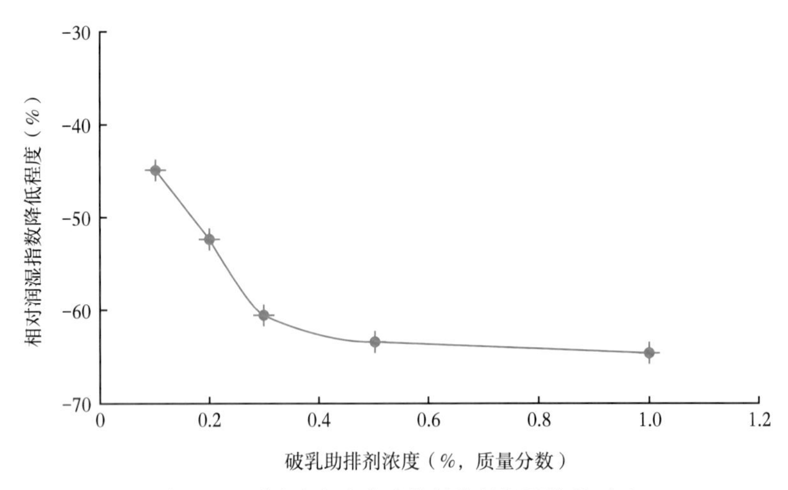

图 3-7　不同浓度破乳助排剂降低润湿指数对比

从不同浓度破乳助排剂降低相对润湿指数幅度测试结果可以看出（图 3-7），以作用前润湿指数为基础，相对润湿指数随着浓度的增大而减小，降低幅度由 44.77%增加至 64.66%；当助排剂浓度达到 5%时，降低程度减缓。从曲线变化趋势来看，助排剂浓度为 0.3%~0.5%较合适。如果浓度进一步增大，润湿性向偏亲油方向转化，油相为连续相、水相为非连续相，出现水锁效应反而降低压裂液返排效果。

从图 3-8 中不同浓度黏土稳定剂对润湿性的影响实验结果可以看出，黏土稳定剂与储层岩石作用后相对润湿指数均增加，岩样整体润湿性向亲水方向变化。BF-3 黏土稳定剂属于分析认为季胺型、双离子化合物的复配物，具有耐温、无毒、无异味、无污染、安全可靠、水溶性强、与羟丙基瓜胶及其他类植物胶配伍性好等特点，当它与黏土作用时，阳离子能中和黏土的负电荷，并通过水分子间力的氢键力等作用而牢固地吸附于黏土表面，增强水相的吸附能力，从而起到稳定黏土的作用。因此，黏土稳定剂会增强储层的亲水性。岩石作用后，水相占据储层小孔隙，油相分布于大孔道中，有利于开发过程中油的产出；但是水的润湿性增强会降低压裂液的返排率。

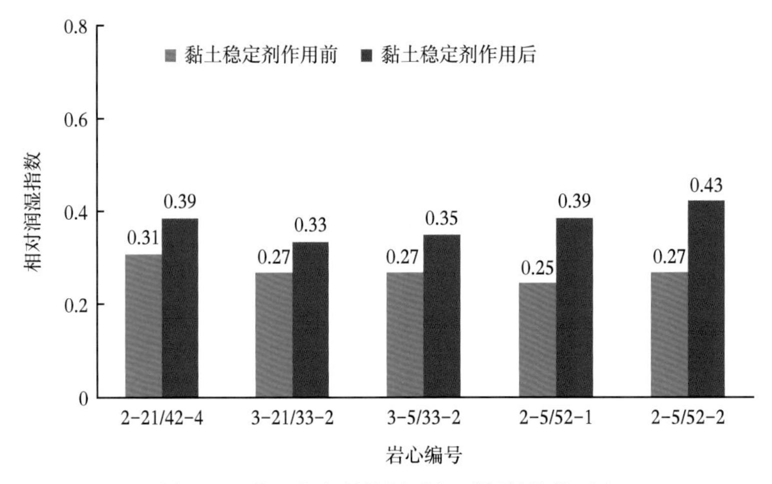

图 3-8　黏土稳定剂作用后相对润湿指数对比

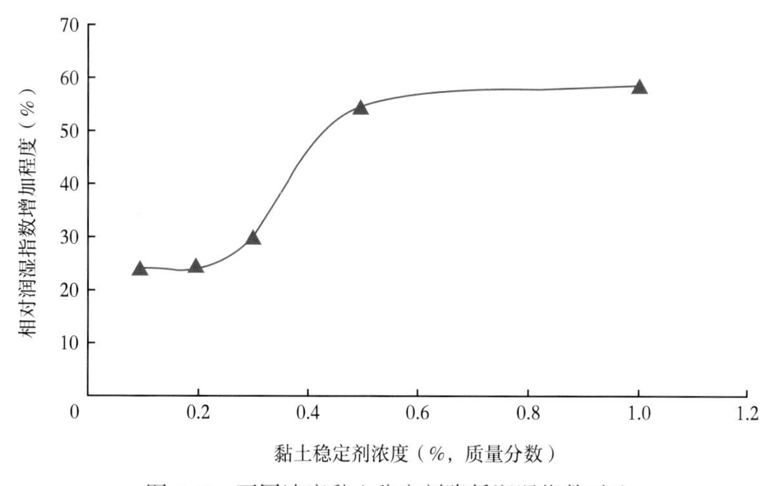

图 3-9　不同浓度黏土稳定剂降低润湿指数对比

从图 3-9 可以看出，随着黏土稳定剂浓度增大，岩石相对润湿指数明显增强，浓度由 0.10%增大至 1.0%，相对润湿指数增加幅度由 24.35%增大至 58.12%，当黏土稳定剂浓度增大至 0.6%时，增加幅度明显减缓，因此黏土稳定剂浓度控制在 0.6%以下比较合适，这样既能保证黏土稳定性，又不至于因水润湿性增强幅度太大从而增大压裂液返排难度。

七、润湿性对水驱油采收率影响

根据表 3-3 和表 3-4 测试数据，选择 3 块不同相对润湿指数岩心。表 3-3 中 2-16/42-1（相对润湿指数 0.35）、2-40/52-1（相对润湿指数 0.48），表 3-4 中 3-13/26-2（相对润湿指数 0.71）。

表 3-5　3 块岩心基础物性参数

岩心编号	L（cm）	D（cm）	孔隙度（%）	渗透率（mD）	岩心孔隙体积（cm^3）	相对润湿指数
2-16/42-1	6.10	3.84	19.26	0.57	13.61	0.35
2-40/52-1	6.56	3.84	21.32	0.76	16.20	0.48
3-13/26-2	6.07	3.86	20.19	1.62	14.34	0.71

实验前饱和 30%的束缚水，在地层温度 65℃、常压，按照恒定压差 10MPa 进行水驱。实验测试结果见表 3-6 至表 3-8、图 3-10 至图 3-12。

从测试结果可以看出，岩心水润湿程度对水驱油效率有较大影响。岩心 2-16/42-1（相对润湿指数 0.35）水驱 0.16HCPV 时水突破，突破时采出程度 4.45%，最终采出程度 11.28%；岩心 2-40/52-1（相对润湿指数 0.48）水驱 0.31HCPV 时水突破，突破时采出程度 15.31%，最终采出程度 25.20%；岩心 3-13/26-2（相对润湿指数 0.71）水驱 0.36HCPV 时突破，突破时采出程度 33.85%，最终采出程度 41.29%。因此，水润湿性越强储层越有利于水驱油。

表 3-6　岩心 2-16/42-1 水驱油实验数据

序号	注入烃孔隙体积倍数	注入液	采出程度（%）	含水率（%）
1	0	水	0	0
2	0. 06	水	1. 87	0
3	0. 16	水	4. 45	75. 25
4	0. 23	水	5. 86	85. 47
5	0. 29	水	6. 56	81. 53
6	0. 37	水	8. 91	81. 53
7	0. 45	水	9. 14	94. 88
8	0. 52	水	10. 78	100. 00
9	0. 56	水	11. 01	89. 82
10	0. 61	水	11. 25	93. 39
11	0. 71	水	11. 28	95. 62

表 3-7　岩心 2-40/52-1 水驱油实验数据

序号	注入烃孔隙体积倍数	注入液	采出程度（%）	含水率（%）
1	0	水	0	0
2	0. 11	水	4. 63	0
3	0. 21	水	9. 68	0
4	0. 31	水	15. 31	1436
5	0. 41	水	16. 37	66. 67
6	0. 50	水	16. 79	84. 62
7	0. 60	水	17. 68	79. 19
8	0. 73	水	18. 95	75. 34
9	0. 80	水	18. 95	81. 26
10	0. 92	水	20. 42	84. 98
11	1. 15	水	20. 42	86. 23
12	1. 35	水	22. 10	97. 15
13	1. 46	水	23. 10	85. 73
14	1. 59	水	24. 21	97. 98
15	1. 78	水	24. 84	100. 00
16	1. 94	水	25. 05	100. 00
17	2. 13	水	25. 15	100. 00
18	2. 24	水	25. 20	100. 00

表 3-8　岩心 3-13/26-2 水驱油实验数据

序号	注入烃孔隙体积倍数	注入液	采出程度（%）	含水率（%）
1	0	水	0	0
2	0. 10	水	7. 52	0
3	0. 18	水	13. 69	0
4	0. 29	水	22. 55	0
5	0. 36	水	33. 85	12. 77
6	0. 45	水	35. 04	70. 22

续表

序号	注入烃孔隙体积倍数	注入液	采出程度（%）	含水率（%）
7	0. 50	水	35. 64	85. 96
8	0. 66	水	37. 62	89. 23
9	0. 79	水	38. 16	95. 24
10	0. 92	水	38. 69	95. 42
11	1. 11	水	39. 10	96. 55
12	1. 21	水	39. 48	96. 65
13	1. 35	水	39. 93	96. 07
14	1. 49	水	40. 27	96. 89
15	1. 62	水	40. 51	97. 85
16	1. 75	水	40. 81	97. 18
17	1. 89	水	41. 00	98. 19
18	2. 01	水	41. 14	98. 75
19	2. 14	水	41. 29	98. 60

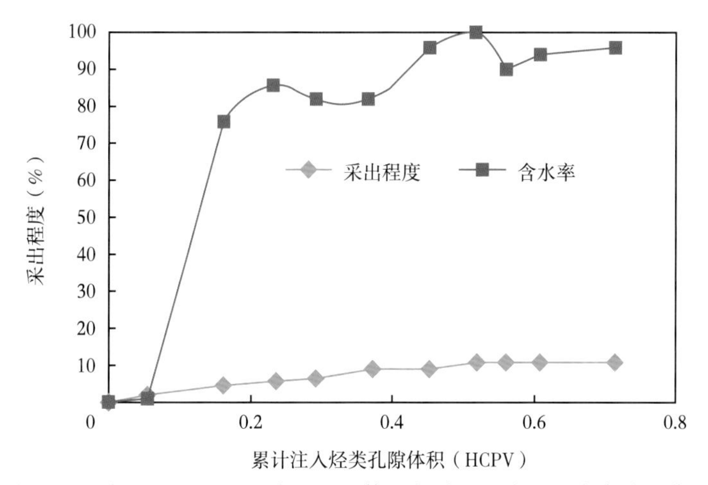

图 3-10　岩心 2-16/42-1 水驱注入体积与采出程度、含水率关系曲线

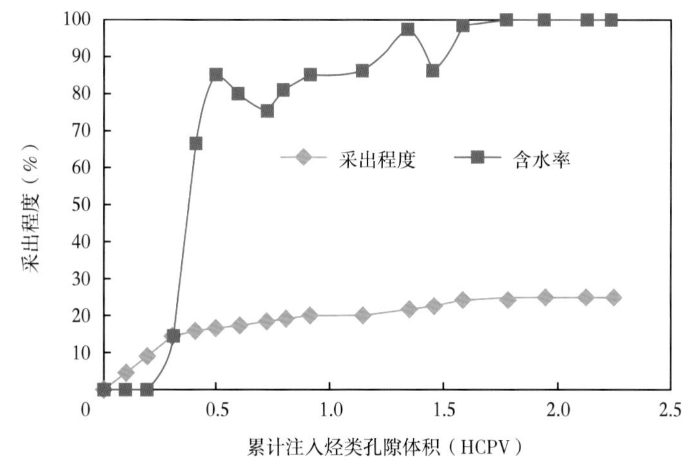

图 3-11　岩心 2-40/52-1 水驱注入体积与采出程度、含水率关系曲线

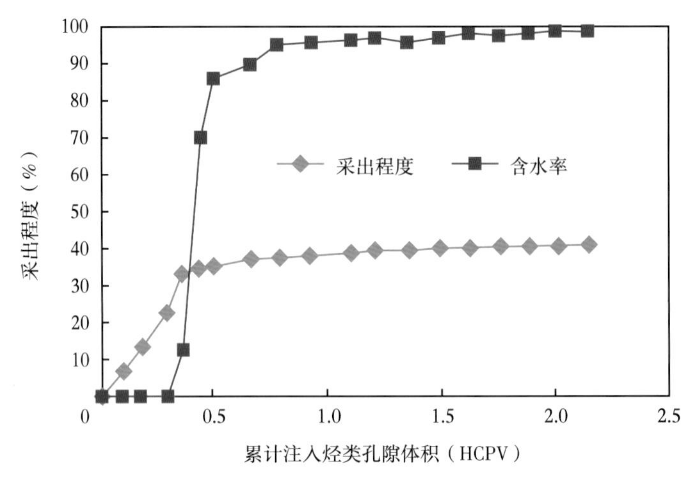

图 3-12　岩心 3-13/26-2 水驱注入体积与采出程度、含水率关系曲线

3 块不同润湿指数水驱油实验测试结果见表 3-9 及图 3-13。从表 3-9 可以看出，储层润湿性对水驱油效率影响较大。水润湿性越强，驱油效率越大。分析认为，随着润湿指数的增大，水与岩石之间的相互作用力越强，岩心优先吸附水相，通过注水可置换岩石表面的油相，使油相从岩石表面剥离，从而提高原油的采出程度。此外，从水驱破体积可以看出，水湿性越弱，岩石表面主要被油相占据，水相沿大孔道渗流，水相突破早，采出程度低。

表 3-9　不同润湿性岩心水驱实验结果对比

序号	岩心	相对润湿指数	突破体积（HCPV）	突破采出程度（%）	最大注入体积（HCPV）	最终采出程度（%）
1	2-16/42-1	0. 35	0. 16	4. 45	0. 71	11. 28
2	2-40/52-1	0. 48	0. 31	15. 31	2. 24	25. 20
3	3-13/26-2	0. 71	0. 36	33. 85	2. 14	41. 29

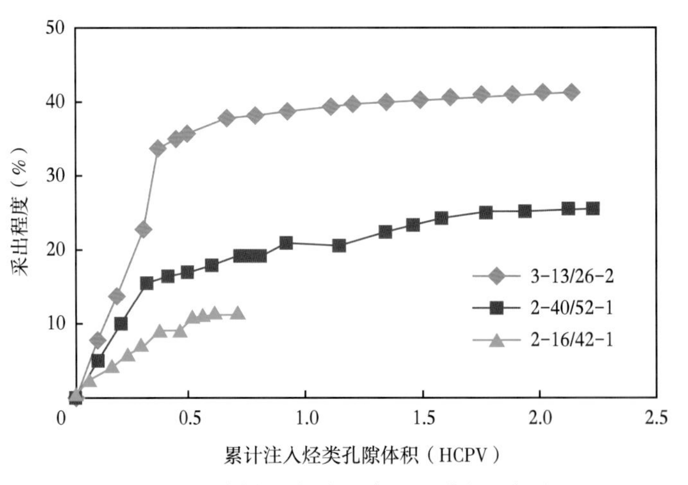

图 3-13　不同润湿性岩心水驱油采出程度对比

八、主要认识

（1）比较常用3种润湿性测试方法的，针对三塘湖盆地致密油采用Amott方法开展润湿性测试。30块密闭取心原始润湿性测试结果表明，条湖组致密油储层润湿性现为弱水湿性—亲水性特征，平均相对润湿指数0.37。

（2）比较了两种不同配方压裂液体系对储层润湿性的影响，两种不同配方压裂液作用后储层均倾向于水润湿性特征，储层亲水性增强。不同浓度破乳助排剂润湿性实验结果表明，加入助排剂的压裂液破胶液，溶液表面张力和对岩心的吸附量明显会降低，但储层润湿性向中性润湿转化，有助于压裂液的返排，助排剂浓度在0.3%~0.5%之间较合适。

（3）不同浓度黏土稳定剂润湿性实验结果表明，BFC-3与黏土作用时，阳离子能中和黏土的负电荷，并通过水分子间力的氢键力等作用而牢固地吸附于黏土表面，增强水相的吸附能力，增强储层的亲水性。考虑到压裂液返排及后期开发，黏土稳定剂浓度控制在0.6%以下。

（4）不同润湿性岩心水驱油实验结果表明，水润湿性越强，水与岩石的作用力越强，水驱突破晚，水驱置换原油效果越好，大规模体积压裂改造后，大量压裂液液体进入储层后储层水润湿性增加，大量液体滞留在储层中不仅可以起到置换原油的作用，还有利于地层压力的保持，提高压裂效果。

第二节　渗吸实验技术

笔者通过开展M56区块致密岩心的自发渗吸实验，研究不同因素影响下的渗吸规律，主要包括渗透率、岩心长度、温度、地层水矿化度和流体黏度等。在实验认识的规律基础上，进行多因素敏感性分析，得到不同岩心自发渗吸主控因素，从而得到致密储层的渗吸机理。

一、渗吸基本概念

渗吸指润湿相流体自发吸入多孔介质的过程。大量学者已对渗吸理论进行了深入研究，认为渗吸采油技术对低渗透油藏甚至致密油藏均具有比较明显的效果。

渗吸方式：根据外部环境的影响，渗吸分为动态渗吸和静态渗吸两类，静态渗吸是指发生渗吸的外界条件为静止的，即在静止的液体环境下发生的自发渗吸；动态渗吸则是发生在外界液体为流动状态下的自发渗吸（即水有一定的注入速度）。而根据渗吸方式可将渗吸划分为顺向渗吸和逆向渗吸。渗透率和界面张力决定着渗吸的方式，渗透率较大、界面张力较小时，主要发生重力控制的同向渗吸；渗透率较小、界面张力较大时，主要发生毛细管力控制的逆向渗吸。

渗吸动力：受沉积作用影响，实际地层中各处矿物组成有所差异，地层非均质性明显。对于水湿性岩层，注入水在流动压力作用下沿着孔道、裂缝在地层内推进，在毛细管力的作用下，注入水进入岩石孔隙，替换出其中的原油，毛细管力成为渗吸过程中的主要动力提供者，即$p_e=\frac{2\sigma\cos\theta}{r}$，毛细管力随着毛细管半径的增大而减小，两者之间为反比关系。

研究方法：已经有大量学者对低渗透油藏的渗吸过程进行了研究，物理模拟实验方法始终是研究渗吸作用非常重要的方法。在实验方面主要有两种室内物理模拟方法，最常用的是质量称重法和体积法。然而，低渗透—致密油藏的自发渗吸过程研究，对测量精度有了更高的要求，之前的测量方法对实验结果的影响误差较大，笔者利用称重法，并对测量仪器进行了改进，在一定程度上提高了测量精度。

近年来，自吸渗吸实验中还结合了核磁共振技术、X 射线技术进行饱和度场的观测。除此之外，也研究了动态渗吸，其影响因素考虑了流速、压力脉冲、周期注水等因素的影响。

二、渗吸机理研究现状

对于存在油水两相流体的水湿性地层，地层水为润湿相，原油为非润湿相，在没有外界驱替压力存在情况下，依靠油水界面产生的毛细管力，地层水可以把原油从岩石基质内置换出，形成自发渗吸驱油过程。表面活性剂可改变岩石的润湿性和油水界面张力，目前认为润湿反转对自发渗吸作用效果提高具有重要作用，而界面张力对岩心采收率影响的研究结论并不统一，仍需做大量研究。

1991 年，Schechter 通过研究 NB^{-1} 参数来分析渗吸过程中重力和毛细管力的影响，当 NB^{-1} 大于 5 时，油水在岩心内置换流动方向相反，为毛细管力主导的逆向渗吸；当 NB^{-1} 在 0.2~5 之间时，油水渗吸过程受毛细管力和重力的共同作用；当 NB^{-1} 的值小于 0.2 时，油水在岩心内置换流动方向相同，为重力主导的顺向渗吸。

随着研究的深入，其他学者对于 NB^{-1} 的表达式进行了不同的修正，其中，2009 年，姚同玉等在 NB^{-1} 关系式中增加了润湿性的影响因素，修正后的公式引入润湿性作为参考因素，并通过调整两相界面张力充分发挥渗吸过程中的逆向渗吸，体现出渗吸中润湿性的影响效果。

1996 年，Jess Milter 认为，渗吸机理就是润湿相在毛细管力的作用下，从岩石基质表面通过细小孔隙向内部渗入，若基质完全浸没于润湿相环境中时，润湿相瞬间填满基质表面小孔隙，导致基质表层孔隙系统处于封闭状态。此时，由于润湿相的进入，基质内部的非润湿相受外力作用，能量增大，出现向外部流动的趋势，随着润湿相液体继续向岩心内渗入，界面能增大，非润湿相开始向外部流动。同时，由于基质内孔道的非均质性，润湿相通过细孔道进入，非润湿相通过大孔道排出，同时，在部分孔道中存在非润湿相被润湿相切断，部分非润湿相残留于孔道的形成残余饱和度的情况。

2001 年，朱维耀认为在亲水致密油藏中，地层孔隙半径小，毛细管力大。在毛细管力作用下，地层水进入小孔道置换掉吸附于岩石表面的油滴，发生自发渗吸过程。置换出的原油聚集于大孔道内，在外界驱替压力作用下，受压差影响排出。通过核磁共振技术，朱维耀进一步发现在低渗透、裂缝性、亲水性油藏中，自发渗吸对原油总采收率的贡献可以占到 20%，其开发潜力巨大。

2007 年，李士奎等以人造低渗透率岩心、油田现场注入水、复配原油为实验材料，开展不同界面张力体系内的渗吸规律研究。得到结论：油水界面张力随着表面活性剂的加入而降低，基质内的油滴变形能力因此得到加强，促进其在孔隙内的流动，更多的剩余油得到动用。同时，注水过程为毛细管力为主导的逆向渗吸，加入表面活性剂后，油滴的变形能力加强，其在岩石表面的流动能力随之增强，有效地促进渗吸出油过程。

2008 年，马小明通过研究认为，在地层渗吸过程中，地层水、原油及地层间的毛细管力能否成为驱油有效作用力，主要判断条件如下：第一，当地层内毛细管力可以克服末端效应带来的影响时，毛细管力能够成为驱油有效作用力；第二，当基质岩石表面的液膜厚度大于地层孔隙半径时，其具有反常的力学性质，形成无效流动空间，不具有开采价值，因此，只有岩石表面液膜厚度小于毛细管半径时，毛细管力才能够成为驱油的有效作用力。

2012 年，凡田友认为对于亲水性岩心，温度不是影响渗吸的直接因素，而是通过改变模拟油的黏度来间接影响渗吸的；润湿性、模拟油黏度、界面张力及渗透率是影响自发渗吸的重要因素，岩石越亲水，模拟油黏度越低，渗吸采收率越高；界面张力和渗透率是控制渗吸发生方式的主要因素。不同渗透率级别的岩心对应一个最佳的界面张力范围，在该范围内渗吸的采收率最高，且岩心渗透率越大，所对应的最佳界面张力越低。

2017 年，党海龙利用鄂尔多斯盆地延长油田西区采油厂的天然露头岩心，通过自发渗吸实验，研究了边界条件、润湿性、温度、原油黏度、界面张力及渗透率等因素对渗吸驱油作用的影响。实验结果表明：润湿性、黏度、界面张力及渗透率是影响渗吸驱油的主要因素，岩石越亲水，原油黏度越低，渗吸驱油效果越好。对于亲水性岩心，渗透率相近时，界面张力为 0.04mN/m 时渗吸效果最佳；岩石渗透率差异明显时，渗透率为 2.94mD 时渗吸效果最佳。

三、渗吸实验研究方法

国内外诸多学者研究了致密油油藏渗吸过程，衍生出了渗吸物理模拟实验方法，大规模室内实验通常采用质量法和体积法。然而，致密储层微米纳米级孔喉要求更高的测量精度，实验室在此基础上进行了相应的改进，从而减少实验过程中不确定因素对实验结果的影响。

（一）静态渗吸实验

静态渗吸：原油的渗吸发生在静止液体的环境下，静态渗吸主要研究渗吸现象在基质中的表现形式与规律，岩心的大小可以看成是由基岩—裂缝接触面积决定，岩心所处的边界条件（两端开启、侧面开启、全部开启等复杂情况）可以看成基岩—裂缝接触面的位置和裂缝的闭合程度等因素造成的差异。

1. 体积法

静态渗吸体积法实验装置如图 3-14 所示。

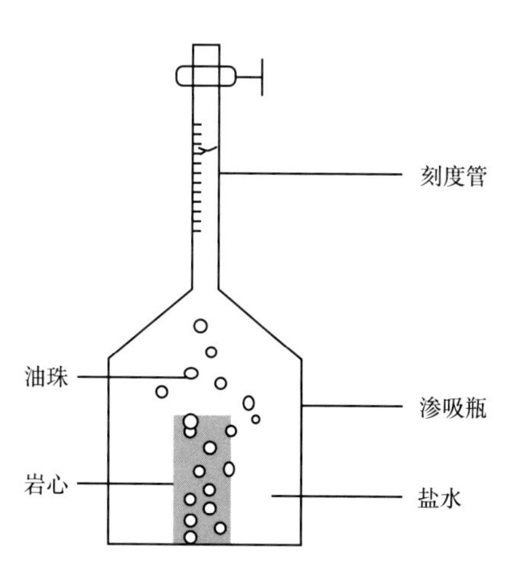

图 3-14　体积法渗吸实验装置图

将岩心完全浸没在装有液体（润湿相流体）的渗吸瓶里，渗吸瓶上方细颈部含有刻度，在静态渗吸的作用下岩心内部的润湿相流体驱替出非润湿相流体，由于油水密度的差异，岩心中排驱出来的油将聚集在渗吸瓶上方的刻度管中，静态渗吸前后管内凹液面读数的变化代表岩心静态渗吸变化量，进而可知静态渗吸采出程度。

2. 质量法

质量法即人工手动测量方法，实验装置如图 3-15 所示，将岩心放入盛满润湿相流体的容器内，测量静态渗吸过程中岩心质量随时间的变化情况。

优点：实验装置简单，操作方便。与体积法相比，能够直接读出岩心静态渗吸时的质量变化值。

缺点：与体积法相比，受仪器数量影响很难进行批量实验。岩样初始阶段静态渗吸速度快，岩心质量变化快，人工手动称重可能无法称量出相应的质量，因而漏失掉部分数据，并且渗吸实验周期长，实验操作人员劳动强度大。静态渗吸时，外界温度、湿度变化引起的润湿相流体蒸发、组分的变化，都会对实验结果产生一定的影响，同时周围气流或者悬绳扰动均会造成天平的读数不稳定，导致出现误差。

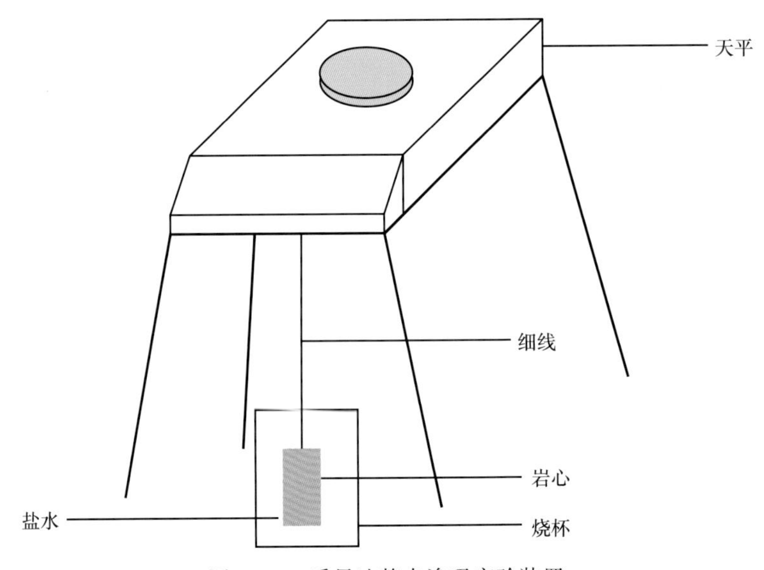

图 3-15　质量法静态渗吸实验装置

（二）动态渗吸实验

动态渗吸：原油的渗吸发生在液体流动的环境下（具有一定的液速）。动态渗吸实验主要研究裂缝网络对渗吸作用的影响。在裂缝性储层中，大部分的油储存在低渗透率的基质块中，周围是一个高渗透率的裂缝网络。因此，裂缝性油藏的生产取决于裂缝和基质之间液体的交换效率，而这严重依赖于它们之间的相互作用，也就是渗吸。

动态渗吸质量法实验由无缝动态渗吸。有缝（人工缝）动态渗吸两组实验组成，实验流程图如图 3-16 所示。

实验步骤：(1) 实验前将岩样在 100℃下烘干，以完全驱出岩心中除结晶水以外的水分，冷却后称取岩心的重量；

(2) 装入岩心（有缝动态渗吸实验需先进行人工造缝），连接好设备；

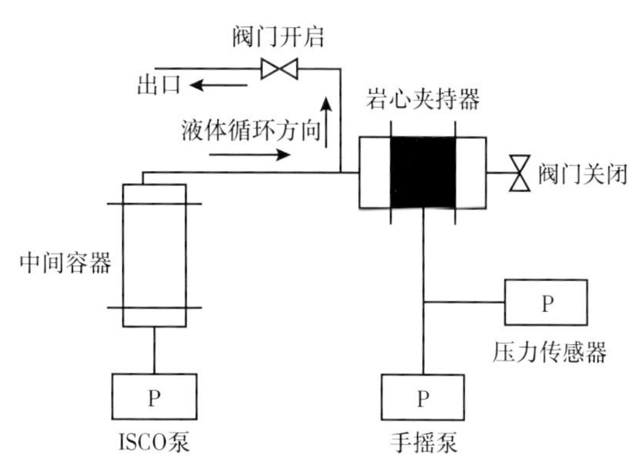

图 3-16　动态渗吸装置图

（3）将围压加至 22MPa，用 ISCO 泵以恒定流量或者流压注入开始实验，动态渗吸时间可自行设定；

（4）动态渗吸实验结束后取出岩心，观察液体的侵入情况，并称取岩心的质量，岩心前后质量差即为岩心的吸水量。

实验结束后取出岩心，发现工作液体通过岩样渗吸面的侵入深度均较浅，说明在地层条件下渗吸可能主要发生在与液体介质接触的表层附近，液体沿接触面入侵深度不大。对无缝岩心的动态渗吸实验来说，岩心渗吸面积即为岩心端面面积，对比动态渗吸数据可知渗吸面积越大，吸水量也越大。因为侵入深度较浅且比较一致，所以推测渗吸面积是渗吸吸水量的主控因素，即侵入深度一定时，渗吸面积越大，渗吸量越大。

四、岩心及原油物性分析

（一）岩心基础数据

通过两次取样，共取得致密油柱塞岩心 25 块，基础数据见表 3-10。气测孔隙度 14.83%～30.25%，平均值为 19.46%。气测渗透率 0.041～1.42mD，平均值为 0.163mD。

如图 3-17 所示，第一批取心岩心呈灰色，基质致密，天然裂缝发育明显，平均孔隙度 25.83%，平均渗透率 0.60mD，岩心脆性较强，易碎，属于孔隙—裂缝型凝灰岩岩心。第二批取心岩心呈灰白色，基质更致密，平均孔隙度 18.25%，平均渗透率 0.08mD，裂缝偶有发育，被方解石充填、半充填，属于孔隙—裂缝型凝灰岩岩心。

表 3-10　致密油岩心基础数据表

井号	井深（m）	数量	岩心编号	直径（cm）	长度（cm）	K（mD）	氦孔隙度（%）	备注
第一批取样	2118.90～2125.69	4 块	Z1	2.514	5.770	0.091	21.37	第一批取样
			Z3	2.511	5.658	0.490	26.73	
			Z5	2.509	6.263	1.420	30.25	
			Z7	2.513	4.356	0.404	24.95	

续表

井号	井深（m）	数量	岩心编号	直径（cm）	长度（cm）	K（mD）	氦孔隙度（%）	备注
第二批取样 M56-133H 井	2175. 32～2675. 47	5 块	Z22	2. 524	6. 677	0. 071	17. 69	油显示等级 7 级
			Z23	2. 524	6. 391	0. 069	17. 54	
			Z24	2. 525	7. 406	0. 041	15. 17	
			Z25	2. 524	5. 475	0. 068	18. 35	
			Z26	2. 524	6. 509	0. 069	19. 41	
	2675. 04～2675. 22	1 块	Z27	2. 523	2. 469	0. 103	20. 41	
	2664. 67～2664. 87	5 块	Z28	2. 525	6. 503	0. 06	17. 46	油显示等级 8 级
			Z29-Z43	2. 521	4. 072	0. 048	16. 16	
			Z30	2. 524	5. 825	0. 052	16. 79	
			Z31	2. 531	3. 192	0. 058	14. 83	
			Z32	2. 524	6. 360	0. 099	16. 79	
	2665. 08～2665. 22	4 块	Z33	2. 524	6. 111	0. 054	20. 8	
			Z34	2. 525	6. 395	0. 056	18. 26	
			Z35	2. 525	5. 842	0. 269	17. 63	
			Z36-Z44	2. 524	2. 690	0. 071	16. 76	
	2638. 28～2638. 47	6 块	Z37	2. 526	4. 255	0. 065	19. 36	油显示等级 9 级
			Z38	2. 525	6. 029	0. 118	20. 36	
			Z39	2. 525	6. 657	0. 060	20. 17	
			Z40	2. 525	6. 472	0. 073	19. 72	
			Z41	2. 526	5. 733	0. 067	20. 38	
			Z42	2. 527	4. 425	0. 099	19. 27	

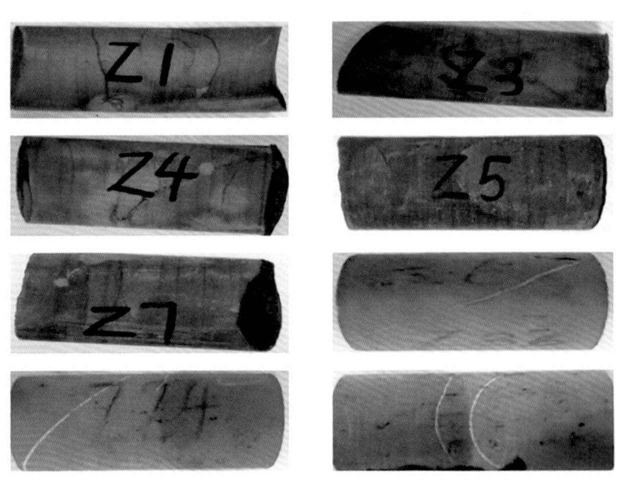

图 3-17　岩心图片示意图

注：Z1、Z3、Z4、Z5、Z7 为第一批样，剩下 3 个为第二批样

（二）岩心饱和水

根据表 3-11 地层水数据配制地层水。

表 3-11　致密油地层水数据表

样品编号	W2016191		井 段	2220~2912m	
层 位	P_2t		取样日期	2016/11/28	
取样地点			检测日期	2016 年 12 月 14 日至 2016 年 12 月 15 日	
物理性质	颜色	气味	透明度	沉淀物	pH 值
	白色	沼气味	不透明	少量粒状	7
检测项目	检测结果		检测项目	检测结果	
	mg/L	mmol/L		mg/L	mmol/L
CO_3^{2-}	46	0. 77	Ca^{2+}	236	5. 88
HCO_3^-	2757	45. 19	Mg^{2+}	16	0. 66
OH^-	0	0	Na^+、K^+	2989	129. 94
Cl^-	3171	89. 45	总矿化度（mg/L）	9543	
SO_4^{2-}	328	3. 42	水型（苏林分类）	$NaHCO_3$	

岩心饱和水的过程中计算岩石水测孔隙度和渗透率，如图 3-18 所示，水测孔隙度与气测孔隙度基本一致。如图 3-19 所示，水测渗透率与气测渗透率差别较大，水测渗透率约占气测渗透率的 10%~60%，且渗透率越低，差别越大。作水测渗透率与气测渗透率比值，并拟合出水测渗透率与气测渗透率关系曲线如图 3-20 所示，并根据关系可得出渗透率流动下限约为 0. 005mD，根据图 3-21 水测渗透率与气测渗透率比值与平均孔喉半径关系曲线可以得出水的流动下限为 0. 01μm。

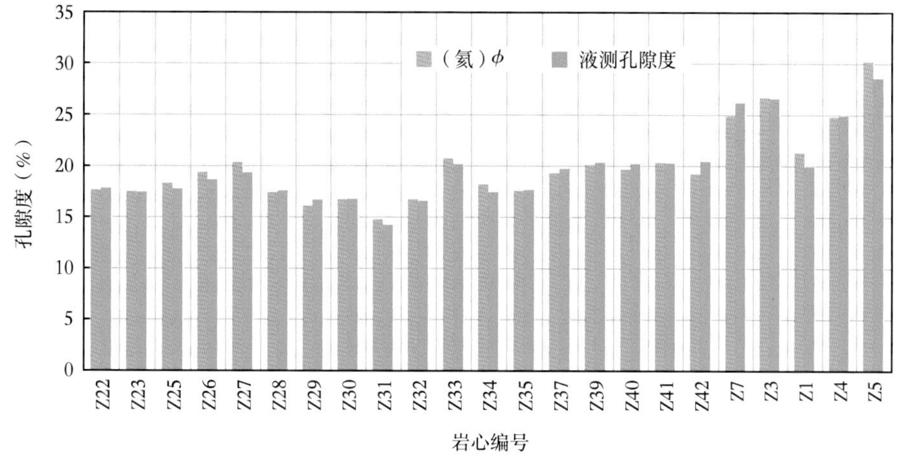

图 3-18　水测孔隙度与气测孔隙度对比图

如图 3-22 所示，第一次取样孔隙度与渗透率呈较好的指数关系，随孔隙度增大，渗透率增大。第二次取心孔隙度与渗透率呈较弱的正相关关系（图 3-23），且第一次所取岩心的物性明显好于第二次。结合储层特征，判断第一次取心井段为源储分离，短距离运移成藏，第二次取心井段为自生自储。

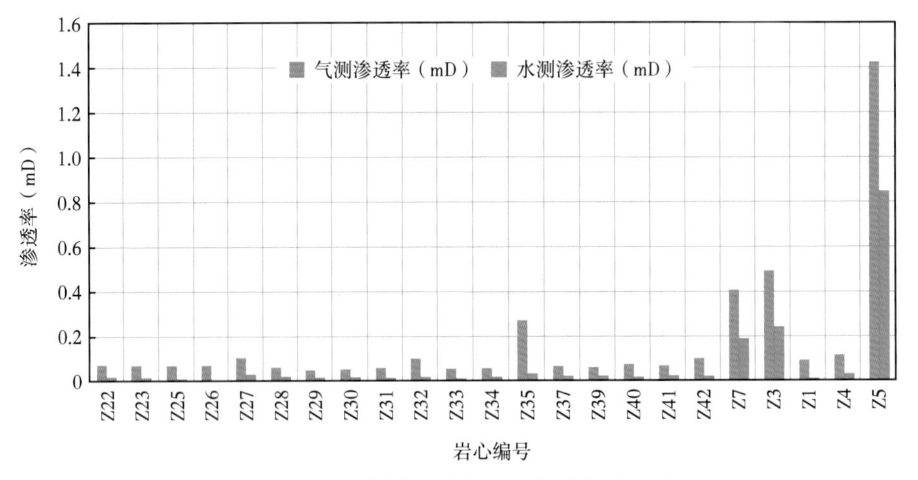

图 3-19　水测渗透率与气测渗透率对比图

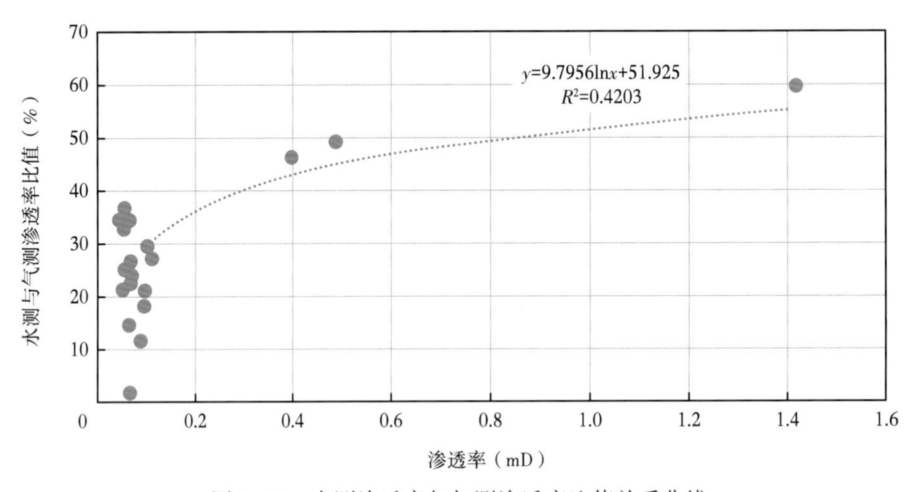

图 3-20　水测渗透率与气测渗透率比值关系曲线

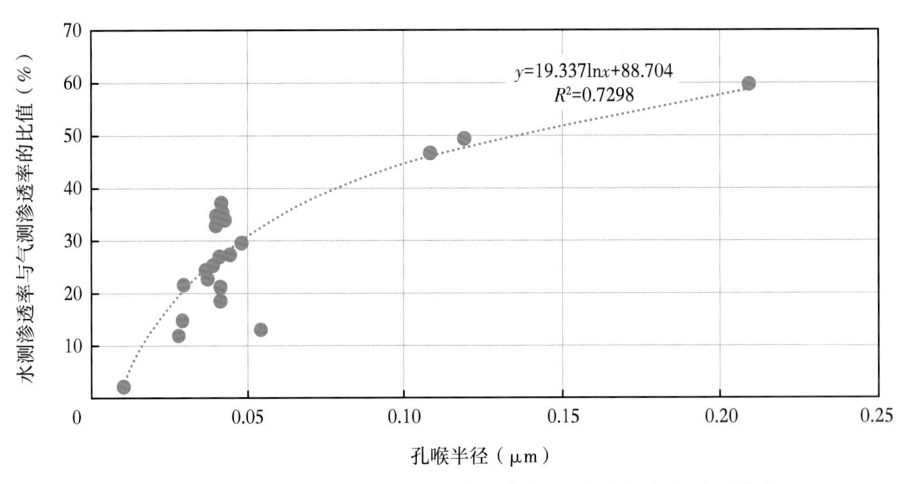

图 3-21　水测渗透率与气测渗透率比值与平均孔喉半径关系曲线

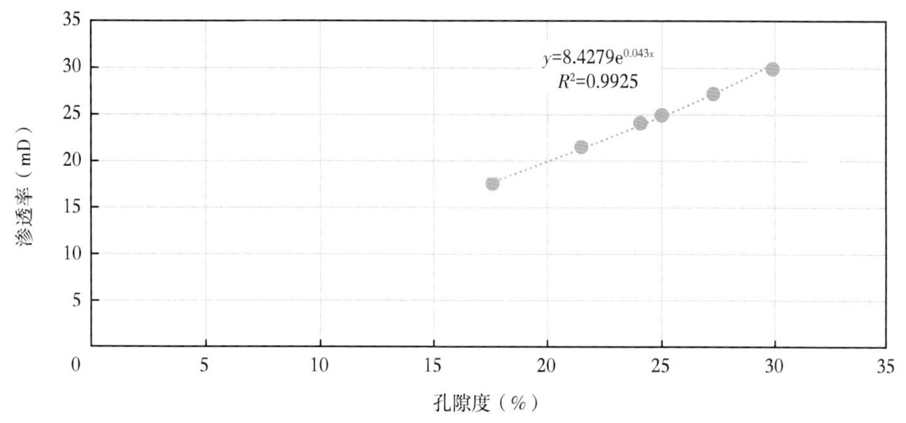

图 3-22　第一批取岩心样的孔隙度与渗透率关系曲线

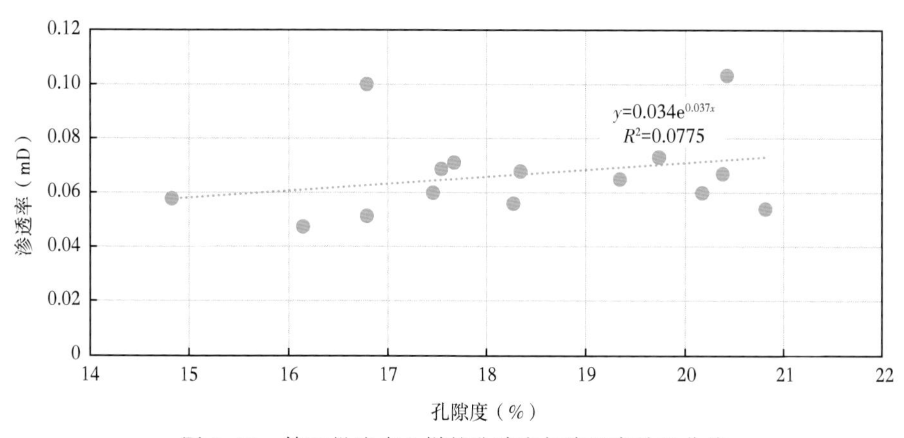

图 3-23　第二批取岩心样的孔隙度与渗透率关系曲线

（三）岩心饱和油

根据油田数据，50℃下原油黏度为 97.4~351mPa·s，结合 8 号油样测试的黏度—温度曲线如图 3-24 所示，选择 8 号油样作为致密油油样使用。根据原油物性、实验条件及实验目的，采用原油与煤油混合配制的油为实验用油，分别用黏度计配制 25℃温度条件下 3.43mPa·s 和 33.8mPa·s 的实验油。

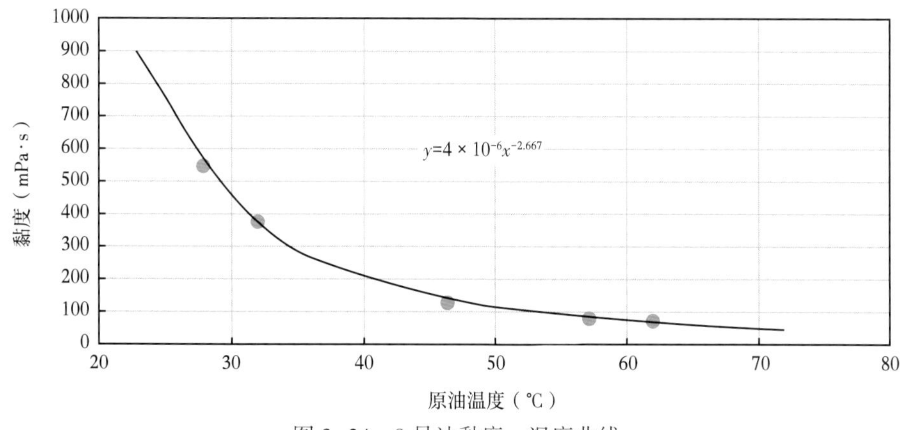

图 3-24　8 号油黏度—温度曲线

岩心饱和油数据见表 3-12，由表可知 7 级含油显示的岩心平均含油饱和度 65%，8 级含油显示的岩心平均含油饱和度 68.44%，9 级含油显示的岩心平均含油饱和度 71.91%。

表 3-12 致密油岩心饱和油数据表

岩心号	渗透率（mD）	孔隙度（%）	含油饱和度（%）	含油等级	饱和油黏度（mPa·s）
Z22	0.071	17.69	60.95	7 级	33.8
Z23	0.069	17.54	67.51		
Z25	0.068	18.35	67.67		
Z27	0.103	20.41	63.86		
平均值	**0.078**	**18.50**	**65.00**		
Z28	0.060	17.46	66.23	8 级	
Z29	0.048	16.16	68.94		
Z30	0.052	16.79	68.49		
Z31	0.058	14.83	75.62		
Z32	0.099	16.79	61.80		
Z33	0.054	20.80	61.35		
Z34	0.056	18.26	68.44		
Z35	0.269	17.63	76.63		
平均值	**0.087**	**17.34**	**68.44**		
Z37	0.065	19.36	76.34	9 级	
Z39	0.060	20.17	71.43		
Z40	0.073	19.72	73.58		
Z41	0.067	20.38	71.51		
Z42	0.099	19.27	66.68		
平均值	**0.073**	**19.78**	**71.91**		
Z1	0.104	21.53	71.19		
Z3	0.483	27.26	77.20		
Z4	0.094	24.11	70.67		
Z5	1.274	29.92	68.61		
Z7	0.382	24.96	68.63		
平均值	**0.467**	**25.56**	**71.26**		
Z1	0.104	21.53	65.71		3.43
Z3	0.483	27.26	74.28		
Z4	0.094	24.11	70.43		
Z5	1.274	29.92	65.35		
Z7	0.382	24.96	74.24		
平均值	**0.467**	**25.56**	**70.00**		

五、致密油渗吸实验

针对渗透率、岩心长度、压力、温度、地层水矿化度和流体黏度等影响因素，开展相应的致密油渗吸机理理论实验。

（一）常温常压静态渗吸实验

1. 渗透率对渗吸效率的影响

本组实验采用的密砂岩岩心，其直径在 2.502～2.51cm 之间，孔隙度为 2.7%～21.63%，气测渗透率为 0.0025～0.664mD，岩心基础数据见表 3-13，实验结果如图 3-25 所示。

表 3-13　致密砂岩岩心基础数据表（Z1、Z2、Z3、Z4、Z5）

岩心编号	孔隙度（%）	渗透率（mD）	长度（cm）	直径（cm）	油黏度（mPa·s）	饱和度（%）	实验条件	拐点采出程度（%）	最终采出程度（%）
Z1	2.70	0.0025	5.253	2.502	11	55.12	常温常压	7.93	17.47
Z2	17.41	0.013	5.185	2.504	11	59.36	常温常压	11.01	16.74
Z3	20.67	0.055	6.423	2.502	11	63.28	常温常压	11.19	18.58
Z4	21.63	0.181	5.162	2.508	11	69.77	常温常压	13.75	21.41
Z5	16.75	0.664	5.144	2.510	11	71.62	常温常压	15.92	24.65
平均值	15.83	0.183	5.553	2.505		63.88		11.96	19.77

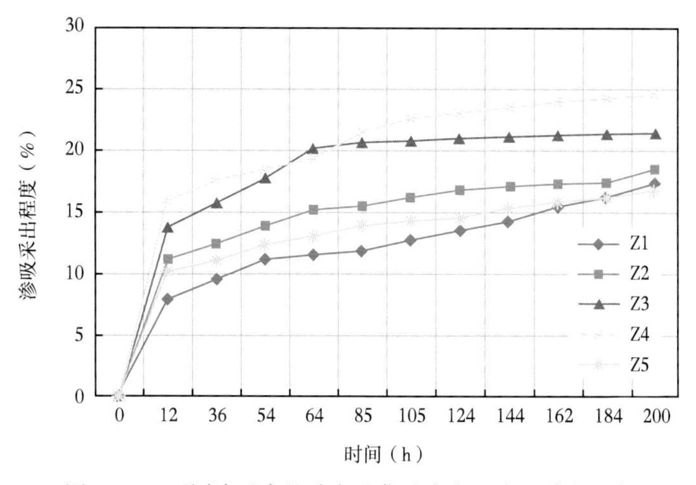

图 3-25　不同渗透率的致密油藏砂岩岩心渗吸采出程度

在渗透率 0.0025～0.664mD 范围内，随着渗透率的增加，渗吸采出程度逐渐增加，相应的残余油饱和度越低。

2. 岩心长度对渗吸效率的影响

本组实验采用的致密砂岩岩心，短岩心的长度为 2.636cm，长岩心的长度为 4.928cm，直径、孔隙度、气测渗透率等参数基本相近，岩心基础数据见表 3-14，实验结果如图 3-26 所示。

表 3-14　致密砂岩岩心基础数据表（Z6、Z7）

岩心编号	孔隙度（%）	渗透率（mD）	长度（cm）	直径（cm）	饱和度（%）	实验条件	拐点采出程度（%）	最终采出程度（%）
Z6	26.91	0.795	4.928	2.502	62.91	常温常压	10.45	19.38
Z7	24.18	1.083	2.636	2.510	73.54	常温常压	13.04	14.45
平均值	25.55	0.939	3.782	2.506	68.23		11.75	16.92

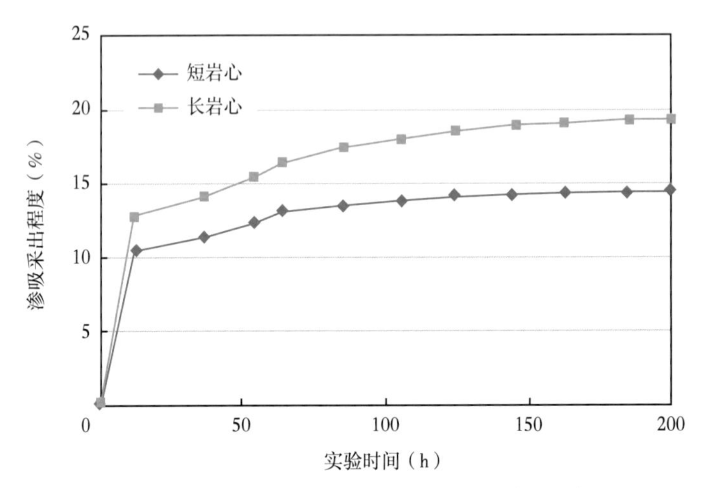

图 3-26　不同岩心长度的致密岩心的采出程度

随着岩心长度的增加，渗吸采出程度减少，一般认为岩心越短，渗吸比表面积越大，越有利于毛细管力的发挥，因而越有利于渗吸的进行。

3. 地层水矿化度对渗吸效率的影响

本组实验采用的致密砂岩岩心（表 3-15），岩心的长度范围为 4.408～5.942cm，直径、孔隙度、气测渗透率等参数基本相近，岩心基础数据见表 3-15。使用的地层水的配方见表 3-16，然后将其稀释 2 倍，实验结果如图 3-27 所示。

表 3-15　致密砂岩岩心基础数据表（Z8、Z9）

岩心编号	孔隙度（%）	渗透率（mD）	长度（cm）	直径（cm）	饱和度（%）	油黏度（mPa·s）	实验条件	矿化度（mg/L）	拐点采出程度（%）	最终采出程度（%）
Z8	24.20	0.052	5.942	2.502	59.36	11	常温常压	9543.07	14.05	16.54
Z9	20.67	0.055	5.423	2.510	64.38	11	常温常压	稀释 2 倍	23.59	25.07
平均值	22.43	0.054	5.683	2.506	61.87			9543.07	18.82	20.81

表 3-16　地层水组成含量表

氯化钠（mg/L）	硫酸钠（mg/L）	碳酸氢钠（mg/L）	氯化钙（mg/L）	氯化镁（mg/L）	氯化钾（mg/L）	总和（mg/L）
4886.21	485.89	3796.57	652	62.50	61.48	9543.07

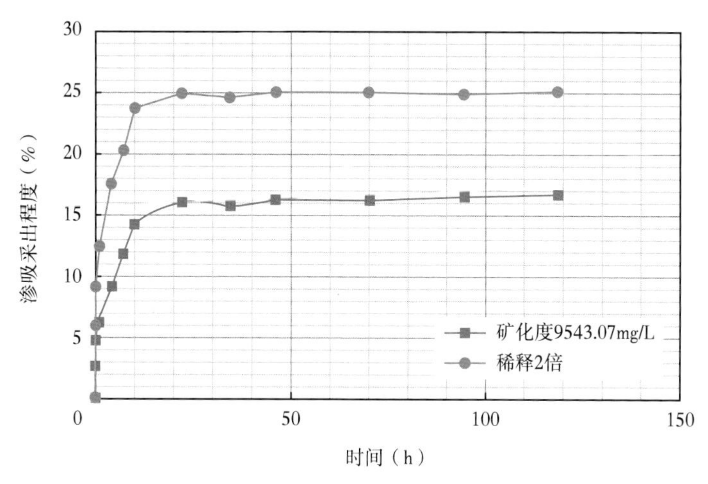

图 3-27 不同地层水矿化度的渗吸采出程度

稀释 2 倍的地层水的最终渗吸采出程度为 25%，而原始矿化度为 9543.07mg/L 的地层水的最终渗吸采出程度为 16%。说明渗吸采出程度的大小与矿化度的大小成反比。随着地层水矿化度的增加，最终渗吸采出程度逐渐减小。

4. 流体黏度对渗吸效率的影响

本组实验采用的致密砂岩岩心，岩心的长度范围为 4.638~6.962cm，直径、孔隙度、气测渗透率等参数基本相近，岩心基础数据见表 3-17。使用普通煤油（黏度为 1mPa·s），致密油（11mPa·s 和 20mPa·s），实验结果如图 3-28 所示。

表 3-17 致密砂岩岩心基础数据表（Z10、Z11、Z12）

岩心编号	孔隙度（%）	渗透率（mD）	长度（cm）	直径（cm）	饱和度（%）	油黏度（mPa·s）	实验条件	拐点采出程度（%）	最终采出程度（%）
Z10	17.41	0.052	5.185	2.514	71.55	1	常温常压	18.80	20.11
Z11	24.02	0.055	6.962	2.512	63.52	11	常温常压	15.91	17.50
Z12	24.18	0.067	4.638	2.516	59.27	20	常温常压	14.05	16.51
平均值	21.87	0.058	5.595	2.513	64.78	10.67		16.25	18.04

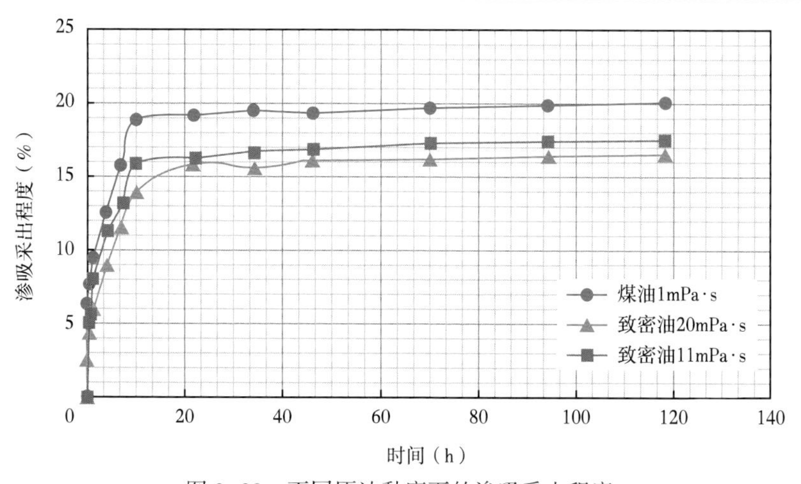

图 3-28 不同原油黏度下的渗吸采出程度

从图 3-28 可以看出，黏度与渗吸采出程度成反比，黏度越低，流体流动性越强，其黏滞阻力也越低，因而渗吸采出程度越高。

（二）高温高压动态渗吸实验

本组实验采用的致密砂岩岩心，岩心的长度范围为 3.091～4.372cm，直径、孔隙度、气测渗透率等参数基本相近，设置常温常压，温度 60℃、围压 15MPa，温度 60℃、围压 25MPa 三种实验环境，岩心基础数据见表 3-18，实验结果如图 3-29 所示。

表 3-18　致密砂岩岩心基础数据表（Z13、Z14、Z15）

岩心编号	孔隙度（%）	渗透率（mD）	长度（cm）	直径（cm）	饱和度（%）	油黏度（mPa·s）	实验条件	拐点采出程度（%）	最终采出程度（%）
Z13	17.60	0.189	4.372	2.502	58.93	11	常温常压	21.11	34.64
Z14	15.00	0.023	3.612	2.510	57.33	11	15MPa，60℃	19.47	28.29
Z15	19.49	0.067	3.091	2.513	63.25	11	25MPa，60℃	12.35	20.25
平均值	17.36	0.093	3.691	2.508	59.83			17.64	27.27

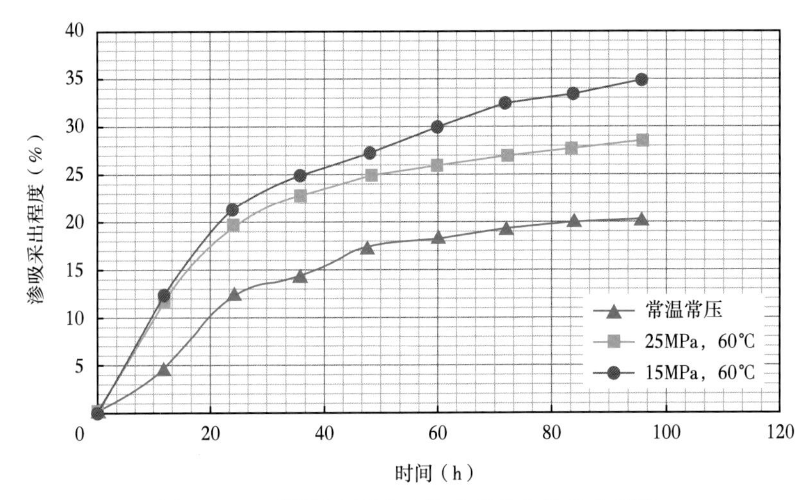

图 3-29　不同温度压力下的致密岩心的采出程度

分析初期采出程度快速上升阶段主要受温度影响，温度升高，流体黏度降低，流动阻力减小；后期采出程度主要受压力影响，采出程度与压力不成线性关系，分析可能与压力敏感性有关，在某一压力范围内，压力增加，渗吸效率相应增加；压力超过某一特定值以后，增压不再提高渗吸效率。

六、渗吸机理理论研究

（一）自发渗吸理论模型

渗吸是利用储层岩石的润湿性，发挥毛细管力吸水排油作用。自然渗吸过程主要受到毛细管力和重力的作用，对于致密岩石来说，毛细管力要远大于重力的作用，因此可以认为致密岩心的自然渗吸过程只受到毛细管力作用，而忽略重力的影响。

毛细管力的表达式为：

$$p_c = \frac{2\sigma\cos\theta}{r} \tag{3-4}$$

人们对渗吸驱油规律和机理做了大量的研究。Aronofsky 首先导出了渗吸驱油指数关系式方程，杨正明等完善了无量纲自然渗吸驱油效率关系式，渗吸公式为：

$$R_{ec} = 1 - a e^{-\lambda t_D} \tag{3-5}$$

$$t_D = t\sqrt{\frac{K}{\phi}}\frac{\sigma\cos\theta}{\sqrt{\mu_o \mu_w}}\frac{1}{L_c^2} \tag{3-6}$$

$$L_c = \frac{DL}{2\sqrt{D^2 + 2L^2}} \tag{3-7}$$

式中 R_{ec}——自然渗吸驱油效率；

a，λ——渗吸系数；

t_D——无量纲渗吸时间；

t——渗吸时间，h；

K——岩心渗透率，mD；

ϕ——岩心孔隙度；

σ——界面张力，mN/m；

θ——润湿角；

u_o——油的黏度，mPa·s；

u_w——水的黏度，mPa·s；

D——岩心直径，m；

L——岩心长度，m；

L_c——岩心特征长度。

将实验数据代入公式所得的拟合结果见表3-19。

表3-19 岩心拟合系数表

岩心编号	λ	a	相关系数
Z7	0.000100	0.69840	0.95390
Z5	0.000090	0.38950	0.92910
Z4	0.000400	0.82210	0.97010
Z3	0.000200	0.72720	0.92800
Z1	0.000400	0.88770	0.97400
平均值	0.000238	0.70498	0.95102

根据数据分析，故无量纲化的致密油渗吸效率的计算公式为：

$$R_{ec} = 1 - 0.70498 e^{-0.000238 t_D} \tag{3-8}$$

转换为实际采油曲线公式为：

$$R_c = R_0\ (1-0.70498e^{-0.000238t_D}) \tag{3-9}$$

式中 R_0——最终渗吸驱油效率。

（二）表层渗吸理论

Z7 岩心的渗吸实验过程中，渗吸速度与渗吸时间关系曲线如图 3-30 所示，从曲线可以看出，初期渗吸速度较高，随着时间的进行，渗吸速度呈“L”形大幅下降。即表层渗吸速度较大，随着渗吸深度的增加，渗吸速度逐渐降低。故将渗吸速度较大的阶段称为表层渗吸，渗吸速度缓慢阶段称为深层渗吸。从表 3-20 可以看出表层渗吸速度约为深层渗吸速度的 50 倍，而表层渗吸采出程度占总渗吸采出程度的 55%以上，因此，有效渗吸主要发生在表层。

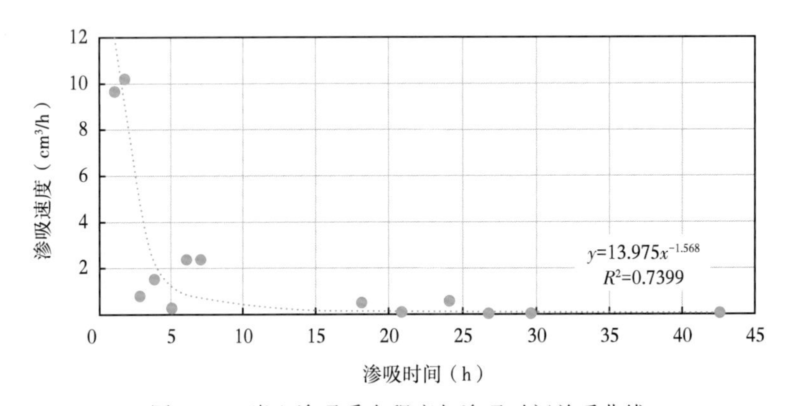

图 3-30 岩心渗吸采出程度与渗吸时间关系曲线

表 3-20 岩心表层渗吸数据表

岩心编号	表层渗吸平均速度（cm/h）	深层渗吸平均速度（cm/h）	表层渗吸与深层渗吸速度比值（%）	表层渗吸效率（%）	总渗吸效率（%）	表层占总渗吸效率的比值（%）
Z7	0.0276	0.0004	69.00	50.54	67.64	74.72
Z5	0.0546	0.0008	68.25	32.44	52.22	62.13
Z4	0.0388	0.0008	48.50	40.13	59.77	67.15
Z3	0.0495	0.0008	61.88	22.79	41.22	55.28
Z1	0.0339	0.0007	48.43	19.20	32.05	59.92
平均值	0.04088	0.0007	59.21	33.02	50.58	63.84

假设渗吸层内的油全部能渗吸出，则

$$V_o = V\phi S_o = \left[\pi\left(\frac{D}{2}\right)^2 L - \pi\left(\frac{D}{2}-h\right)^2 (L-2h)\right]\phi(S_i - S_{or}) = \frac{m_i - m_o}{\rho_w - \rho_o} \tag{3-10}$$

即：

$$2h^3-(2D+L)h^2+\left(DL+\frac{D^2}{2}\right)h-\frac{m_i-m_o}{(\rho_w-\rho_o)\phi(S_i-S_{or})}=0 \tag{3-11}$$

式中　V_o——渗吸产油量，mL；

V——岩心体积，cm^3；

S_i——初始含油饱和度；

S_{or}——残余油饱和度；

h——层渗吸厚度，cm。

通过表层渗吸理论计算，常温、常压条件下，油样黏度为 3.43mPa·s 时，残余油饱和度为 15%，Z7 岩心渗吸厚度随时间变化曲线如图 3-31 所示，渗吸厚度见表 3-21。

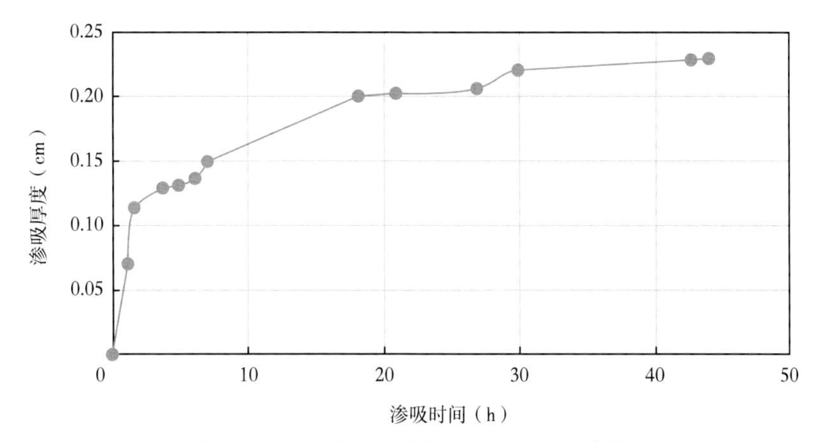

图 3-31　Z7 渗吸厚度与渗吸时间关系曲线

表 3-21　岩心渗吸深度表（常温常压）

岩心编号	直径（cm）	长度（cm）	孔隙度（%）	渗透率（mD）	表层渗吸厚度 h（cm）	渗吸总厚度 H（cm）
Z7	2.513	4.356	24.95	0.404	0.13	0.23
Z5	2.509	6.263	30.25	1.420	0.48	0.80
Z4	2.513	5.599	24.87	0.114	0.27	0.52
Z3	2.511	5.658	26.73	0.490	0.32	0.55
Z1	2.514	5.770	21.37	0.091	0.17	0.36
平均值	2.512	5.5292	25.634	0.5038	0.27	0.49

地层条件（67.6℃、21.35MPa）下结合相渗曲线，取残余油饱和度为 31%，油样黏度为 33.8mPa·s 时岩心渗吸厚度见表 3-22。

表 3-22　岩心渗吸深度表（地层条件）

岩心编号	直径（cm）	长度（cm）	渗透率（mD）	孔隙度（%）	渗吸厚度（cm）
Z34	2.525	6.395	0.056	18.26	0.28
Z37	2.526	4.255	0.065	19.36	0.30
Z42	2.527	4.425	0.099	19.27	0.45
Z27	2.523	2.469	0.103	20.41	0.46
Z1	2.507	5.779	0.104	21.53	0.38
Z35	2.525	5.842	0.269	17.63	0.43

续表

岩心编号	直径（cm）	长度（cm）	渗透率（mD）	孔隙度（%）	渗吸厚度（cm）
Z3	2.513	5.655	0.483	27.26	0.46
Z5	2.511	6.263	1.274	29.92	0.54
平均值	2.520	5.135	0.307	21.71	0.41

（三）渗吸过程模型

注水吞吐过程中，渗吸机理可以概括为：注入水优先充满大孔喉或裂缝等高渗透带，形成渗吸表面。渗吸过程中，流动孔道的尺寸差异导致了毛细管压力差的产生，细小孔道处产生的毛细管压力大于较大孔道处的毛细管压力，将水吸入缝面小孔隙和基质微孔并滞留在其中，将孔隙和微孔中的原油驱到裂缝等高渗透区，形成油水置换。随着深度的增加，渗吸置换速度呈“L”形下降，渗吸驱油效果明显变差。因此通过体积压裂及大液量、大排量注水吞吐造新缝，增加渗吸表面的生产措施，能够改善渗吸效果，提高渗吸采出程度。

七、主要认识

（1）在致密岩心渗透率为0.0025~0.664mD范围内，随着渗透率的增加，渗吸采出程度不断增加。

（2）短岩心的渗吸效率要比长岩心的渗吸效率好，岩心越短，渗吸比表面积越大，越有利于毛细管压力的发挥，因而越有利于渗吸的进行。

（3）地层水矿化度的大小与渗吸采出程度呈反比，即地层水矿化度越高，最终渗吸采出程度越小。

（4）原油黏度大小与渗吸效率成反比，黏度越高，流体流动性越差，黏滞阻力越高，渗吸效率越低。

（5）高温高压条件有利于渗吸运动的发生，渗吸初期温度升高可以增加流体流动性，降低黏滞阻力，后期在驱替压差的作用下流体由小孔道流向大孔道，从而提高渗吸采出程度，当压力逐渐增大并超过某一特定值以后，渗吸采出程度不再随压力增加而增加。

第三节　油水渗吸过程核磁共振扫描分析

一、核磁共振实验原理

（一）T_2 谱检测原理

通过对饱和水后的样品采集得到的回波衰减信号，使用SIRT反演算法进行数学反演计算得到样品的 T_2 谱图。对于孔隙中的流体，有自由弛豫、表面弛豫和扩散弛豫三种不同的弛豫机制。

可表示为：

$$\frac{1}{T_2}=\frac{1}{T_{2\text{自由}}}+\frac{1}{T_{2\text{表面}}}+\frac{1}{T_{2\text{扩散}}} \tag{3-12}$$

式中　T_2——通过CPMG序列采集的孔隙流体的横向弛豫时间；

$T_{2\text{自由}}$——在足够大的容器中（大到容器影响可忽略不计）孔隙流体的横向弛豫时间；

$T_{2表面}$——表面弛豫引起的横向弛豫时间；

$T_{2扩散}$——磁场梯度下由扩散引起的孔隙流体的横向弛豫时间。

T_2 弛豫时间反映了样品内部氢质子所处的化学环境，与氢质子所受的束缚力及其自由度有关，而氢质子的束缚程度又与样品的内部结构有密不可分的关系。体弛豫和扩散影响细微，可以忽略不计，T_2 分布与孔隙尺寸相关。在多孔介质中，孔径越大，存在于孔中的水弛豫时间越长；孔径越小，存在于孔中的水受到的束缚程度越大，弛豫时间越短，即峰的位置与孔径大小有关，峰的面积大小与对应孔径的多少有关。

（二）核磁成像原理

1. 检测原理

核磁共振成像（MRI）也称磁共振成像，是利用核磁共振原理外加梯度磁场检测发射出的电磁波，据此可以绘制物体内部的结构图像，常见的可以发生核磁共振现象的原子有1H、11B、13C、17O、10F、31P。核磁共振成像原理已在物理、化学、医疗、石油化工、食品农业等领域获得了广泛的应用。

核磁共振成像原理可简单归纳为：根据需要，将待测样品分成若干个薄层，这些薄层称为层面，这个过程成为选片。每个层面可分为由许多被称为体素的小体积组成(图 3-32)。

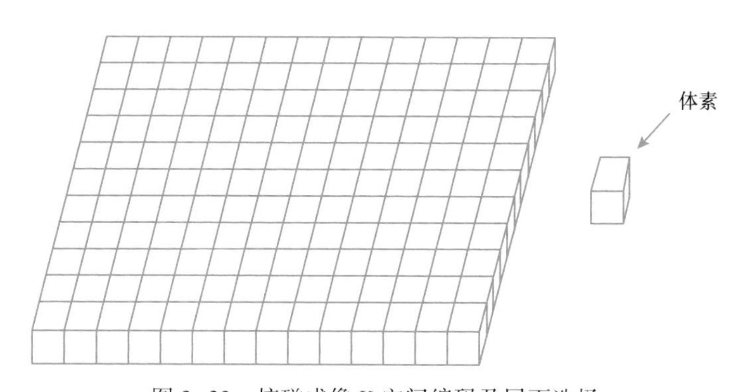

图 3-32　核磁成像 K 空间编码及层面选择

对每一个体素标定一个记号，这个过程称为编码或空间定位。对某一层面施加射频脉冲后，接收该层面的核磁共振信号进行解码，得到该层面各个体素核磁共振信号的大小，最后根据其与层面各体素编码的对应关系，把体素信号的大小显示在荧光屏对应像素上，信号大小用不同的灰度等级表示，信号大的像素亮度大；信号小的像素亮度小。这样就可以得到一幅反映层面各体素核磁共振信号大小的图像，即 MRI 图像。成像过程流程如图 3-33 所示。

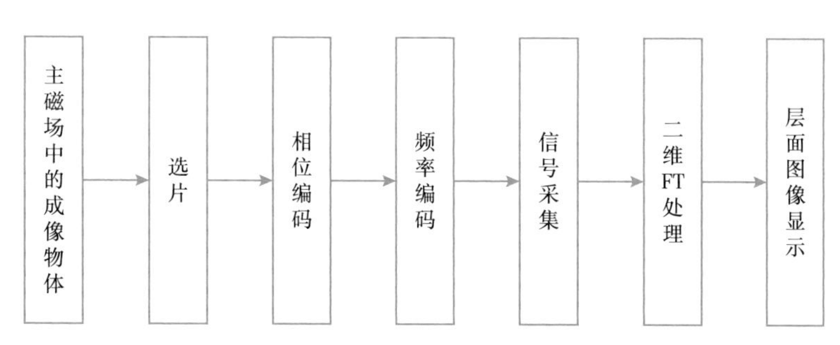

图 3-33　核磁成像流程图

灰度像素点即对应岩心中含氢流体的空间位置。核磁共振看可以扫描局部、整体的含氢流体情况。核磁图形图像为三维空间的二维展示，通过所成得图像的灰度值的大小来判定含氢流体的相对含量，因此通过驱替图像的前后灰度值的对比可以得到含油饱和度的变化。

2. 核磁成像检测结果

图 3-34 至图 3-42 是渗吸过程核磁成像图，实验相关信息见表 3-23。

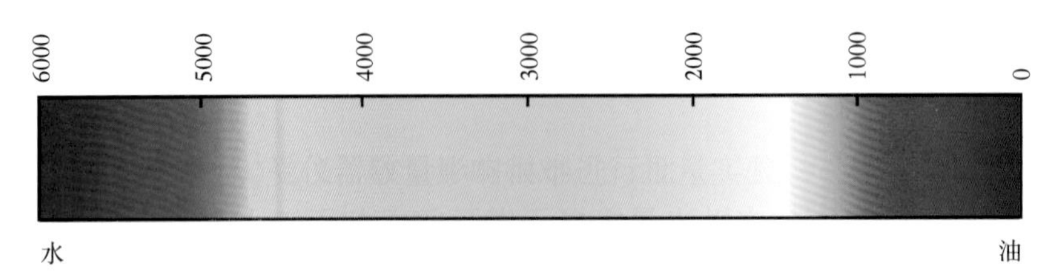

图 3-34　伪彩 JET 色卡

岩心 R6-5#-单向渗吸（左端面接触重水渗吸）如图 3-35 所示。

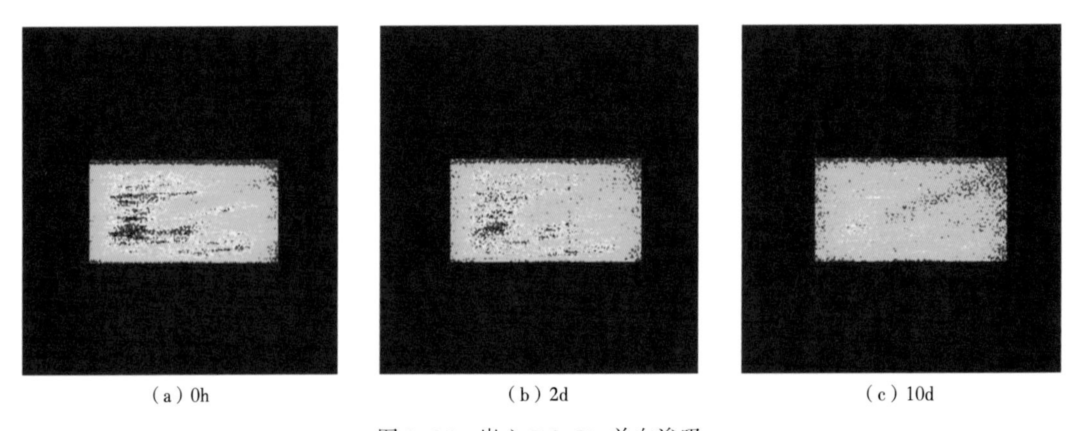

（a）0h　（b）2d　（c）10d

图 3-35　岩心 R6-5#-单向渗吸

岩心 R5-5#-单向渗吸（左端面接触重水渗吸）如图 3-36 所示。

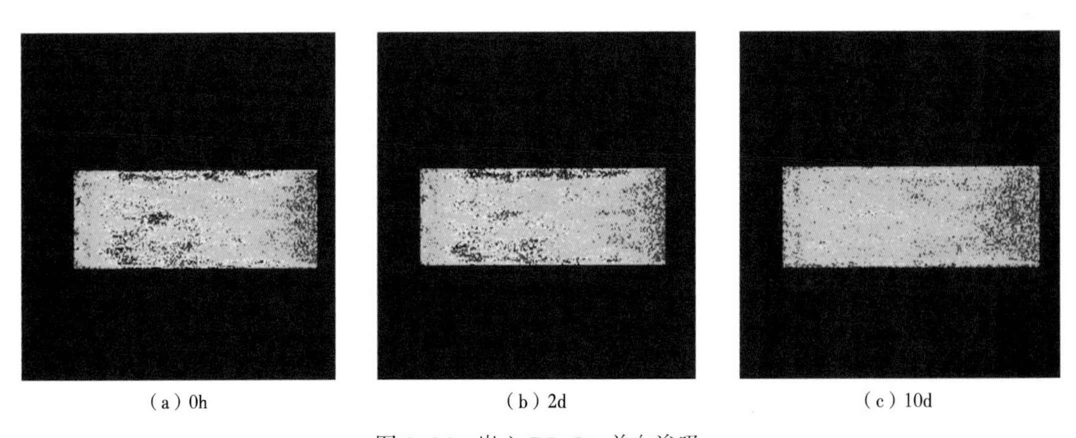

（a）0h　（b）2d　（c）10d

图 3-36　岩心 R5-5#-单向渗吸

岩心 R1-2-5#-2cm（全浸泡渗吸）如图 3-37 所示。

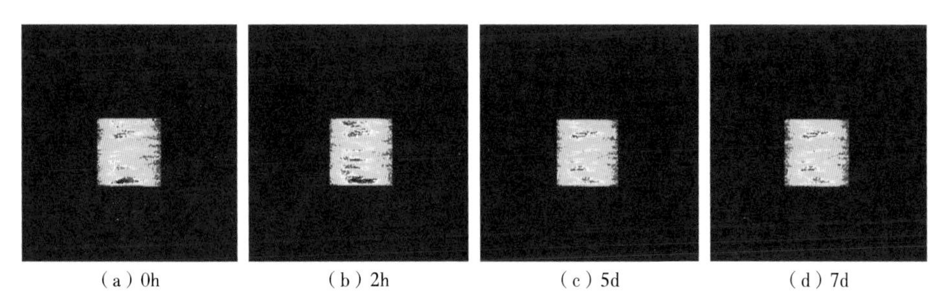
（a）0h （b）2h （c）5d （d）7d

图 3-37　岩心 R1-2-5#全浸泡渗吸

岩心 R1-1-5#-4cm（全浸泡渗吸）如图 3-38 所示。

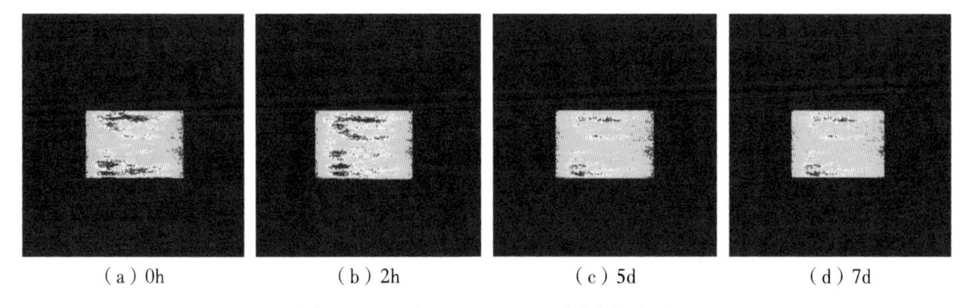
（a）0h （b）2h （c）5d （d）7d

图 3-38　岩心 R1-1-5#全浸泡渗吸

岩心 R2-2-5#-2cm（全浸泡渗吸）如图 3-39 所示。

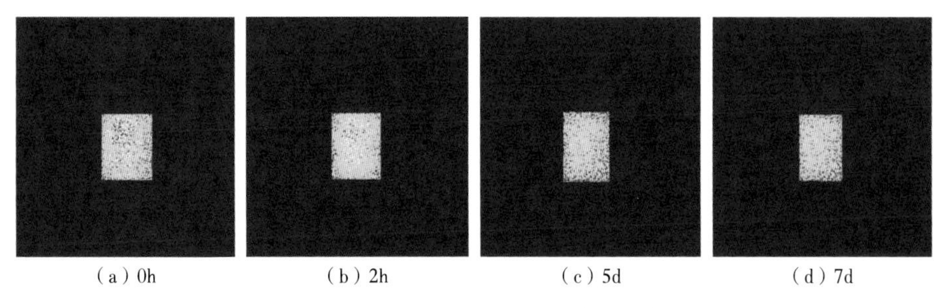
（a）0h （b）2h （c）5d （d）7d

图 3-39　岩心 R2-2-5#全浸泡渗吸

岩心 R2-1-5#-4cm（全浸泡渗吸）如图 3-40 所示。

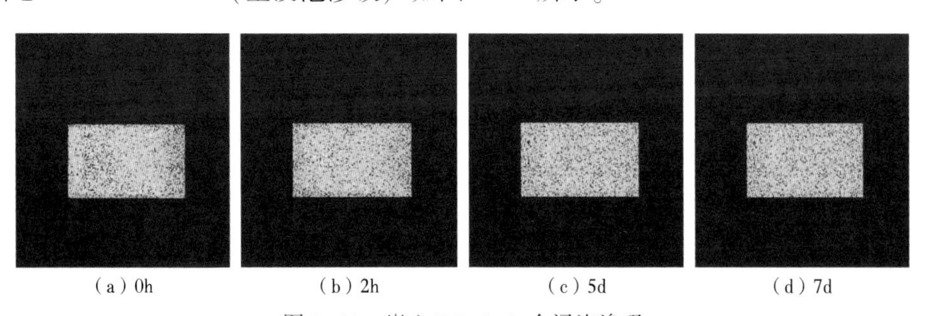
（a）0h （b）2h （c）5d （d）7d

图 3-40　岩心 R2-1-5#全浸泡渗吸

岩心 R8-2-5#（全浸泡渗吸）如图 3-41 所示。

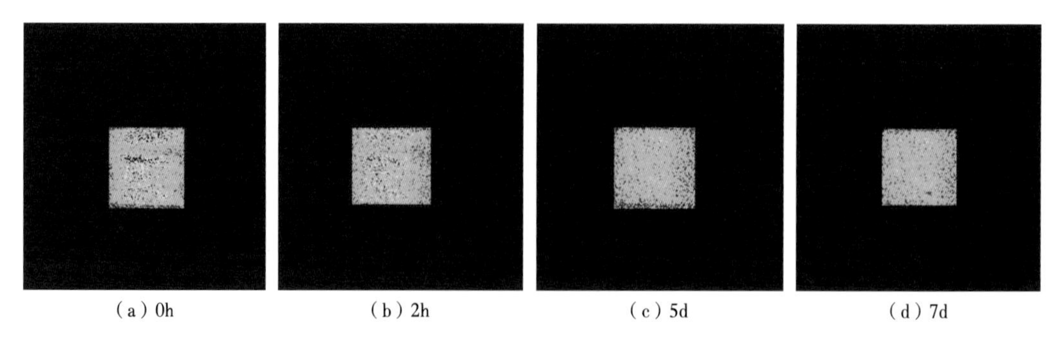

图 3-41　岩心 R8-2-5#全浸泡渗吸

岩心 R8-1-26#（全浸泡渗吸）如图 3-42 所示。

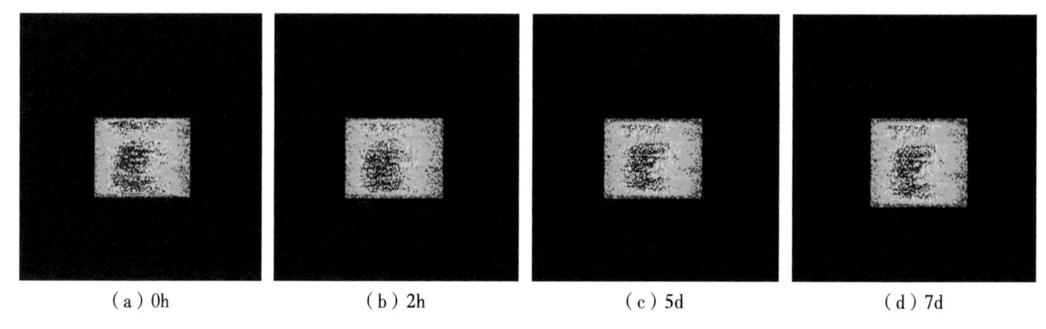

图 3-42　岩心 R8-1-26#全浸泡渗吸

表 3-23　实验工作量统计表

序号	实验名称	实验条件	个数
1	致密储层静态渗吸核磁共振实验研究	静态渗吸 动态渗吸	8
2	长度组（可将 4cm 组的岩心横向分析渗透率影响）	将一根岩心切割成 2cm、4cm（静态渗吸）	3
3	单向组	将岩心封堵，只留下一个端面（静态渗吸）	2
4	黏度组	将同一根岩心等距切割，分别饱和不同黏度原油（静态渗吸）	3

二、实验目的及步骤

（一）实验目的

（1）对比不同长度、渗透率、白油黏度对渗吸效果的影响，得到成像图和 T_2 谱，即不同渗吸时间的油水分布和渗吸效率的计算；进行这三组实验时，将岩心全部浸泡在重水中进行渗吸。

（2）观察单向时渗吸作用距离随时间的改变。进行单向渗吸实验时，先将岩心侧面和一个端面封堵，再将岩心悬挂，只有底端和重水接触 1~2mm 进行渗吸，得到整层图像和

T_2 谱，成像图的左端面即为渗吸面。

表 3-24 中的三块岩心可做岩心长度对渗吸效果的影响研究，横向做渗透率对渗吸效果的影响。

表 3-24 渗透率组实验岩心数据表（4cm）

样品	长度 (cm)	直径 (cm)	V_{bulk} (cm^3)	质量 (g)	p_{conf} (psi)	V_{pore} (cm^3)	ϕ (%)	K_{air} (mD)	K_{klink} (mD)
R1	6.179	2.517	30.745	72.016	524.8	3.394	11.04	1.756	1.472
R2	6.326	2.519	31.526	75.277	523.7	3.189	10.177	0.798	0.629
R3	6.252	2.522	31.232	68.222	523.5	5.41	17.321	6.892	6.313

表 3-25 中的三块岩心长度均在 5~6cm 之间，对半切割，一半用 5 号白油饱和，另一半用 10 号白油饱和后进行实验。

表 3-25 长度组实验岩心数据表（切割成长度 2cm、4cm，形成对照组）

样品	长度 (cm)	直径 (cm)	V_{bulk} (cm^3)	质量 (g)	p_{conf} (psi)	V_{pore} (cm^3)	ϕ (%)	K_{air} (mD)	K_{klink} (mD)
R1	6.179	2.517	30.745	72.016	524.8	3.394	11.04	1.756	1.472
R2	6.326	2.519	31.526	75.277	523.7	3.189	10.177	0.798	0.629
R3	6.252	2.522	31.232	68.222	523.5	5.41	17.321	6.892	6.313

表 3-26 中的三块岩心可做单向渗吸对渗吸效果的影响研究。

表 3-26 不同黏度组实验岩心数据表（5 号白油、10 号白油）

样品	长度 (cm)	直径 (cm)	V_{bulk} (cm^3)	质量 (g)	p_{conf} (psi)	V_{pore} (cm^3)	ϕ (%)	K_{air} (mD)	K_{klink} (mD)
R7	5.75	2.52	28.679	67.682			8.86	0.83	
R8	5.752	2.512	28.507	65.59	530.6	3.527	12.373	0.75	0.586
R9	6.27	2.522	31.322	71.842	528	3.886	12.406	1.981	1.668

表 3-27 长岩心的单向渗吸岩心数据表

样品	长度 (cm)	直径 (cm)	V_{bulk} (cm^3)	质量 (g)	p_{conf} (psi)	V_{pore} (cm^3)	ϕ (%)	K_{air} (mD)	K_{klink} (mD)
R4	5.679	2.523	28.392	65.304	522.5	3.732	13.145	2.302	1.959
R5	6.3	2.514	31.272	73.722	524	3.965	12.68	1.499	1.236
R6	5.442	2.52	27.142	65.142			7.99	0.41	

（二）实验步骤

（1）称重：将岩心清洗干净、烘干至恒重，并测量各岩心的基本参数，包括岩心长度、直径、气测渗透率、孔隙度、干重等。

（2）饱和：将岩心抽真空，100%饱和5号白油或者10号白油，老化24h，之后将其浸没于白油中待用。

（3）配制重水溶液，抽真空2~3h，以除去水中的溶解气，重水渗吸，采用悬挂法，消除边界影响。

（4）渗吸：取出岩心，擦去岩心表面的浮油，称湿重。调整核磁共振岩心成像参数和弛豫谱采集参数，获取饱和油岩心的核磁共振图像和岩心 T_2 弛豫谱（第1次核磁共振测量）。

（5）取出岩心放入烧杯中，加入处理后的重水溶液，直至浸没岩心，进行黏度、长度、渗透率对渗吸效果的影响分析，将溶液接触岩心底部的时间作为渗吸时间的起点；进行渗吸作用距离的研究时，将重水接触岩心1mm左右。

（6）静态渗吸实验开始后，从烧杯中取出岩心，除去表面的浮油及水溶液，记录岩心的质量，采集不同渗吸时间下的岩心图像和 T_2 弛豫谱（第2次核磁共振测量）。

（7）前期渗吸速度快，测量时间间隔短，5~10min一次，后期渗吸速度减慢，间隔时间增加。重复第（6）步操作，直至信号不发生明显改变时停止实验。

（8）参数计算。利用上述检测结果分析计算获得静态渗吸采出油相对量及采出程度等参数。

注意：从重水溶液中取出岩心时，要及时、有效地进行密封保湿处理。

三、静态渗吸效率的主要影响因素分析

（一）渗透率对渗吸采出程度的影响

选取岩心长度相近，渗透率不同的3块岩心（表3-24）。由于岩心致密，用5号白油可充分饱和，且操作性强，因此，对准备好的岩心抽真空并高压饱和5号白油。5号白油颜色水白，含氮量和含硫量极低，精制程度深，化学稳定性好；黏度4.075mPa·s，适用无水溶性酸碱、无腐蚀性、含水少；闪点高，安全性好。饱和好的岩心放置于重水中，开展渗吸实验（图3-43至图3-47）。

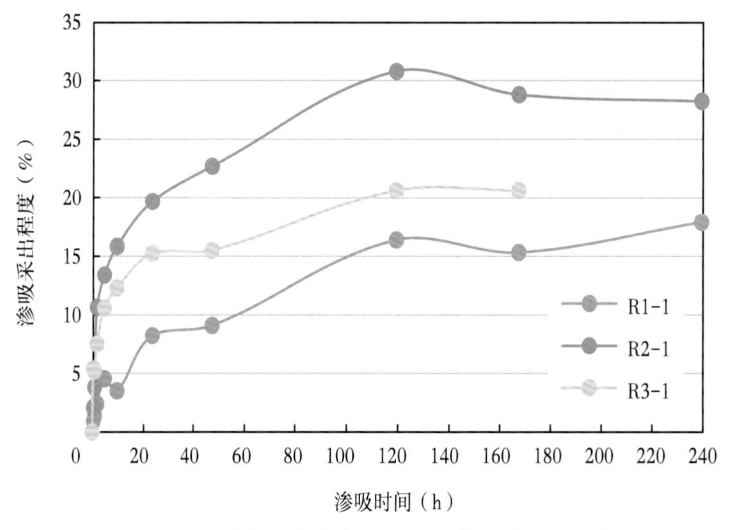

图3-43 不同渗透率致密砂岩岩心渗吸采出程度曲线

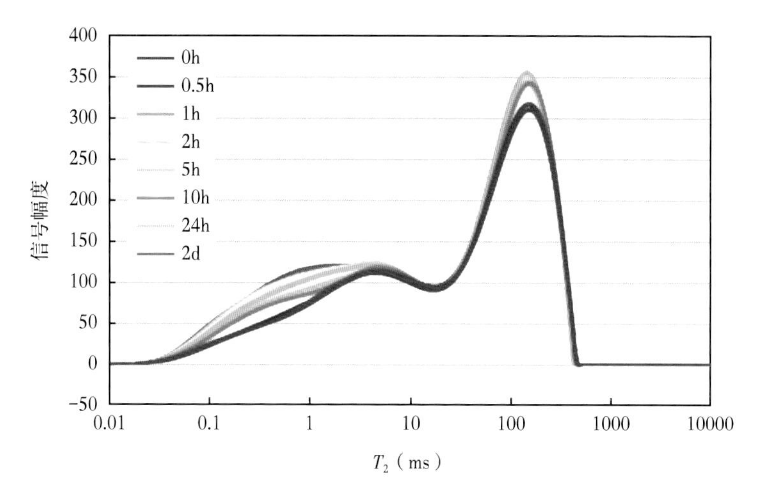

图 3-44　R1-1-5#白油-4cm 岩心的 T_2 谱

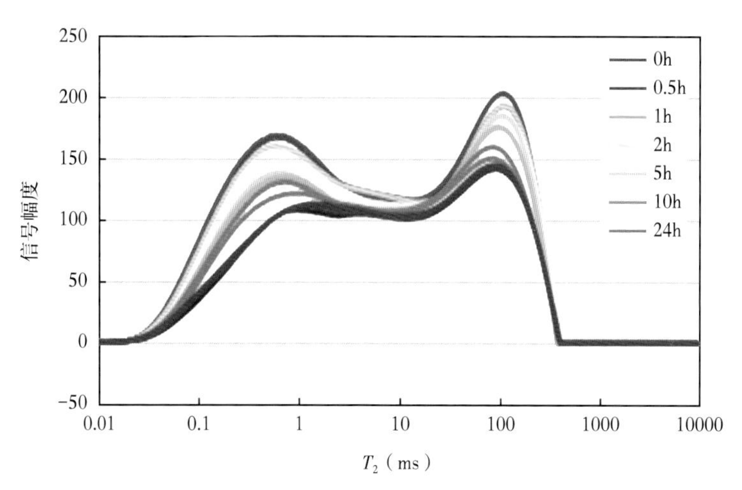

图 3-45　R2-1-5#白油-4cm 岩心的 T_2 谱

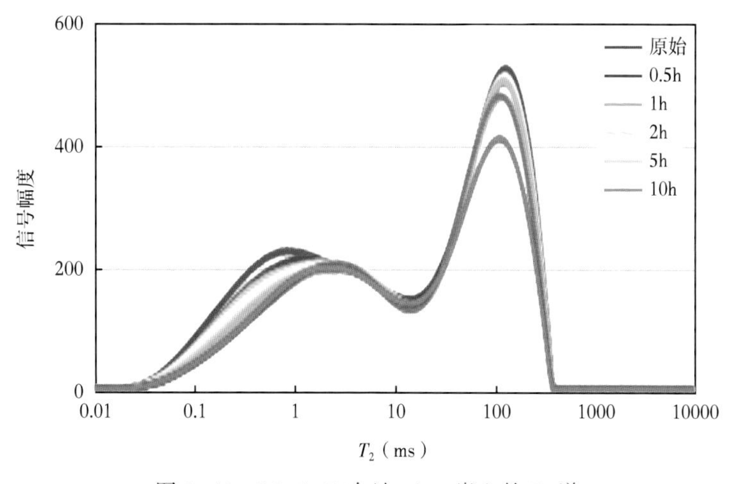

图 3-46　R3-1-5#白油-4cm 岩心的 T_2 谱

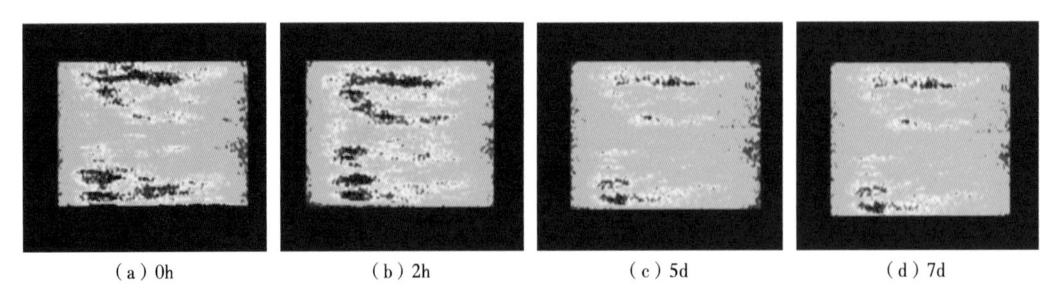

图 3-47 R1-1-5#-4cm 岩心的成像图

图 3-43 至图 3-47 为 R1-1 岩心、R2-1 岩心、R3-1 岩心的渗吸采出程度随时间关系曲线。可以看出，R1-1 岩心的渗透率为 1.756mD，最终采出程度为 17.9%；R2-1 岩心的渗透率为 0.798mD，最终采出程度为 28.2%；R3-1 岩心的渗透率为 6.892mD，最终采出程度为 20.6%。可以看出 R3-1 岩心的渗透率最大，但是采出程度并不是最大。从整体看，采出程度与渗透率既不成正相关关系又不成负相关关系，致密储层的渗透率与渗吸采出程度之间的相关性比较差。这说明致密岩心渗透率仅是综合衡量岩心内部孔隙结构的指标之一，与其渗吸效果并无必然联系。

岩石内部的孔隙结构是一个错综复杂、互相影响的整体，应综合考虑岩心孔隙度，孔隙结构等基础物性进行研究，故引入储层品质指数（RQI）。储层品质指数是目前储层分类评价过程中常用到的数值，其值为$\sqrt{K/\phi}$。如图 3-48 所示，静态渗吸采出程度随 RQI 的增大而增大。这说明，RQI 可以更好地体现出岩心的孔隙品质。当 RQI 较高时，岩心在渗透率、孔隙半径、孔隙迂曲度等方面的综合特性较好。

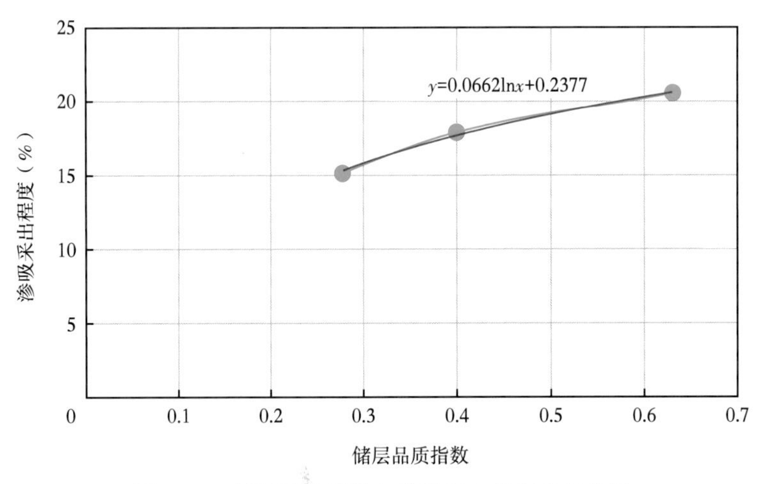

图 3-48 储层品质指数与渗吸采出程度关系曲线

根据不同孔隙与渗吸采出程度关系曲线（图 3-49）可以看到，小孔隙的采出程度最高，过渡孔隙次之，大孔隙的采出程度最小。得到如下流动规律：前期润湿相流体首先进入小孔道，非润湿相流体从大孔隙中流出，大孔道中流体饱和度几乎不发生变化；随着时间推移，润湿相流体逐渐进入较大孔道。

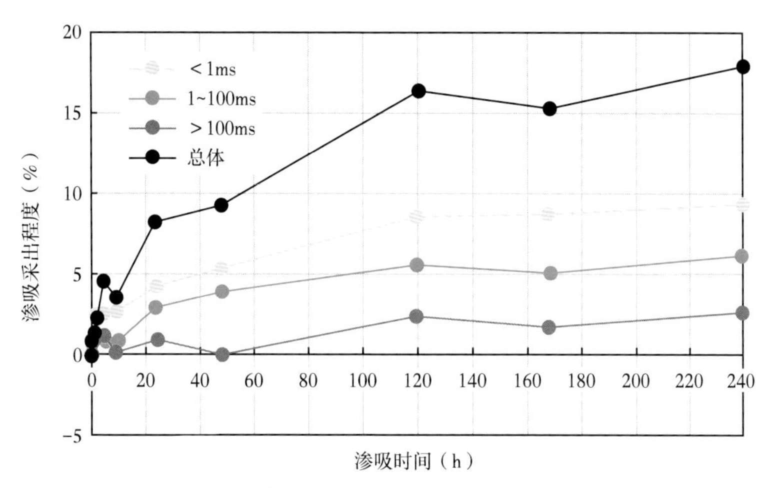

图 3-49　R1-1 岩心的不同孔隙与渗吸采出程度关系曲线

（二）岩心长度对渗吸采出程度的影响

如图 3-50 所示，致密岩心静态渗吸采出程度与岩心长度成负相关关系，即岩心长度越短，静态渗吸采出程度越高，静态渗吸初期采出程度增加速度越快，渗吸达到平衡时间也越短。这说明，致密储层中裂缝发育越完善，岩层内细小、短裂缝越多，越有利于致密储层发生静态渗吸作用。

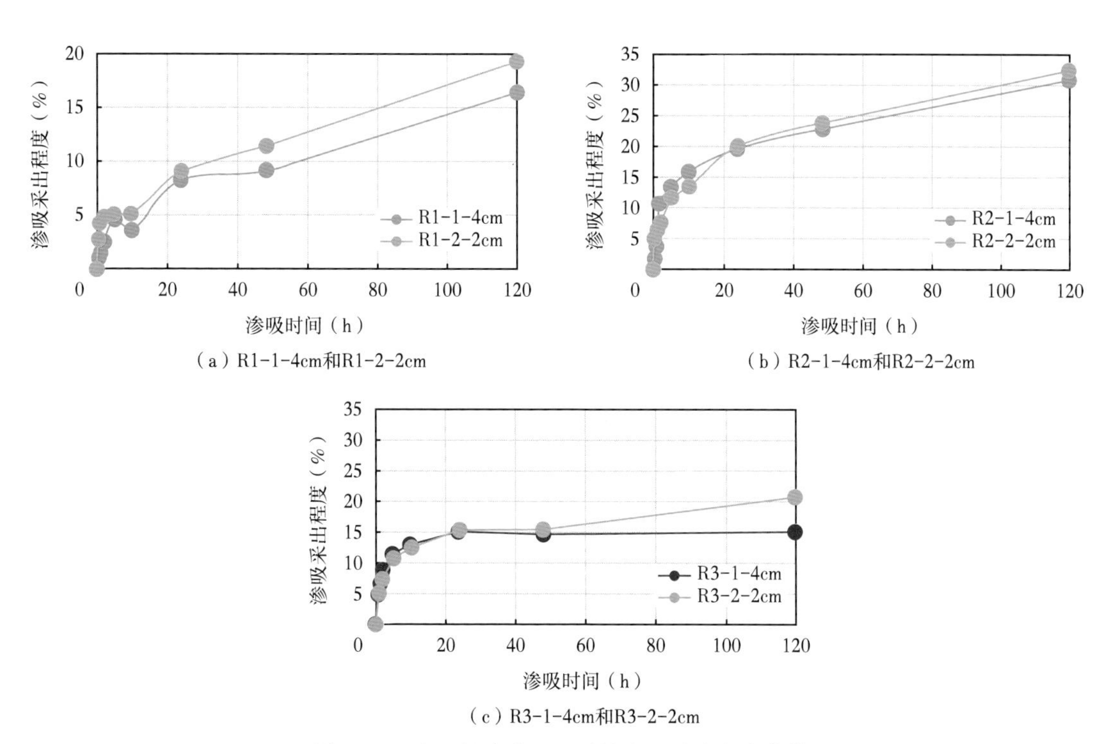

图 3-50　岩心长度为 1∶2 时的渗吸采出程度曲线

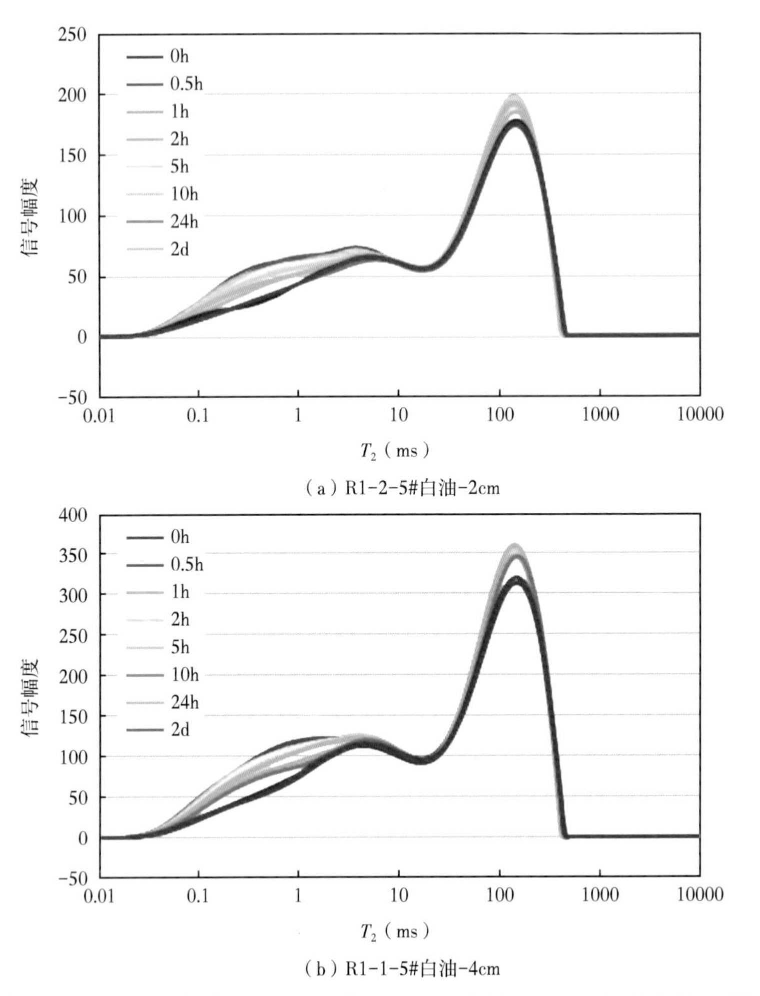

图 3-51　R1-1-5#白油-4cm（a）和 R1-2-5#白油-2cm（b）岩心的 T_2 谱

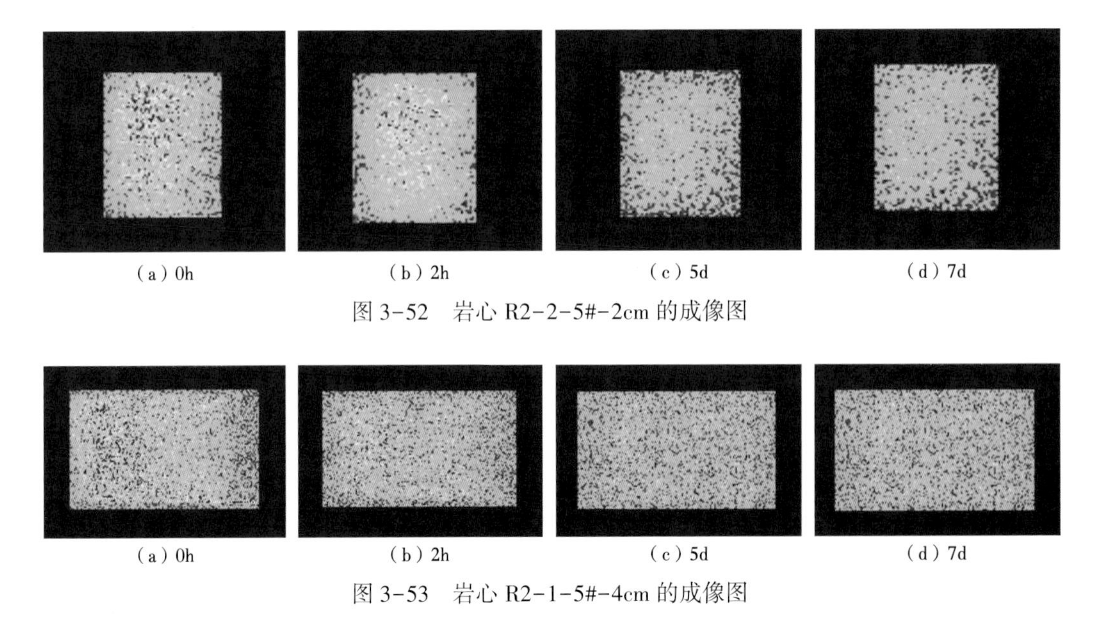

（a）0h　（b）2h　（c）5d　（d）7d

图 3-52　岩心 R2-2-5#-2cm 的成像图

（a）0h　（b）2h　（c）5d　（d）7d

图 3-53　岩心 R2-1-5#-4cm 的成像图

（三）白油黏度对渗吸采出程度的影响

将原油黏度组（数据见表 3-28）实验岩心切割成等长 3cm 的两块岩心，消除渗透率等不确定因素的影响（图 3-54 至图 3-57）。

表 3-28　5 号白油与 26 号白油数据

测试项目	5 号白油	26 号白油
20℃下黏度（mPa·s）	4.075	21.71
20℃下密度（kg/m^3）	815	835
分子直径（nm）	—	—

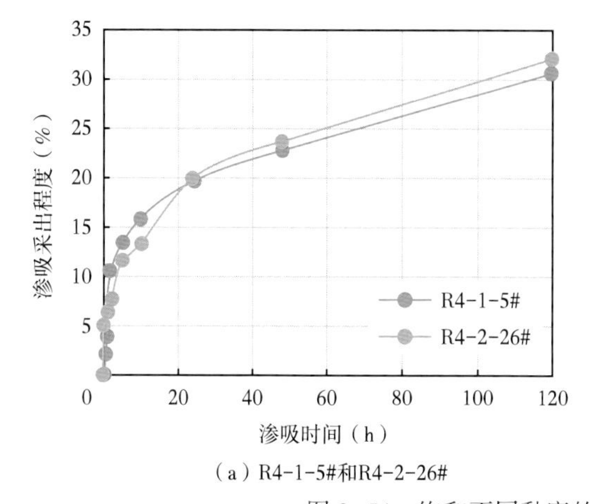

（a）R4-1-5#和R4-2-26#

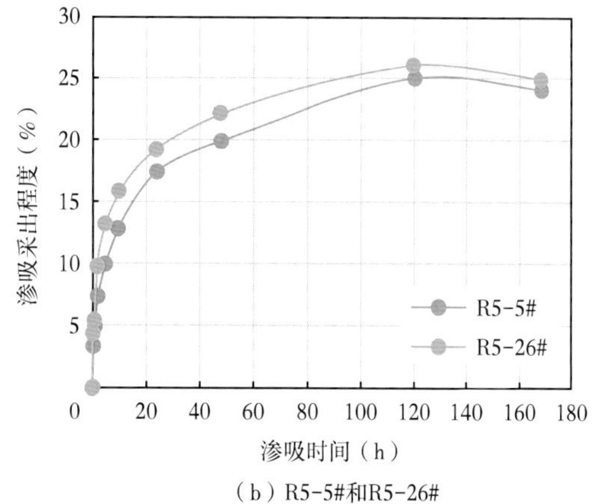

（b）R5-5#和R5-26#

图 3-54　饱和不同黏度的白油的渗吸采出程度曲线

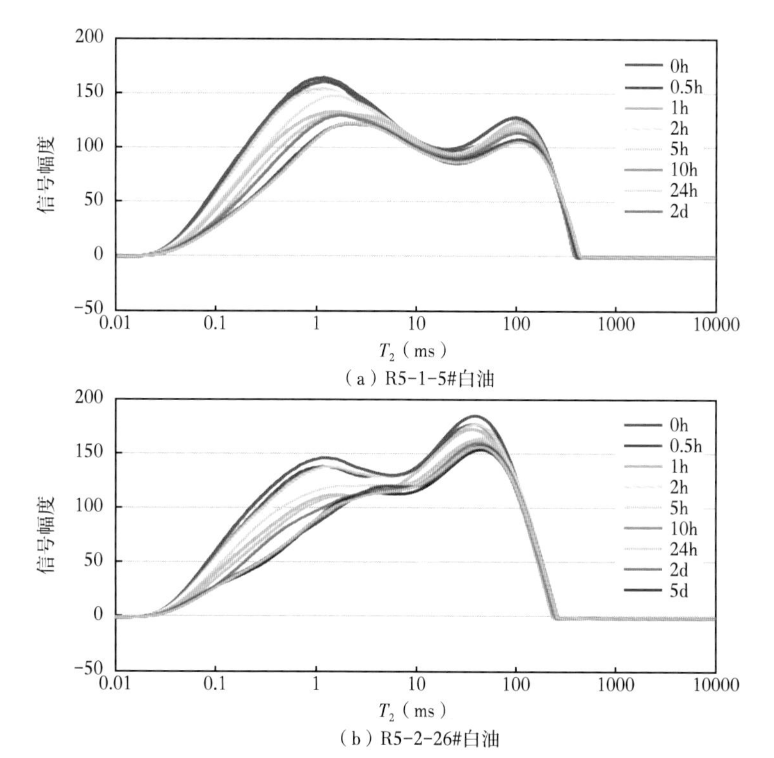

（b）R5-2-26#白油

图 3-55　饱和不同黏度的白油的 T_2 谱

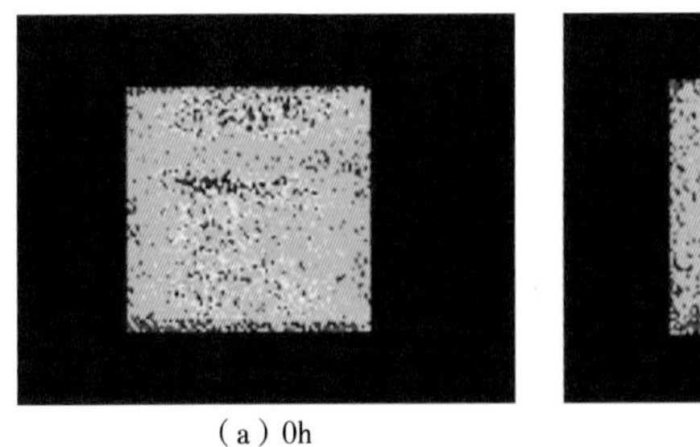
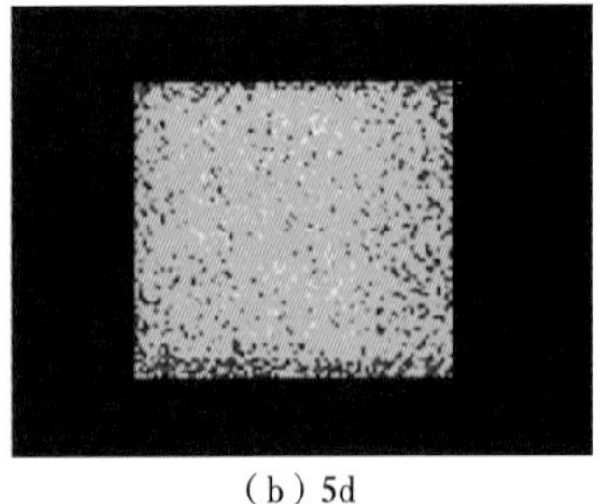

（a）0h　　　　（b）5d

图 3-56　岩心 R8-2-5#的成像图

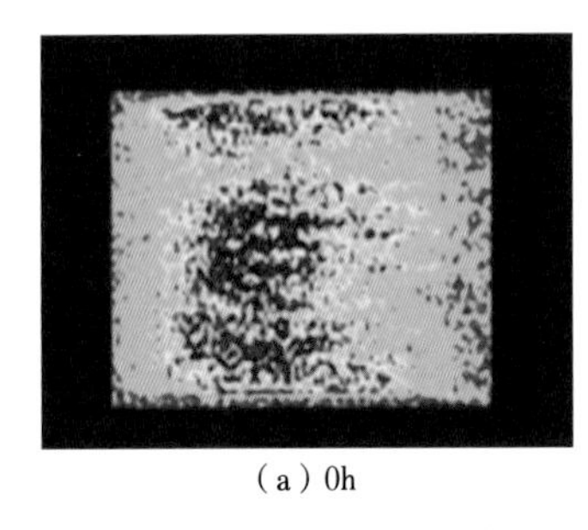
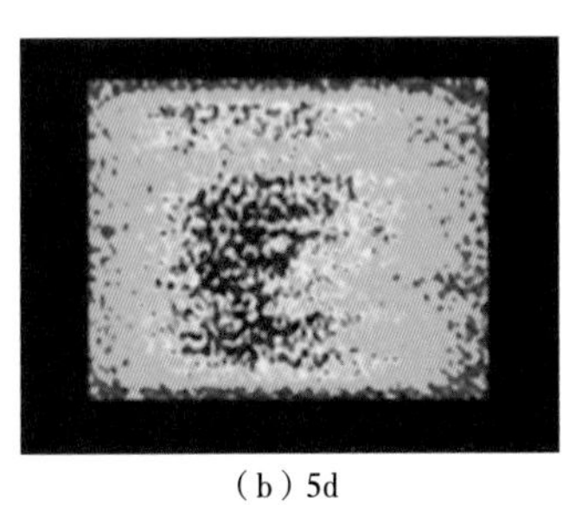

（a）0h　　　　（b）5d

图 3-57　岩心 R8-1-26#的成像图

理论上，随着黏度的降低，岩心开始出油时间减短，即岩心开始出油较早；且岩心表面的油滴随黏度的增加而变大。这主要是因为黏度降低，增强了油滴的变形能力，因此油滴通过低渗透率岩心喉道的能力随之增强，因此低黏度体系下，岩心表面开始出油的时间提前，油滴较小。

黏度越小，渗吸速度越快，渗吸体积越大，最终渗吸趋于稳定，渗吸量不再增加。这是因为当渗透率与界面张力大致相同时，岩心中油受到的毛细管压力可以认为是一样的。此时，模拟油的黏度越小，所受到的黏滞阻力就越小，所以岩心的渗吸速度就会越快。

但从 T_2 谱可以看出，T_2 谱图差异性较大，这个是由于探针液体导致的，黏度越大的流体向左偏移。5 号白油和 26 号白油饱和的样品，以都完全饱和为前提条件，渗吸效率类似，可能说明 5 号和 26 号这个黏度影响并不是想象中那么大。

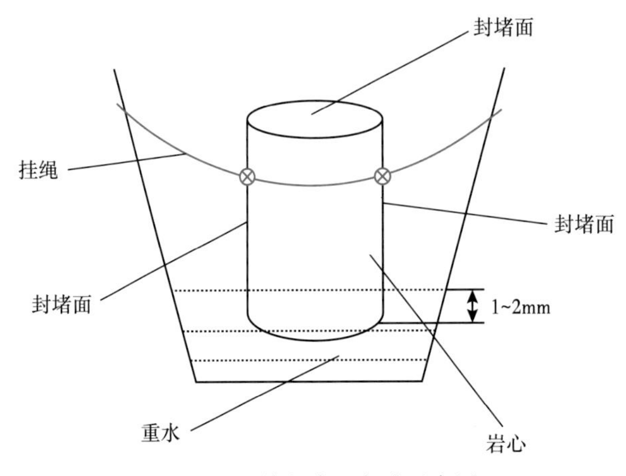

图 3-58　单向渗吸实验示意图

对比用 5 号白油饱和的长度组 2cm 和黏度组，可以发现渗吸的效率和孔隙结构相关性很强，即采出程度与品质指数的关系。

（四）单向渗吸的采出程度

将长岩心用 AB 胶进行封堵，只留下一个端面，模拟封闭边界(图 3-58)。实验结果如图 3-59 至图 3-61 所示。

单向渗吸采出程度很低，成像图

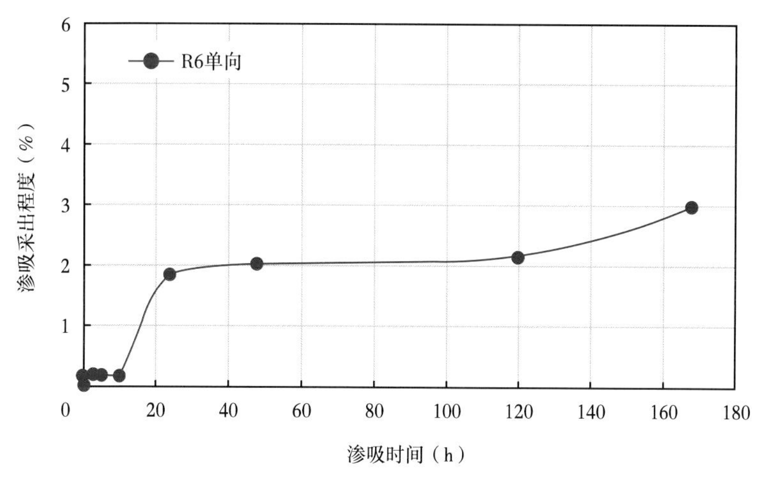

图 3-59　R6 单向渗吸条件下的渗吸采出程度曲线

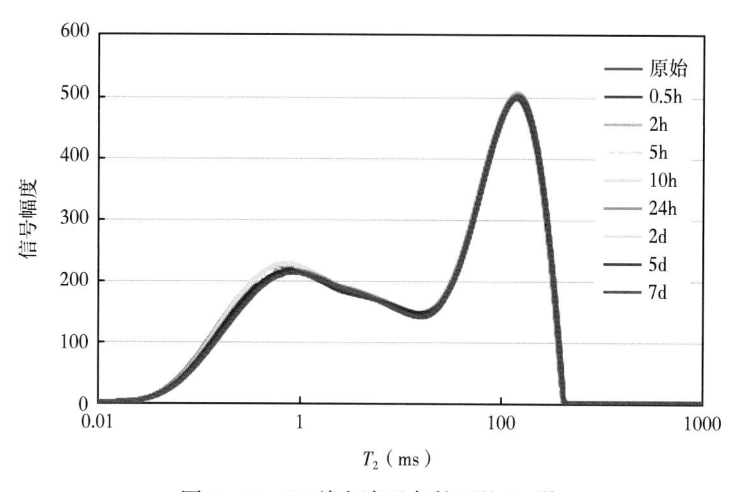

图 3-60　R6 单向渗吸条件下的 T_2 谱

（图 3-61）颜色的变化并不能反映岩心内所有的油，只能反映出弛豫时间大于 6ms 以上的那部分，因此可以确认仅端面交换的效率是极低的，并且岩心致密，渗透率小，品质指数低，渗流阻力大，只在一个端面的渗吸表面小，因此渗吸采出程度低。

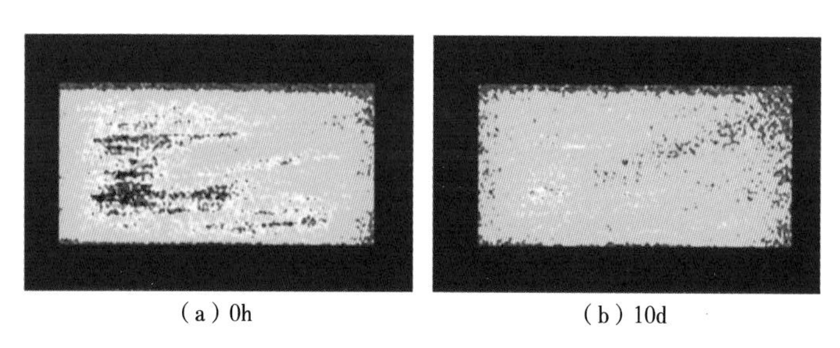

（a）0h　　（b）10d

图 3-61　R6 单向渗吸条件下的成像图（采出程度为 6.7%）

四、主要认识

（1）从整体看，致密储层的渗吸采出程度与储层品质指数$\sqrt{K/\phi}$成正相关关系，与储层的渗透率之间的相关性比较差，这说明致密岩心渗透率仅是综合衡量岩心内部孔隙结构的指标之一，与其渗吸效果并无必然联系。

（2）静态渗吸流动规律：前期润湿相流体首先进入小孔道，非润湿相流体从大孔隙中流出，大孔道中流体饱和度几乎不发生变化；随着时间推移，润湿相流体逐渐进入较大孔道。

（3）致密岩心静态渗吸采出程度与岩心长度成负相关关系，即岩心长度越短，静态渗吸采出程度越高，静态渗吸初期采出程度增加速度越快，渗吸达到平衡时间也越短。这说明，致密储层中裂缝发育越完善，岩层内细小裂缝、短裂缝越多，越有利于致密储层发生静态渗吸作用。

（4）对比都是用5号白油饱和的长度组2cm和黏度组，可以发现渗吸的效率和孔隙结构相关性很强。

（5）单向渗吸由于渗吸表面积较小，导致效率是较低。

第四章 体积压裂和注水吞吐技术

第一节 体积压裂可行性评价

通过压裂的方式对储层实施改造，在形成一条或者多条主裂缝的同时，通过分段多簇射孔、高排量、大液量、低黏液体，以及转向材料及技术的应用，实现对天然裂缝、岩石层理的沟通，以及在主裂缝的侧向强制形成次生裂缝，并在次生裂缝上继续分支形成二级次生裂缝，依此类推。让主裂缝与多级次生裂缝交织形成裂缝网络系统，将可以进行渗流的有效储集体“打碎”，使裂缝壁面与储层基质的接触面积最大，使得油气从任意的基质方向裂缝的渗流距离最短，极大地提高储层整体渗透率，实现对储层在长、宽、高三维方向的全面改造。该技术不仅可以大幅度提高单井产量，还能够降低储层有效动用下限，最大限度提高储层动用率和采收率。

近年来，随着国内外油气勘探程度的不断深化，储层物性越来越差，压裂改造在油气田勘探与开发中的作用更加显著。由于页岩气和致密油气等非常规领域压裂改造技术和理念的进步与革新，体积压裂技术成为这类储层的主流改造技术，可以说体积压裂是低—特低渗透率储层经济开发的关键，然而是否所有的储层都能通过大规模的体积压裂施工实现大范围的体积改造是目前研究人员首先需要面临的问题。研究表明，并非所有储层都能实现大液量下人们所期望的大范围体积改造的目的。对于体积压裂改造，人们期望裂缝形成更为复杂的裂缝网络，而并非形成传统的双翼裂缝（图 4-1）。

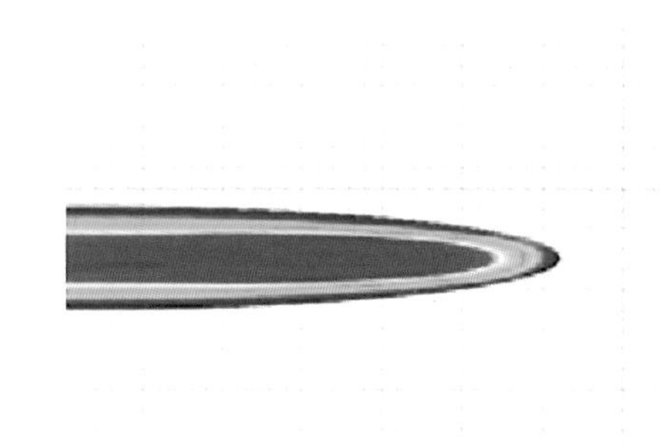

（a）传统裂缝

（b）复杂裂缝

图 4-1 传统裂缝与复杂裂缝对比示意图

以往大量的研究表明，非常规低渗透油气藏基质普遍具有低孔隙度、特低渗透率等特征，比表面积大，微观孔喉结构复杂多变，储集空间类型与渗流机理更加复杂、孔喉细小，各种物理吸附作用强，储层对外来液体的伤害更加敏感，远高于常规储层，因此大的规模改造如果设计不当，储层改造可能与设计实现目标相违背，造成大量伤害的同时，还造成成本的不必要浪费，因此必须对储层进行体积改造的适应性分析。

一、实现体积压裂的储层条件

以形成复杂裂缝网络为目标的“体积压裂”，其能否形成复杂裂缝网络的影响因素取决于储层自身的特性和工程参数两个方面。从工艺上来说，影响裂缝网络形成的主要因素是施工排量、施工规模和液体黏度等方面；而对于储层自身而言，能否形成复杂裂缝网络则主要取决于储层岩石脆性条件、天然裂缝发育程度、储层水平应力差。

（一）储层脆性特征

北美页岩压裂实践经验表明，岩石脆性越高，压裂越易形成复杂缝网，随着脆性的降低，压裂裂缝趋近于对称的两翼裂缝因。复杂裂缝网络的形成多是由于裂缝面的剪切移动错位作用，岩石在外力作用下破裂并产生滑动位移而形成剪切缝，同时岩层表面形成不规则或凹凸不平的几何形状，具有自我支撑特性的裂缝（图4-2）。岩石中的石英、长石等脆性矿物成分含量越高，越易发生剪切滑移；反之，则不容易发生剪切滑移，难以形成复杂缝网。

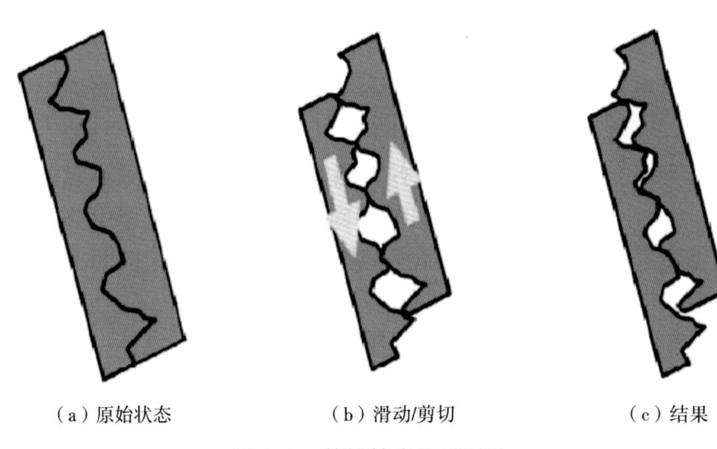

（a）原始状态　（b）滑动/剪切　（c）结果

图4-2　剪切扩张机理图示

（二）储层天然裂缝发育程度

大量的研究表明，天然裂缝发育程度直接影响水力裂缝的形态，是实现储层体积改造的前提条件。天然裂缝存在与否、方位、产状及数量直接影响到体积改造裂缝网络的形成，而天然裂缝中是否含有充填物对形成复杂缝网起关键作用。

在压裂过程中由于人工裂缝的路径会遵循最小用功的原理，裂缝在延伸过程中将优选阻力最小的路径进行扩展，也就是通常所说的裂缝方向沿最大水平井主应力方向（或是垂直于最小主应力方向）。而对于天然裂缝发育的储层，水力裂缝在延伸过程中遇到天然裂缝时，人工裂缝将会连接、激活或是扩张天然裂缝，形成局部裂缝沿天然裂缝扩张，而整体裂缝沿最大主应力方向延伸，从而增加形成复杂裂缝网络的可能性（图4-3）。

（三）水平应力差

地层原始应力场特别是初始水平两向主应力差值控制着体积裂缝的形成，当水平最大主应力与水平最小主应力差值较小或相等时，容易形成体积裂缝；反之，不易形成体积裂缝。通过采取数值模拟结果表明：地应力差值大小影响缝网的复杂程度；地应力差值越小，越易形成复杂缝网裂缝，地应力越大，越易形成规则裂缝。图4-4是模拟的不同应力

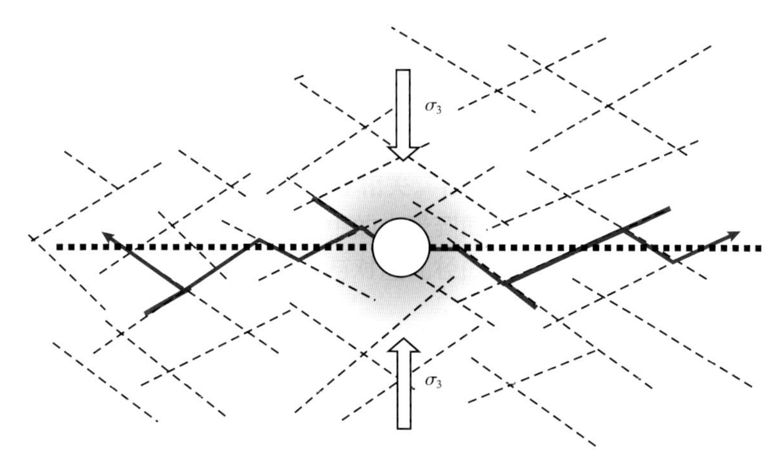

图 4-3　岩石中天然裂缝系统与人工裂缝走向

差值条件下裂缝的起裂形态，可以看出，当应力差值为 0 时，裂缝将沿井筒四周多个方向起裂，而当应力差值达到 5MPa 后，裂缝只沿着一个方向起裂。

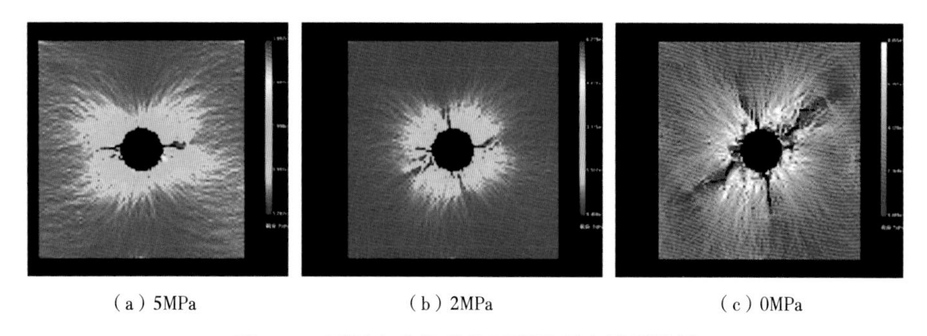

（a）5MPa　（b）2MPa　（c）0MPa

图 4-4　不同应力差条件下裂缝形态模拟结果

研究表明：在人工裂缝和天然裂缝夹角较小的情况下（小于 30°），无论水平应力差多大，天然裂缝都会张开，改变原有的延伸路径，为形成缝网创造条件；当人工裂缝与天然裂缝夹角为中等角度（30°~60°），在水平低应力差情况下，天然裂缝会张开，具有形成缝网的条件，而在水平高应力差情况下天然裂缝不会张开，主裂缝直接穿过天然裂缝向前延伸，不具备形成缝网的条件；当人工裂缝与天然裂缝夹角较大时（大于 60°），无论水平应力差多大，天然裂缝都不会张开，主裂缝直接穿过天然裂缝向前延伸，不具备形成缝网的条件，如图 4-5 所示。

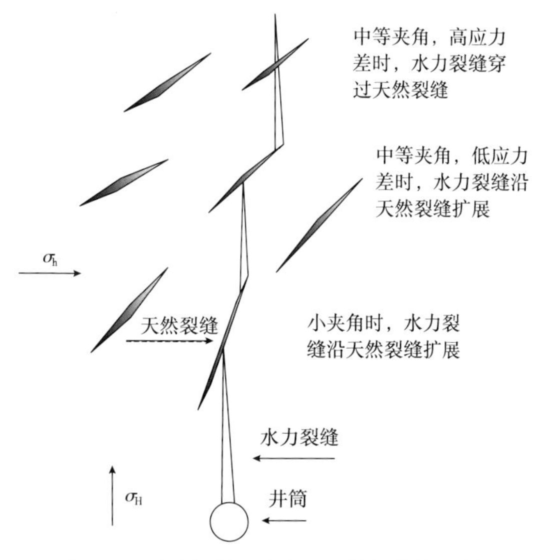

图 4-5　压裂裂缝延伸与天然裂缝关系图

二、目标区块体积压裂实现的物质基础

（一）岩石脆性特征研究

脆性是页岩储层一个显著的特征，是表征形成复杂缝网难易程度的关键参数，是实现体积改造的物质基础。目前学术界尚无脆性的统一概念及直接测量方法。Sonderseld 等研究页岩气储层的可压性时，根据页岩矿物组分等提出了评价的脆性指数方法，见式（4-1）。该方法主要通过全岩分析计算脆性矿物的比例，但在压裂选井选层时，在许多时候由于岩心资料的不齐全或者全岩分析误差的存在，可能使得评价的指标过于单一。

$$\text{脆性指数}=\frac{\text{石英成分（+碳酸盐岩成分）}}{\text{石英成分+碳酸盐岩成分+黏土成分}} \tag{4-1}$$

目前关于岩石脆性指数的计算方法也较多，归纳起来，表征页岩储层脆性主要有 5 种方法，分别是基于硬度或坚固度、基于强度比值、基于全应力—应变特征、基于弹性力学参数以及基于岩石矿物组合。金效春、李庆辉等对现有岩石脆性衡量方法统计发现共计 20 多种脆性指数定义（表 4-1）。

表 4-1　现有脆性指数定义汇总

原理分类	公式	变量说明	获取方法
基于硬度或坚固度	$B_{11}=(H_m-H)/K$ $B_{12}=H/K_{1c}$ $B_{13}=HE/K_{1c}^2$ $B_{14}=q\sigma_c$	H——硬度，GPa；H_m——微观硬度；GPa；K——体积模量，GPa；K_{1c}——断裂韧性，MPa·$m^{1/2}$；E——静态杨氏模量，GPa；q——直径小于 0.6mm 碎屑百分比，%	硬度测试 硬度和韧性测试 陶制材料测试 普氏冲击实验
	$B_{15}=c/d$ $B_{16}=t_{dec}/t_{inc}$ $B_{17}=F_{max}/P$	c——裂纹长度，μm；d——韦氏测试特定载荷下贯入尺寸，μm；t_{dec}——平均荷载减小时间，s；t_{inc}——平均荷载增加时间，s；F_{max}——试件所受最大载荷，kN；P——相应的贯入深度，mm	贯入实验
基于强度比值	$B_{18}=\sigma_c/\sigma_t$ $B_{19}=(\sigma_c-\sigma_t)/(\sigma_c+\sigma_t)$ $B_{110}=\sigma_c\cdot\sigma_t/2$ $B_{111}=(\sigma_c\cdot\sigma_t)^{0.5}/2$	σ_c——抗压强度，MPa；σ_t——抗拉强度，MPa	单轴抗压测试和巴西劈裂实验
基于全应力—应变特征	$B_{112}=(\tau_p-\tau_r)/\tau_p$ $B_{113}=\varepsilon_r/\varepsilon_t$ $B_{114}=W_r/W_t$ $B_{115}=\varepsilon_{ux}\cdot 100\%$ $B_{116}=(\varepsilon_p-\varepsilon_r)/\varepsilon_p$	τ_p——剪切强度峰值，MPa；τ_r——残余剪切强度，MPa；ε_r——可恢复应变，无量纲；ε_t——总应变，无量纲；W_r——可恢复应变能，J；W_t——总应变能，J；ε_{ux}——不可恢复轴向应变，无量纲；ε_p——应变峰值，无量纲；ε_r——残余应变，无量纲	应力—应变测试
	$B_{117}=\pi/4+\psi 2$ $B_{118}=\sin\psi$	ψ——内摩擦角，rad	应力—应变测试或声波测井数据
基于弹性力学参数	$B_{119}=(E_n+\nu_n)/2$	E_n——归一化杨氏模量，无量纲；ν_n——归一化泊松比，无量纲	密度和声波测井数据
基于岩石矿物组分	$B_{120}=W_{qtz}/W_{Tot}$ $B_{121}=(W_{qtz}+W_{dol})/W_{Tot}$ $B_{122}=(W_{QFM}+W_{car})/W_{Tot}$	W_{qtz}——石英含量；W_{Tot}——矿物总量；W_{dol}——白云石含量；W_{QFM}——硅酸盐岩含量；W_{Tot}——脆性碳酸盐岩含量	实验室 XRD 测试或矿物含量测井

注：B_{1i}为不同定义的脆性指数。

当没有岩心实验资料时，就需要用到测井资料进行评价和分析。岩石在一定条件下可视为弹性体，在重力和应力作用下会发生变形，为此，Evans 等把变形程度小于 1%定义为脆性，大于 5%定义为延性，其他为脆性—延性过渡。由于岩石的弹性模量为应力和应变之比，而泊松比为岩石横向应变与纵向应变的比值，因此有学者提出用归一化的弹性模量和泊松比来评价脆性指数，但是通过测井曲线来计算杨氏模量和泊松比，再利用岩石力学参数计算脆性指数会存在误差和不确定性。

$$B=\left(\frac{E-1}{8-1}+\frac{\nu-0.4}{0.15-0.4}\right)/2\times100 \tag{4-2}$$

式中 B——脆性指数；

E——弹性模量，GPa；

ν——泊松比。

而从定义来看，脆性的英文名称为 Brittleness，是指材料在外力作用下（如拉伸、冲击等）仅产生很小的变形即断裂破坏的性质。其表征的性质有两个方面：（1）物体受拉力或冲击时容易破碎的性质；（2）材料在断裂前未觉察到的塑性变形的性质。

可见，脆度是与破坏相关的参数。在以上评价基础上，通过岩心实验与理论研究，提出适用于评价岩心脆性特征的脆度综合评价指数介的概念，丰富了脆性识别原则，对于判断储层是否适合体积改造具有重要的指导意义，提高体积改造的适应性和科学性。

$$I_B=I_{B1}+I_{B2} \tag{4-3}$$

式中 I_{B1}——描述破坏程度，即残余强度与峰值强度差异，差异越大表明越脆；

I_{B2}——描述抗变形能力，稳定残余强度与弹性峰值强度形变差异，差异越小表明越脆。

$$I_{B1}=\frac{\tau_p-\tau_r}{\tau_p} \tag{4-4}$$

式中 τ_p——峰值强度，MPa；

τ_r——残余强度，MPa。

$$I_{B2}=\frac{\varepsilon_e}{\varepsilon_p} \tag{4-5}$$

式中 ε_e——可恢复应变，无量纲；

ε_p——总应变，无量纲。

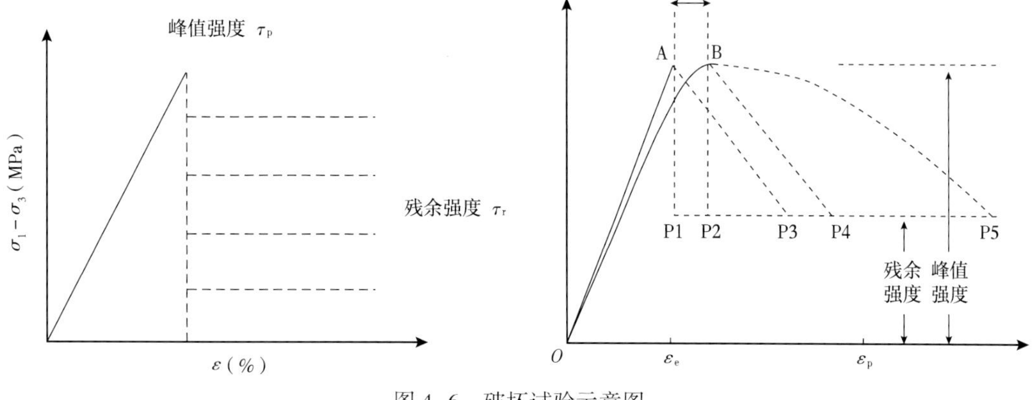

图 4-6 破坏试验示意图

因此针对该情况，从“脆”的定义出发，提出采用全应力应变曲线评价岩石脆度的方法，即采用峰值强度与残余强度差值的方法评价岩石的脆度，即残余强度与峰值强度差异越大表明越脆。

储层岩心脆度实验结果见表 4-2，与全应力应变曲线测试结果如图 4-7 所示，单轴压缩后岩石破坏如图 4-8 所示，分析可知，储层岩石脆度较高，具备体积压裂形成复杂裂缝的储层条件。

表 4-2 储层岩石脆度评价结果比较表

井号	峰值强度（MPa）	残余强度（MPa）	脆度 1	杨氏模量（10^4MPa）	泊松比	脆度 2
M56	33.58	17.90	0.47	3.08	0.22	0.51
M55	52.30	36.10	0.31	3.05	0.21	0.54
L1	47.25	21.89	0.54	2.52	0.23	0.46

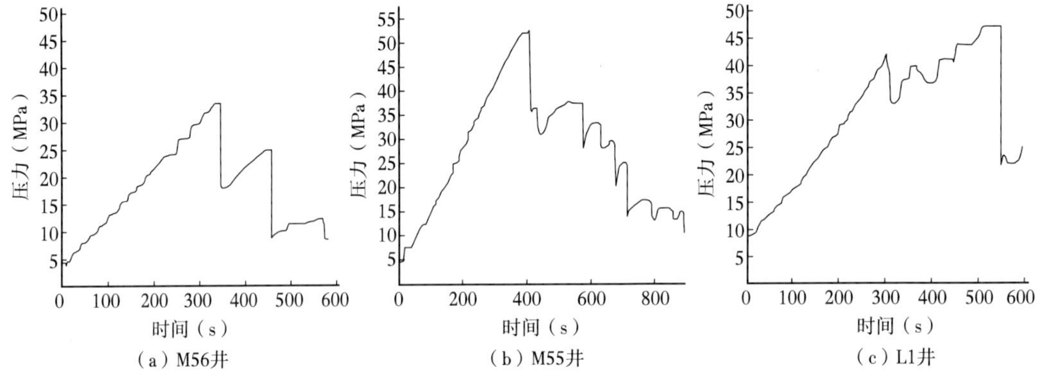

图 4-7 全应力应变曲线测试结果图

（a）M56井 （b）M55井 （c）L1井

图 4-8 单轴压缩后岩石破坏形态图

（二）储层天然裂缝发育情况

对目标区块成像测井以及取心资料表明（图 4-9、图 4-10），储层含油性较好，且天然裂缝发育，压裂过程中容易形成复杂“缝网”系统。

从 M56 井二叠系条湖组（P_2t）成像测井图像图 4-10 可以看到，储层天然裂缝较为发育，深度 2130~2162m 处共发育低角度裂缝和斜交缝 20 条，以低角度缝为主。

图 4-9　二叠系条湖组储层岩心观察情况

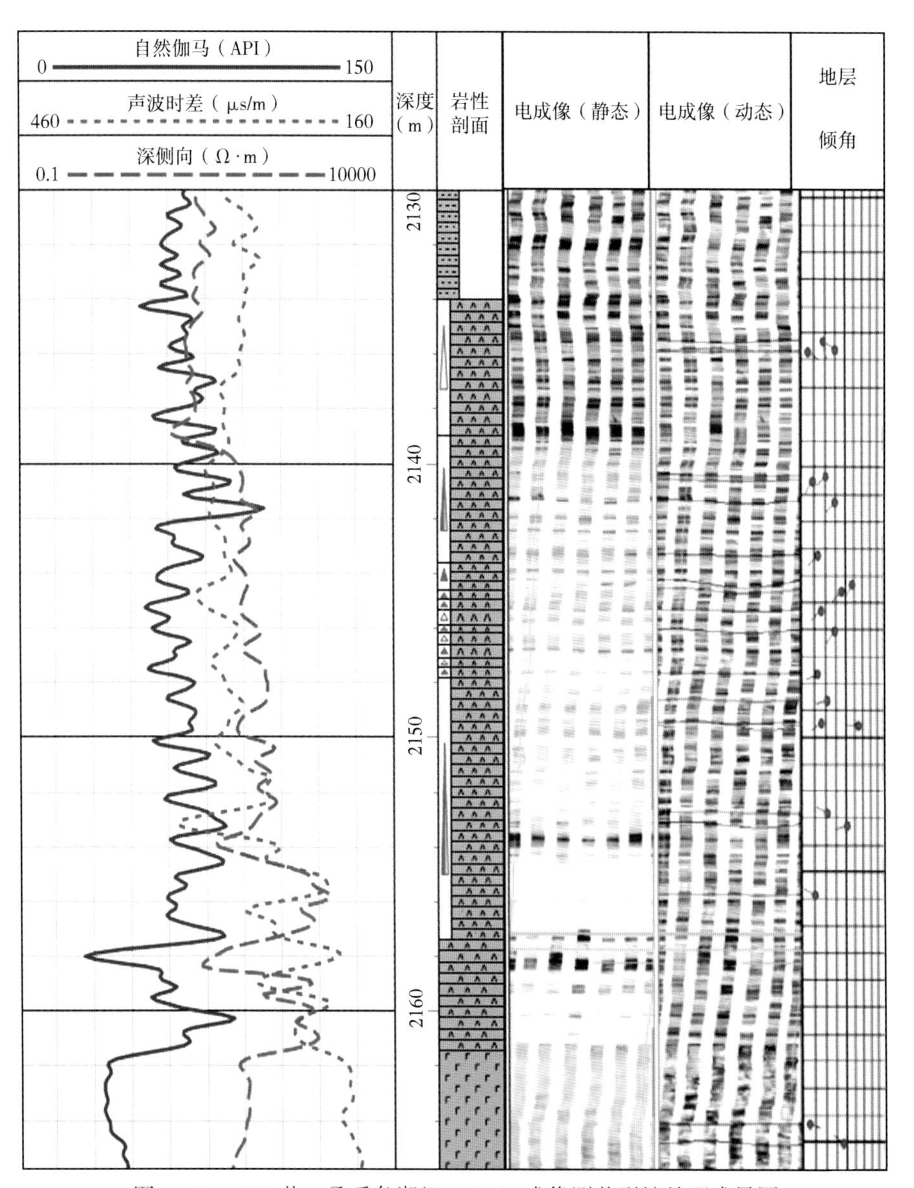

图 4-10　M56 井二叠系条湖组（P_2t）成像测井裂缝处理成果图

（三）两向水平应力差

根据目标区块岩石三轴应力实验测试结果，测得研究区块岩石两向水平应力差分布在5.7~8.8MPa之间，计算水平应力差异系数为0.137~0.201（表4-3），岩石两向水平应力差异系数较低，在低应力差条件下，水力裂缝容易发生转向，利于沟通更多的天然裂缝，从而使裂缝更加复杂化。

表4-3 区块岩石机械力学参数表

井号	层段		声波时差		岩石物理参数						
	顶深（m）	底深（m）	DTC（μs/m）	DTS（μs/m）	孔隙度（%）	杨氏模量（MPa）	破裂压力（MPa）	最大主应力（MPa）	最小主应力（MPa）	两向应力差（MPa）	两向应力差异系数
M55	2240.28	2260.16	281.78	554.87	0.32	20624.99	58.1	49.3	42.9	6.4	0.149
	2278.00	2288.00	266.19	438.27	0.21	30539.35	44.0	42.2	35.9	6.3	0.175
	2290.00	2318.68	197.42	453.54	0.38	35793.43	69.1	56.8	48.2	8.6	0.178
M56	2101.43	2123.51	312.11	633.97	0.34	14813.92	48.3	47.4	41.7	5.7	0.137
	2143.00	2151.00	256.52	428.07	0.22	30715.38	34.2	40.3	34.2	6.1	0.178
	2161.61	2180.12	195.43	410.66	0.35	40840.94	53.7	49.8	42.1	7.7	0.183
L1	2537.08	2545.86	261.03	489.61	0.30	25793.94	60.6	53.2	45.9	7.3	0.159
	2546.00	2558.00	278.05	467.13	0.23	25151.39	51.5	48.2	41.3	6.9	0.167
	2567.48	2582.16	195.06	363.69	0.30	50089.17	57.4	52.6	43.8	8.8	0.201

表4-4为三塘湖盆地致密油与巴肯（Bakken）致密油藏特征对比，相比之下，三塘湖M56区块致密油储集层脆性特点、天然裂缝发育情况与北美巴肯致密油藏相近，但TOC含量和原油流度比较巴肯致密油藏差。

表4-4 三塘湖致密油藏与巴肯致密油藏特征对比

油藏	沉积环境	埋藏深度（m）	油层厚度（m）	脆性指数（GPa）	天然裂缝	地层压力梯度（MPa/100m）	渗透率（mD）	孔隙度（%）	TOC（%）	流度比（mD/mPa·s）
三塘湖	陆相	2000~3000	17~20	31~54	发育	0.73~1.01	0.1~0.5	14~22	0.97~2.62	0.0001~0.0017
巴肯	海相	2500~3200	5~15	45~55	发育	1.2~1.5	0.04~0.5	10~15	8~10	0.02~0.67

第二节 水平井布井方位及井网优化

由于水平井具有泄油面积大、单井产量高的特点，对于非常规油气藏而言，通过采取水平井多段压裂可以使得形成的压裂裂缝与储层有更大的接触面积。以$5\frac{1}{2}$in井眼为例（图4-11），经5条长50m的裂缝改造的600m水平段所形成的裂缝与储层的接触面积是未经改造的直井接触面积的915倍，是未经改造水平井接触面积的45.7倍，因此水平井在提高单井产量及采收率方面较直井有明显的优势。近年来，随着水平井钻井技术的不断提高，水平井在国内外各大油田得到了广泛的应用，且应用井数呈逐年增加的趋势，而设计最佳的水平段井眼方位及水平段长度是决定水平井开发效果的关键指标。

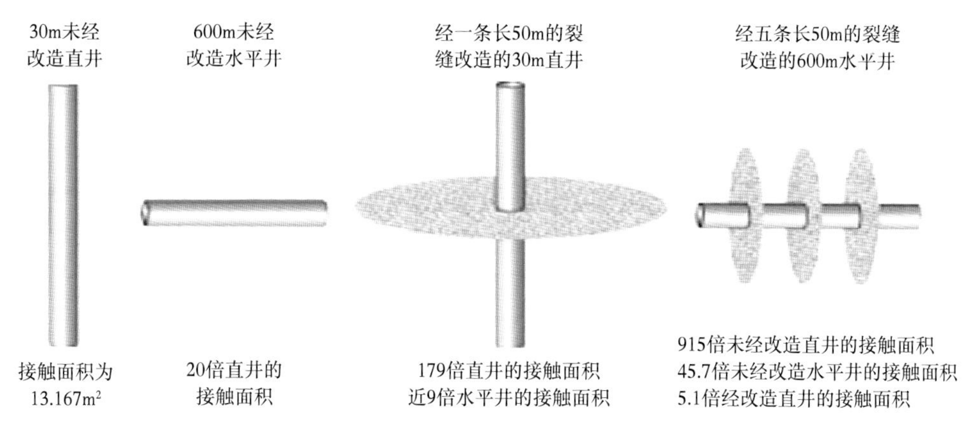

图 4-11　直井与水平井改造前后与储层接触面积对比

一、水平井开发层系划分

针对开发层系的划分遵循以下原则：

（1）同一层系内流体性质、油层的构造形态、油水系统、温度系统、压力系统无较大差异；

（2）一个独立的开发层系应具备一定的地质储量，有一定的产能，以保证油藏开发具有较好的经济效益；

（3）各层系间必须具备良好的隔层，以便在人工补充能量开发的情况下，确保层系间不发生窜通和干扰；

（4）一套层系内的渗透率级差不宜超过 3~4 倍；

（5）各层系井段长度及含油层数适中。

对于条湖组致密油，具有以下的储层特征：

（1）储层岩性为单一的凝灰岩；

（2）储层物性比较稳定，无明显非均质性；

（3）油层厚度一般在 15m 左右；

（4）油藏具有相同的温压系统，地层温度为 65~85℃ ，压力系数为 1. 12~1. 16；

（5）油藏内流体性质相近。

综上所述，考虑水平井分段多簇体积压裂技术，采用一套层系开发。

二、水平井布井方位优化

在水力压裂过程中，一般认为裂缝将会以两种延伸形态存在，即通常意义上所谓的垂直裂缝和水平井裂缝，而水力裂缝将会以何种形态延伸则取决于所改造的储层的应力情况。当上覆岩石应力小于水平井应力时，水力裂缝将会形成水平裂缝（图 4-12）；当上覆岩石应力大于水平应力时，水力裂缝将会形成垂直裂缝。

而对于垂直裂缝，同样也存在两种情况，根据最小主应力原理，裂缝总是产生于强度最弱、阻力最小的方向，即岩石破裂面垂直于最小主应力轴方向。如图 4-13 所示，当 σ_z 最大时，将形成垂直裂缝。若 $\sigma_z>\sigma_x>\sigma_y$，裂缝面垂直于 σ_y 方向；若 $\sigma_z>\sigma_y>\sigma_x$，裂缝面

垂直于 σ_x 方向。

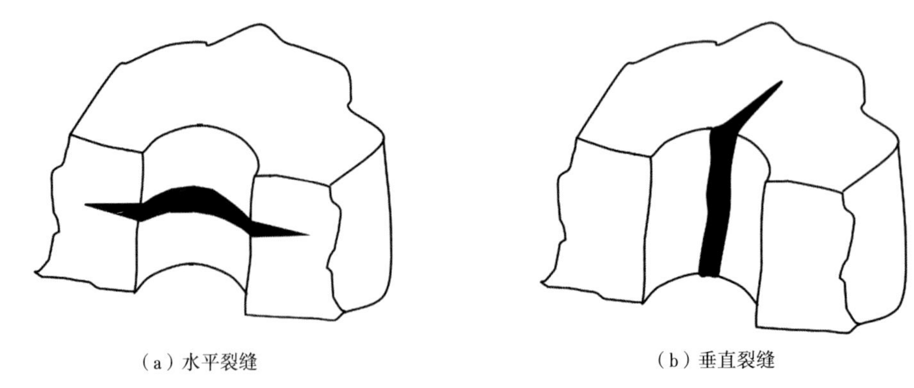

（a）水平裂缝　　（b）垂直裂缝

图 4-12　压裂裂缝形态示意图

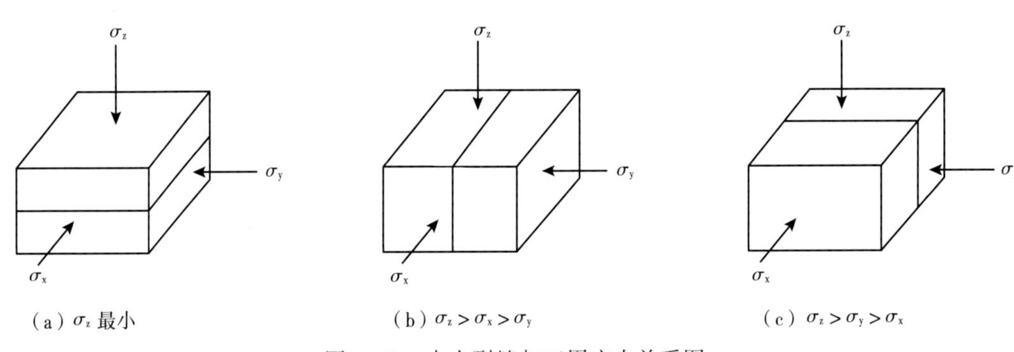

（a）σ_z 最小　　（b）$\sigma_z > \sigma_x > \sigma_y$　　（c）$\sigma_z > \sigma_y > \sigma_x$

图 4-13　水力裂缝与三周应力关系图

对于水平井而言，水平井钻井井眼方位对水力压裂的改造效果能够起到决定的影响。

由于压裂裂缝破裂面总是垂直于最小主应力轴方向，当水平井井眼方向沿着最小主应力轴方向时，压裂裂缝将垂直于水平井井眼方向而形成“横切缝”，在实施分段压裂时，将形成多个相互独立的横切裂缝，有利于扩大在水平井井眼方向上储层的改造力度；而当水平井井眼方向沿着最大主应力轴方向时，压裂裂缝将与水平井井眼方向一致而形成“纵向缝”，裂缝大部分只能沿着水平井井眼方向延伸，三维层面上对储层的改造体积减弱（图 4-14）。

因此，为了实现体积压裂改造，要求在三维层面上尽可能实现对储层改造体积的最大化，对于水平井而言，水力裂缝与井筒方向形成“横切缝”无疑将是最理想的结果，也是业界追求的目标（图 4-15）。

为了达到对储层改造体积的最大化，要求水平井井眼方向尽可能地沿着最小主应力方向，因此开展地应力方向研究对人工裂缝认识、井网设计和水平井井眼轨迹设计都是非常重要的。一般来讲，可以通过井眼椭圆度、地层倾角测井、偶极阵列声波各向异性等资料获得地应力的方位；另外，可通过微地震波监测人工裂缝延伸方向也可以确定最大主应力方向。

为了弄清目标区块准确的地应力特征，对目标区块前期压裂井开展了井下微地震裂缝监测。监测结果表明，压裂主裂缝延伸方向为北东向 40°～60°，区块最大主应力方向为西偏南方向。因此在水平井布井方位以西偏北方向 40°～50°的夹角布井。

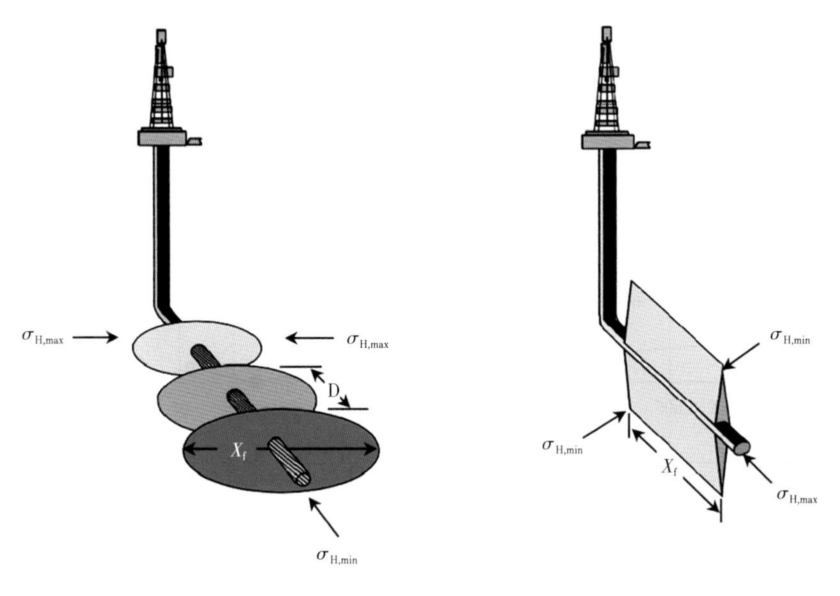

（a）横切缝　　（b）纵向缝

图 4-14　井眼方位与水力裂缝关系图

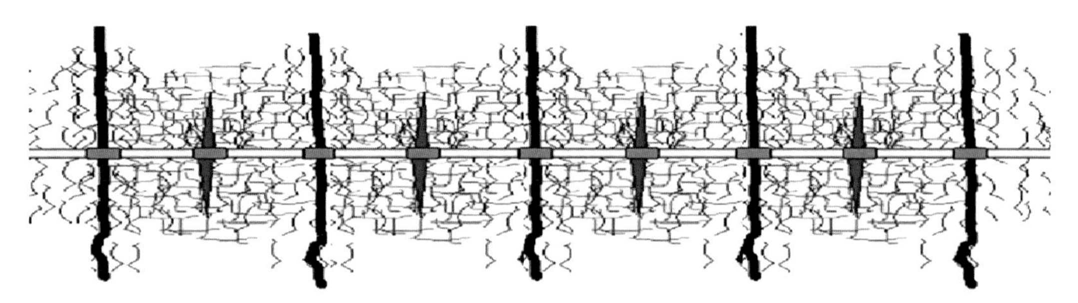

图 4-15　横向体积改造裂缝示意图

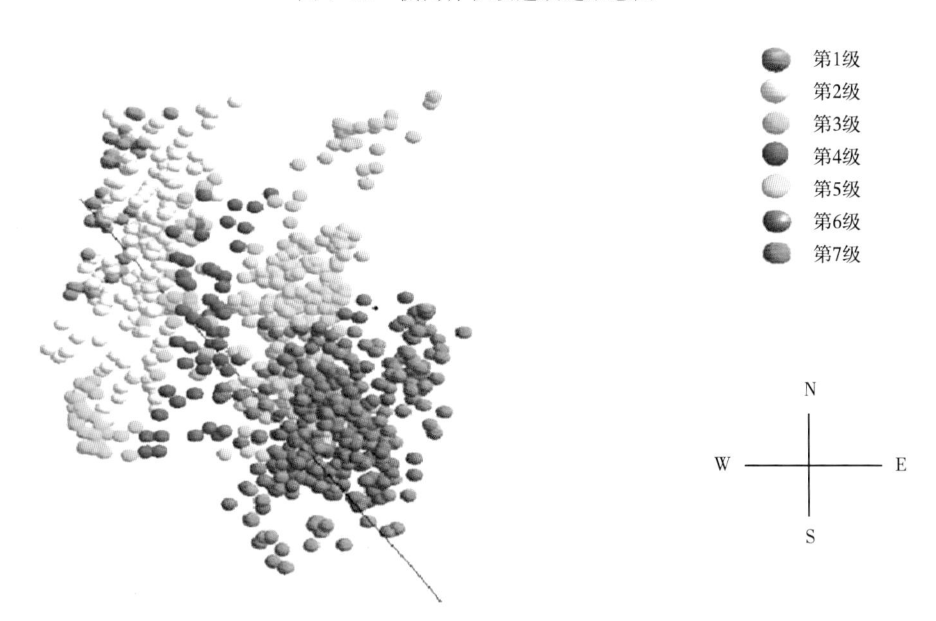

图 4-16　M57 井井下微地震裂缝监测结果图

表 4-5　区块裂缝监测结果

序号	井号	方位	缝长（m）	条带宽度（m）
1	M57H	北东 10°~39°	264~557	62~222
2	M56-5H	北东 52°~71°	194~429	41~106
3	L101H	北东 20°~45°	200~395	83~138

三、水平井井网数值模拟优化

（一）模型建立

根据条湖组致密油藏相关数据，利用 Eclipse 油藏数值模拟软件建立机理模型。模型大小为 1600m×1600m×16m，网格取 80×80×8（X×Y×Z），X、Y、Z 方向的步长分别为 20m、20m、2m；构造顶深 2194m，如图 4-17（a）所示；设计条件是水平井定液 20m^3/d 生产，不考虑水平井井筒内摩擦损失，保持注采压力 20MPa 恒定。建模用到的一些油藏物性参数、流体参数等见表 4-6。

表 4-6　机理模型油藏、流体参数表

参数	数值	参数	数值
地面原油密度（g/cm^3）	0.9094	直井油水井直径（m）	0.1
油藏中深（m）	2203	原油体积系数	1.112
油藏中部压力（MPa）	25	裂缝宽度（cm）	2
油层厚度（m）	16	裂缝导流能力（D·cm）	35
孔隙度（%）	18.9	地层初始含油饱和度（%）	65
水平/垂直渗透率（mD）	0.4/0.2	岩石压缩系数（10^{-4}MPa^{-1}）	5.35
地层原油黏度（mPa·s）	70.0	水压缩系数（10^{-4}MPa^{-1}）	4
地层水黏度（mPa·s）	0.5	油压缩系数（10^{-4}MPa^{-1}）	15.49
平均原始地层压力（MPa）	12.75		

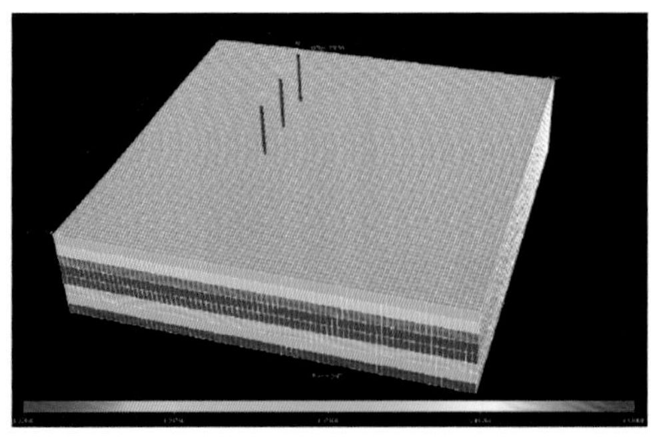

（a）机理模型　　（b）水平段描述

图 4-17　机理模型及水平段描述示意图

模型中的水平段设计采用多段井模型进行描述，它可以将井筒分为不同的段，每一段都可以有不同的流体压力、流量，这样对井筒内的流体可以进行详细描述，如图 4-17（b）所示。水平井压裂裂缝采用近井模型来进行描述如图 4-18 所示。

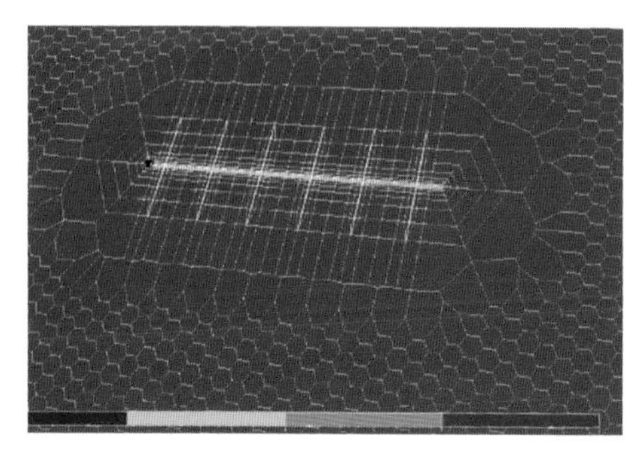

（a）水平井近井模型

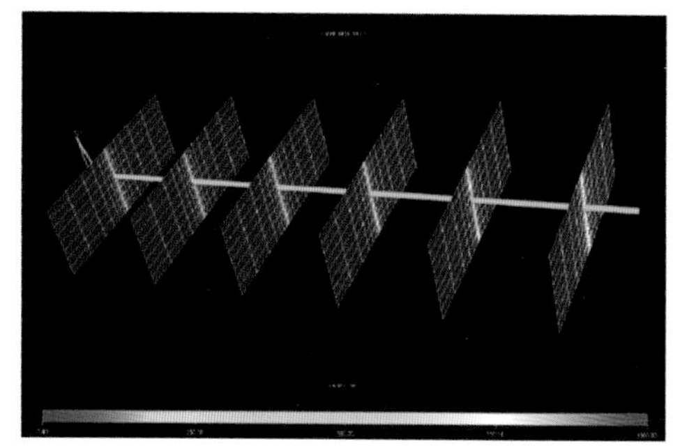

（b）水平井近井模型裂缝示意图

图 4-18 水平井近井模型及模型裂缝示意图

（二）水平井井网形式优化

针对目标区块进行水平井井网设计，在水平段长度保持一致的条件下，分别对水平井正对井网、水平井矩形五点法井网、水平井交错五点法井三种布井方式进行数值模拟，按照单井有效采出程度最大化进行优化，模拟生产 20 年，评价井网形式对产能的影响。

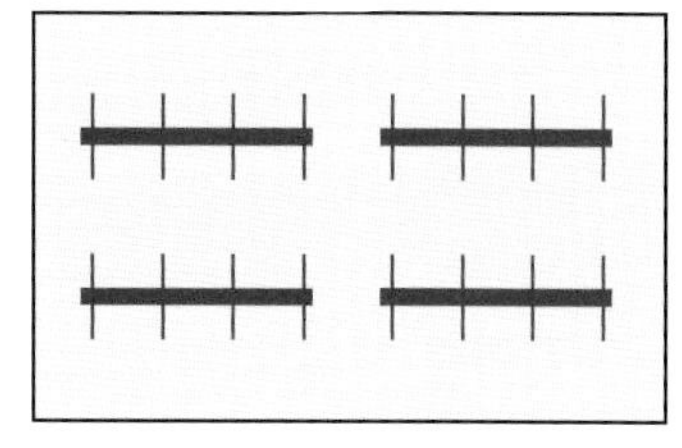

（a）水平井正对井网

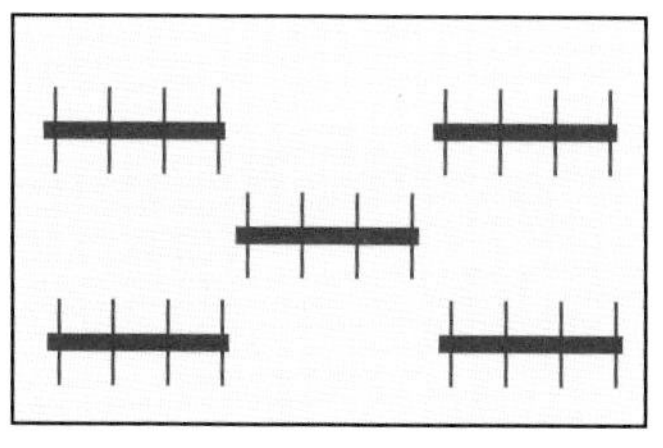

（b）水平井矩形五点法井网

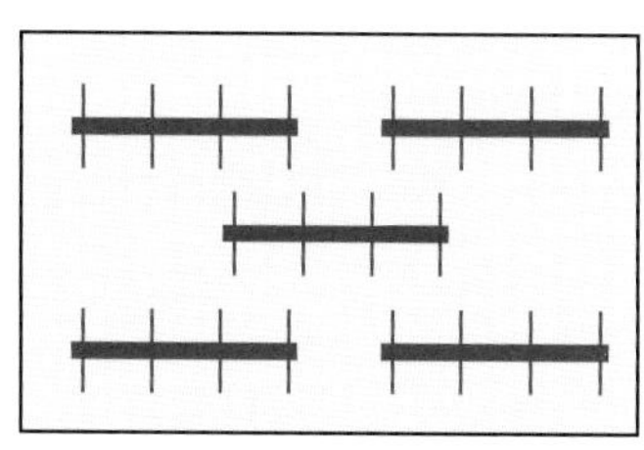

（c）水平井交错五点法井网

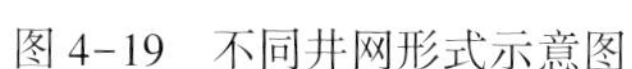

图 4-19 不同井网形式示意图

图 4-20 是模拟出的最终结果，可以看出，在生产前 4 年三种方式对产能的影响相差不大，但是 4 年以后，井网 a 相对于井网 b 和井网 c 的采出程度明显减少；当继续生产至 12 年以后，井网 b 的采出程度高于井 c。根据优化结果，优选选择井网 b 方式进行布井。

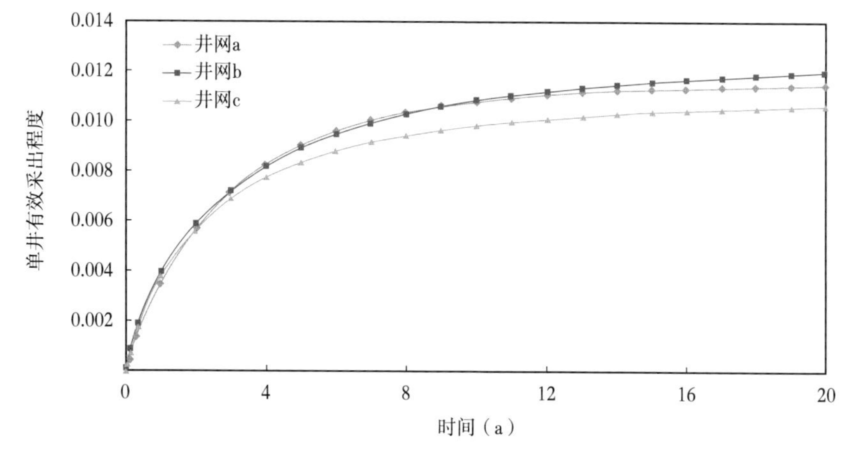

图 4-20 单井有效开采程度与采出时间关系曲线

（三）水平段长度优化

一般认为水平段越长，油气产量会越高，但是由于水平井属于特殊工艺井，随着水平段长度的增加，其钻井成本也不断增加，同时还会带来更大的钻井风险和地质的不确定性。因此，水平段长度设计是提高水平井开发效果和效益首先要解决的问题。国内外优化水平井水平段长度的方法主要有4种：以钻井技术为优化目标的定性方法、以产能为优化目标的解析方法、以经济效益为优化目标的解析方法、综合考虑产能和经济效益的解析方法。

以单井产能为优化目标，通过对目标区块开展数值模拟，模拟结果如图4-21所示，随着水平井长度的不断增加，单井产油量呈上升的趋势，但是在考虑摩阻的情况下，当水平段长度增加至800m后，单井产油量增加的趋势明显变缓。而在此时水平井段长度的增加会导致钻井成本的增加，经济效益变差。因此，根据数值模拟结果，最终确定区块水平井最优长度为600~800m。

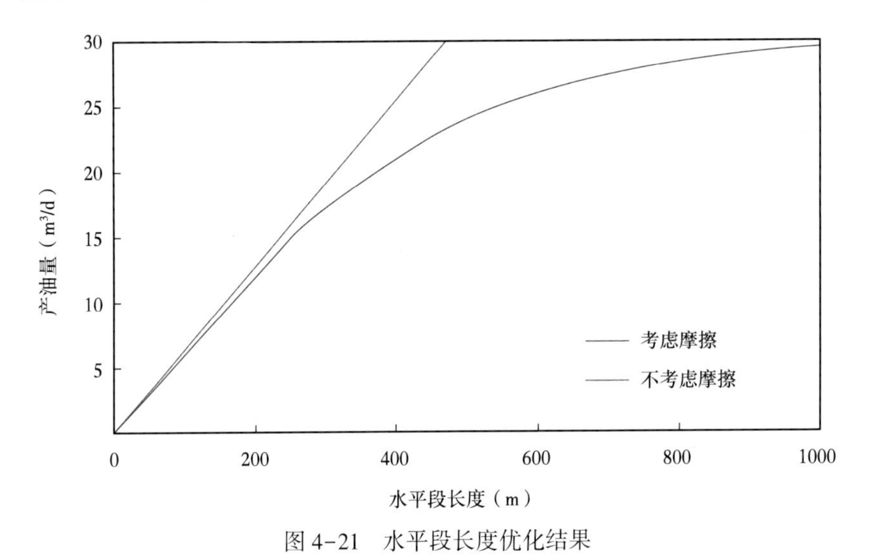

图4-21　水平段长度优化结果

（四）排距优化

在水平井矩形五点井网及水平段长800m的基础上，分别设计了5种不同的排距，分别为800m×300m、800m×350m、800m×400m、800m×450m及800m×500m进行模拟计算，保持注采平衡，注采压力恒定，水平井定液20m³/d生产及注水20m³/d，模拟结果见表4-7。井网排距越大，水井越远离储层改造区域，相同注采关系条件下注入水波及的裂缝区域的程度相对较小，水平井投产后受效程度差。而排距为400m时，采出程度高，同时含水上升较低，因此选取排距400m较为合理。

表4-7　不同排距研究方案结果

方案	井距（m）	排距（m）	含水率（%）	采出程度（%）
1	800	300	63.3	14.39
2		350	52.2	14.75
3		400	46.4	14.71
4		450	42.4	14.47
5		500	38.2	12.36

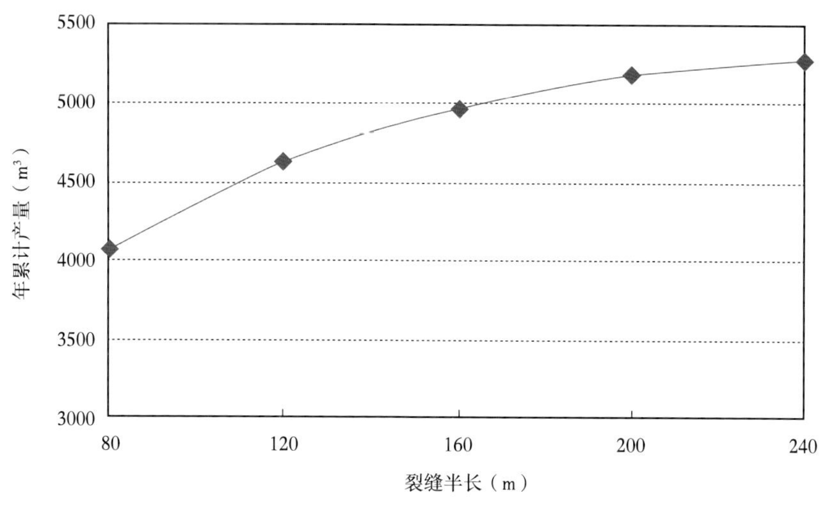

图 4-22 排距 400m 时累计产油量随裂缝半长变化

（五）裂缝条数优化

设定井网排距 400m，裂缝半长 200m，水平段长分别设为 500m、600m、700m、800m，通过设定不同裂缝条数进行数值模拟，得出水平段长 500~800m 时的累计产油量与裂缝条数关系，如图 4-23 所示，由图可以看出水平段长 500~800m 最优的裂缝条数分别为 8 条、9 条、11 条、12 条。

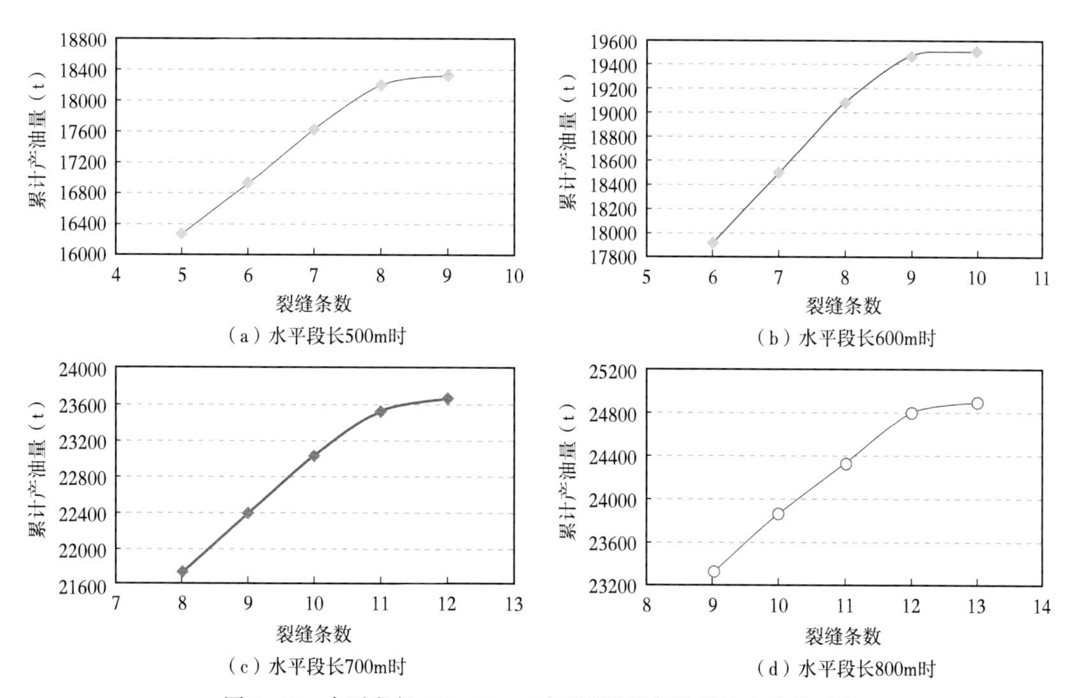

图 4-23 水平段长 500~800m 时不同裂缝条数累计产油量对比

综上，对于目标区块井网部署形成如下布井原则：

（1）水平井水平段方向为北西向 40°~50°，优化水平段长度 600~800m；

（2）水平井井距以两水平井首尾在主应力方向错开即可；

(3) 优化水平井排距 400m；

(4) 裂缝条数分别为 8 条、9 条、11 条、12 条。

(5) 为利于钻井轨迹控制，水平段尽可能部署在构造平缓地带。

M56 块水平井布井井网示意图如图 4-24 所示。

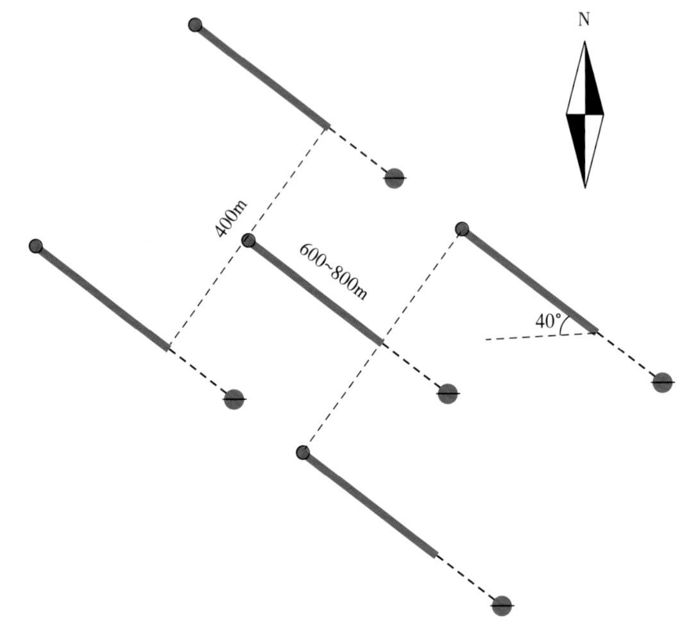

图 4-24 M56 块水平井布井井网示意图

第三节 体积压裂工艺技术优选及参数优化研究

一、分段压裂工艺选择

经过多年的技术发展，目前国内已经形成较为完善的能够适应各种不同完井条件下的水平井分段压裂工艺技术，主要包括 6 种水平井分段压裂工艺技术，分别为速钻桥塞分段压裂技术、水力喷射分段压裂技术、裸眼封隔器分段压裂技术、双封单卡分段压裂技术、固井滑套分段压裂技术、套内封隔器分段压裂技术，其中针对致密油藏的速钻桥塞分段压裂技术应用最为广泛，各种分段压裂工艺技术特点、适用范围及局限性见表 4-8。

表 4-8 国内水平井分段压裂工艺技术对比

压裂工艺技术	技术特点	适用范围		局限性
		完井方式	适用性	
速钻桥塞分段压裂技术	(1) 封隔可靠性高、分段数量不受限制； (2) 实现分簇射孔、大液量、大排量施工； (3) 采取自带通径的桥塞，压后可以直接投产生产； (4) 桥塞可快速钻除，易排出，可为后续生产和左右留下全通径井筒	套管	满足大液量、大排量施工	(1) 对套管和套管头承压能力要求较高； (2) 分段压裂施工间隔时间较长； (3) 动用设备多，费用高

续表

压裂工艺技术	技术特点	适用范围		局限性
		完井方式	适用性	
水力喷射分段压裂技术	(1) 工具简单、射孔和压裂一体化； (2) 有反洗通道，砂卡管柱概率小； (3) 一趟管柱可进行多段施工，施工效率高	套管、裸眼、筛管	油气井、特殊尺寸井	(1) 井口施工泵压高，排量受限； (2) 单个喷枪过砂量受限； (3) 施工井深受限
裸眼封隔器分段压裂技术	(1) 裸眼完井，减少对储层的伤害； (2) 不动管柱，地面投球打开滑套分压各段，施工效率高	裸眼、套管	应用广泛	(1) 裂缝起裂位置无法控制； (2) 工具一次下入，不能解封，无法进行二次作业
固井滑套分段压裂技术	(1) 不动管柱，地面投球打开滑套分压各段，施工效率高； (2) 喷砂口提供足够大的过流面积，减少孔眼摩阻； (3) 压后滑套芯子可钻可关，有利于二次作业	套管	满足大液量、大排量施工	(1) 对套管和套管头承压能力要求较高； (2) 各个压裂层段储层暴露少
双封单卡分段压裂技术	(1) 一趟管柱可进行多段施工； (2) 管柱具有反洗动能，可以满足高砂比施工； (3) 管柱组合简单、长度短，造斜段通过能力强，有可靠的防卡、解卡机构，安全性高； (4) 对于已经射孔的井，可以实现任意层段的选压	套管	主要应用于低压油井	(1) 需要拖动管柱完成分压，分段施工时间较长； (2) 对于多段施工，导压喷砂器的过砂量受限； (3) 采取油管压裂，施工排量受限
套内封隔器分段压裂技术	(1) 不动管柱，一趟管柱满足多段压裂施工； (2) 管柱和封隔器不受卡距限制，可以对长、短射孔段针对性压裂改造； (3) 管柱承压能力高，可以满足高压施工	套管	应用广泛	(1) 需要逐级解封，三段以上施工管柱砂卡风险大； (2) 施工砂堵处理难度大； (3) 采取油管压裂，施工排量受限

通过对上述六种水平井分段压裂工艺进行对比选择，要求工艺管柱满足体积压裂改造的要求，即满足大液量、大排量、大砂量、多级压裂改造的需求，并可进行二次作业。相比水平井套内封隔器坐封、打开滑套压裂，速钻桥塞分段射孔压裂后可以迅速钻磨，保证井筒的全通径，利于后期作业的实施；相比喷砂射孔压裂技术，速钻桥塞分段射孔压裂的改造强度和力度要更大，更适用于低渗透储层的改造；相比裸眼封隔器压裂技术，速钻桥塞分段射孔压裂可以进行二次作业；相比固井滑套分压技术，速钻桥塞分段射孔压裂可以实现分簇射孔，提高压裂改造的针对性；因此，优选速钻桥塞分段压裂工艺技术。

速钻桥塞分段压裂工艺的其主要施工步骤为：

(1) 井筒准备，用合适尺寸通井规通井，保证井筒内干净，确保后续作业（图 4-25）；

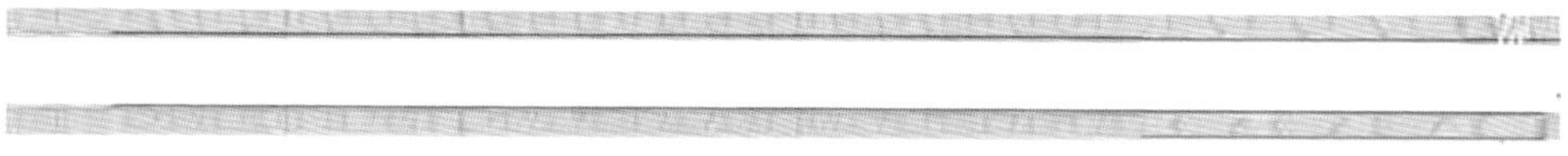

图 4-25　速钻桥塞分段压裂步骤一

（2）用油管或爬行器带射孔枪下入目标位置，进行第一段射孔（图4-26）；

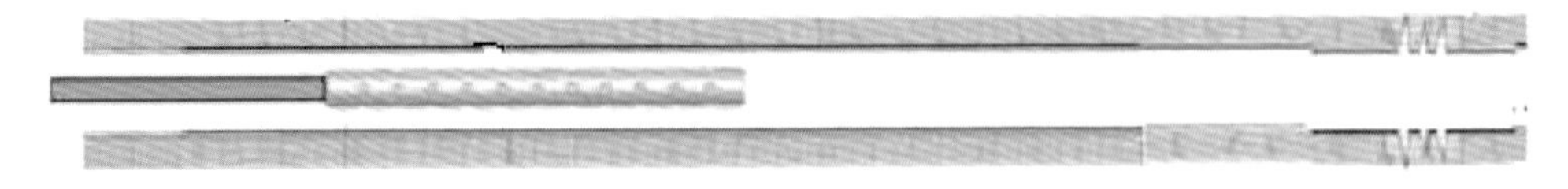

图4-26　速钻桥塞分段压裂步骤二

（3）取出射孔枪后，安装好井口，进行第一段压裂（图4-27）；

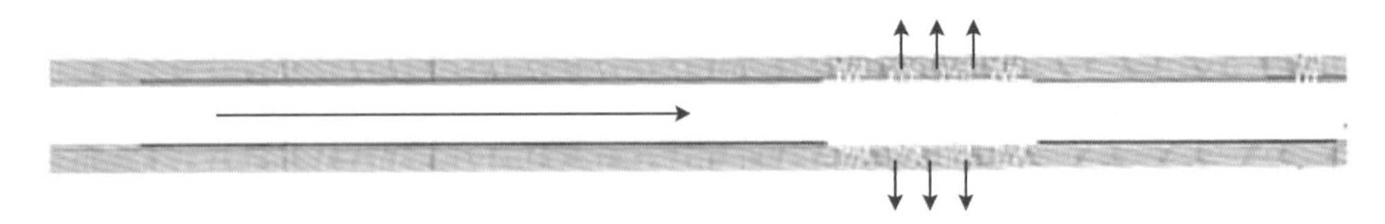

图4-27　速钻桥塞分段压裂步骤三

（4）压裂完后，用电缆作业下入桥塞和射孔枪，水平段开泵泵送桥塞至预定位置（图4-28）；

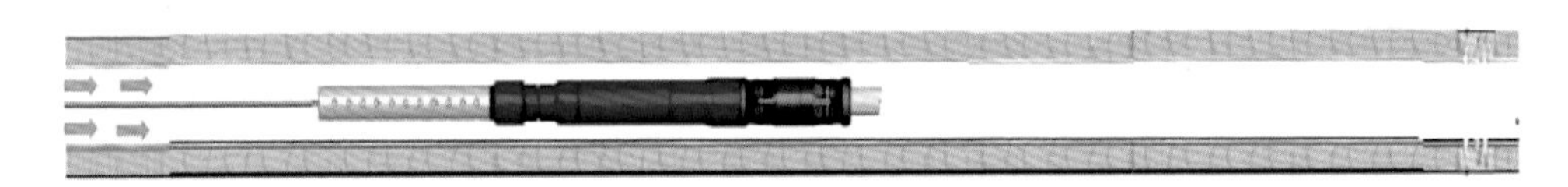

图4-28　速钻桥塞分段压裂步骤四

（5）井口点火坐封桥塞，上提射孔枪至预设位置射孔，射孔后起出射孔枪和桥塞下入工具（图4-29）；

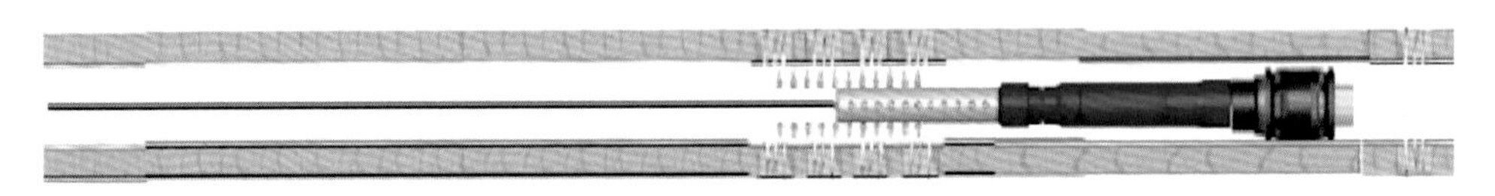

图4-29　速钻桥塞分段压裂步骤五

（6）井口投球至桥塞球座，封隔已压裂层段，进行第二段压裂作业（图4-30）；

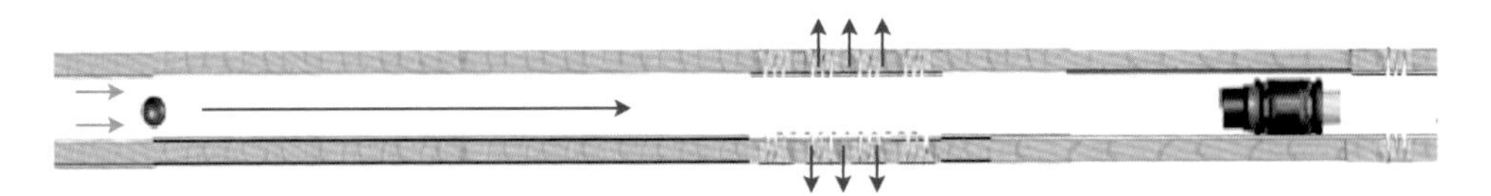

图4-30　速钻桥塞分段压裂步骤六

（7）用同样的方式，根据下入段数要求，依次下入桥塞、射孔、压裂（图4-31）；

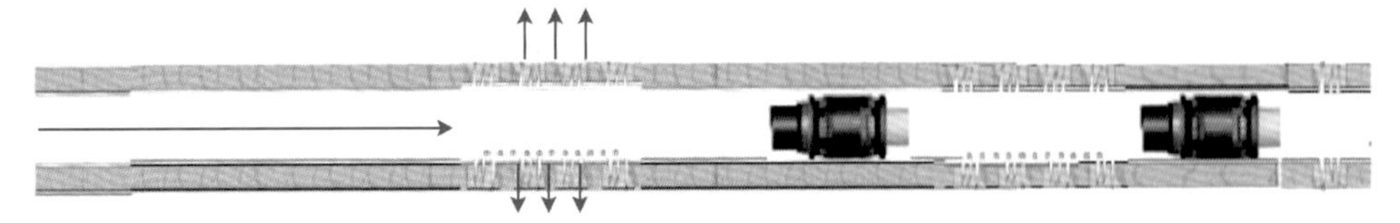

图4-31　速钻桥塞分段压裂步骤七

（8）所有压裂作业完成后，采用连续油管钻除桥塞，排液求产。

二、分段工艺参数及射孔优化

水平井分段多簇优化设计是提高水平井改造效果的关键之一，其核心是实现在水平井中人工裂缝与储层的最佳匹配，为了实现水平井最佳改造效果，需要开展水力裂缝条数优化、射孔数优化等方面的研究。

（一）裂缝条数优化

人工裂缝的条数是影响低渗透储层产量的重要因素，依据 M56 区块油藏储层特性，按照水平段 600m 取值，利用油藏数值模拟方法，模拟优化不同渗透率条件下合理的裂缝条数结果（图 4-32）。

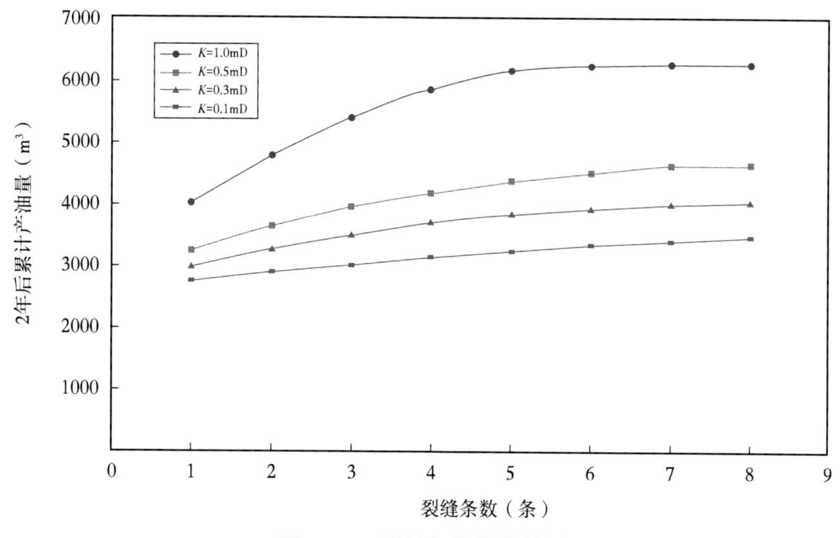

图 4-32　裂缝条数优化结果

从图 4-32 中可看出：累计产量与储层渗透率相关性明显，储层渗透率越高，累计产油量越高；随着裂缝条数的增加，累计产油量增大，但当裂缝条数增加到一定值时，累计产油量增幅变缓，根据模拟优化结果，确定在水平段 600m 长度下最优化的裂缝条数为 7 条，计算裂缝间距在 80～100m 之间。

（二）射孔孔数优化

射孔优化包括射孔数的优化和射孔数分布的优化。射孔数的优化参考了限流法压裂技术，当流体通过射孔孔眼时，在其前后产生节流压差，简单而言就是在液体高速流动通过孔眼时的动能损耗。其影响因素受排量、孔眼直径、孔眼数、流体密度和排量系数决定，其计算公式如下：

$$\Delta p_{\text{pf}}=\frac{0.2369\rho_{\text{s}}Q}{C_{\text{d}}N_{\text{perf}}D_{\text{p}}^{2}} \qquad (4-6)$$

式中　Δp_{pf}——孔眼摩阻，MPa；

Q——排量，m^3/min；

D_p——孔眼直径，cm；

N_{perf}——孔眼数，无量纲；

ρ_s——流体密度，g/cm^3；

C_d——排量系数，无量纲。

从单孔排量与单孔孔眼节流压差关系图（图 4-33）可以看出，随着单孔排量的增加，单孔孔眼节流压差也相应增加。由于地层破裂裂缝延伸所需的延伸压力一定，所以当单孔孔眼节流压差增加时，井筒内压力也会相应增加，从而促使高破裂压力处地层破裂，实现同一压裂段内各条裂缝均匀延伸。

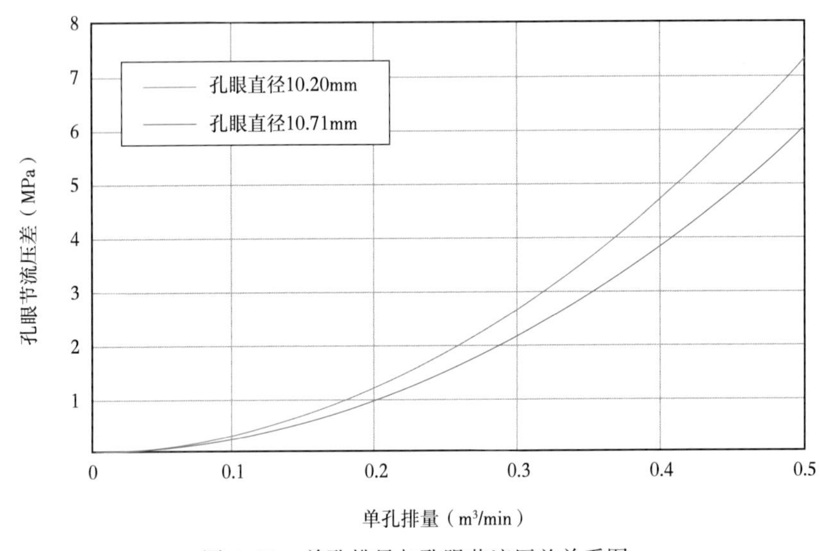

图 4-33　单孔排量与孔眼节流压差关系图

三塘湖盆地 M56 区块致密油储层压裂的射孔孔眼直径为 10.20mm，计算时，假设孔眼间的破裂压力差为 3MPa（参照 M57H 井测试压裂解释结果，第 1 段和第 2 段相差 3.2MPa）。根据单孔排量与单孔孔眼节流压差关系图，要产生 3MPa 的节流压差，单孔排量需达到 $0.32m^3/min$；假设在压裂施工过程中，支撑剂对炮眼的磨蚀使孔眼直径扩大 5%，达 10.71mm，则单孔排量需在 $0.35m^3/min$ 以上。为此，以单孔排量 $0.35m^3/min$ 作为射孔数优化参考值，当施工排量确定后其总射孔数便可以确定。以排量 $12m^3/min$ 为例，要满足单孔排量在 $0.35m^3/min$ 以上，单段内总有效射孔数不超过 34 孔（图 4-34）。

为了确保施工时，同一段内的所有孔眼全部吸进压裂液，对不同孔眼间的应力差情况、孔眼数目、施工排量和孔眼摩阻关系进行了分析（按照孔眼间破裂压力 3MPa 计算）。当施工排量实现 $12m^3/min$ 时（孔眼直径分别为 10.2mm 和 10.71mm），孔眼摩阻与有效孔数优化结果（图 4-34）显示：当孔眼大于 40 个时，孔眼摩阻降幅减小，对排量的影响较小。要实现单井 $12m^3/min$ 的施工排量，又要考虑采用尽可能少的射孔数量，因此选择有效孔数不大于 40 个，如果按 10 孔/簇计算，则为 3 簇；结合产能模拟结果压裂缝条数（25~35 条），约 33~27m/条较优。结合限流模拟结果，当设计排量 $12m^3/min$ 时，设计确定分 3 簇改造，有效孔数 10 孔/簇。

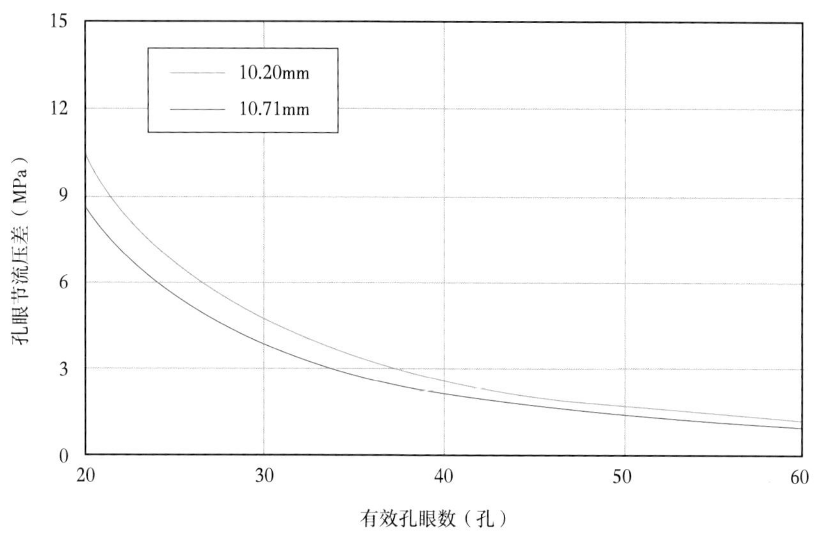

图 4-34　有效孔眼数与节流压差关系图

三、压裂工艺参数优化

实施压裂改造的关键问题是裂缝参数的优化，通常通过数值模拟的方法来获得裂缝的最优参数。其优化的对象主要包括裂缝长度的优化、加砂量优化、裂缝导流能力的优化、施工排量的优化等关键参数，确定这些参数对压裂井产量影响的重要程度排序和最佳组合，对于实现压裂井的高效开发具有十分重要的指导意义。

（一）裂缝长度优化

图 4-35 是采用数值模拟的目标区块裂缝半长优化结果，可以看出，随着裂缝长度的不断增加，2 年后累计产油量也不断增加，当裂缝长度增加至一定值时，产量的增加量明显变缓。根据模拟结果，优化目标区块裂缝长度在 220~240m 之间。

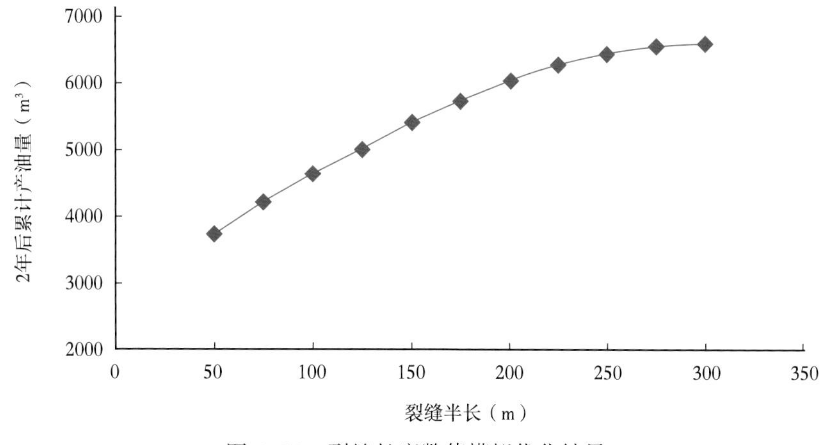

图 4-35　裂缝长度数值模拟优化结果

（二）加砂量优化

表 4-9 是采用数值模拟的不同储层厚度条件下加砂量与形成的主裂缝半长的关系曲线图，可以看出，对于储层厚度为 15m 的井，要求主裂缝的裂缝半长达到 220~240m，加砂

量应在 60m³ 左右。

表 4-9　加砂规模与裂缝半长优化结果

裂缝长度（m）	不同储层厚度下的加砂规模（m^3）		
	10m	15m	20m
100	14.3	25.6	35.6
150	25.7	36.8	45.5
200	37.1	50.0	58.2
250	49.3	63.1	72.3

（三）裂缝导流能力优化

图 4-36 是采用数值模拟的目标区块主裂缝导流能力优化结果，可以看出，随着主裂缝导流能力的不断增加，2 年后累计产油量也不断增加，当主导流能力增加至 20D · cm 时，产量的增加量明显变缓。根据模拟结果，优化目标区块主裂缝导流能力为 20D · cm。

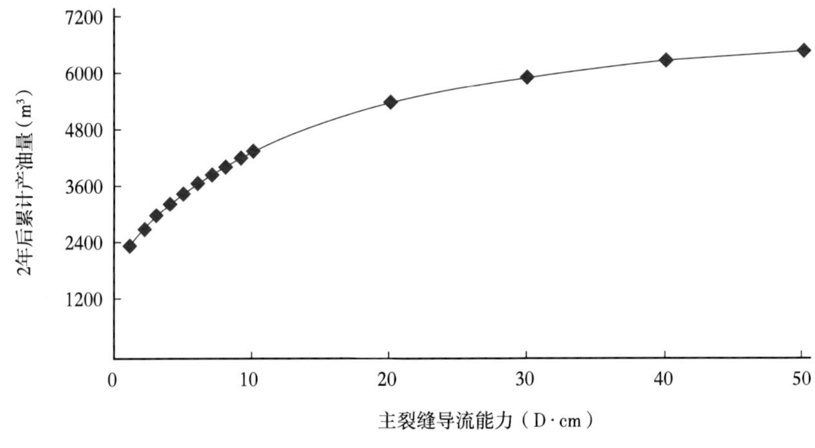

图 4-36　导流能力数值模拟优化结果

（四）施工排量优化

施工排量是影响体积压裂改造的关键因素之一，研究表明，裂缝缝内净压力与施工排量正相关、与储层厚度负相关，见式（4-7），其中 K_{IC}/H^4 值较小，可忽略不计。目标区块一口油层厚度为 15m 的水平井在小型测试 5.0m³/min 排量下的实测净压力为 5.2MPa，将该储层厚度、施工排量下实测的净压力与式（4-7）联合计算，见式（4-8），即可获得不同储层厚度、施工排量下的净压力图版（图 4-37），从而反算体积压裂所需的排量。

$$p_{net1}=\left[\frac{E^4}{H^4}\left(\frac{Q\mu L}{E}\right)+\frac{K_{IC}}{H^4}\right]^{1/4} \tag{4-7}$$

式中　p_{net1}——实测净压力，MPa；

H——裂缝高度，m；

μ——液体黏度，mPa · s；

L——裂缝半长，m；

K_{IC}——岩石断裂韧性，MPa。

$$p_{net2}=\frac{p_{net1}}{\frac{Q_{实测}^{1/4}}{H_{实测}^{1/4}}\times\frac{Q_{计算}^{1/4}}{H_{计算}}} \tag{4-8}$$

式中　p_{net2}——计算净压力，MPa。

从计算图版图 4-37 中可以看出，净压力与施工排量成正相关性，与储层厚度成负相关性。随着施工排量的增加，净压力也不断增加，而在相同排量条件下，储层厚度越大，净压力越小。而目标区块两向水平应力差分布在 5.1~8.8MPa 之间，平均值为 7.1MPa，在储层厚度 15m 的情况下，要使施工净压力达到 7.1MPa，需要施工排量 $10m^3/min$ 以上。

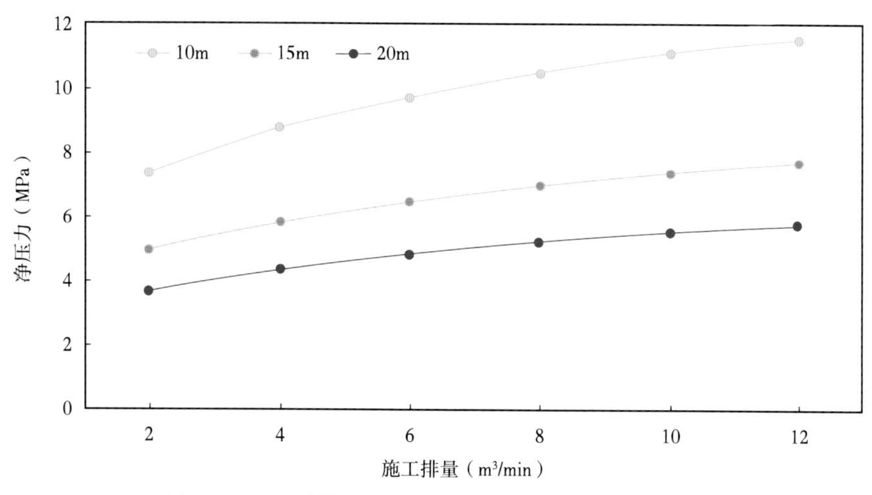

图 4-37　不同储层厚度下施工排量与净压力关系曲线

第四节　现场实施及效果分析

一、现场实施情况

在三塘湖油田 M56 区块致密油开展了水平井体积压裂改造 41 井（291 段），主体施工工艺为速钻桥塞分段压裂工艺，同时开展试验了固井滑套和裸眼封隔器分段压裂工艺。一次施工成功率达到 100%，单井最大施工段数为 13 段，单井最大入井液量 $17087.7m^3$，最大加砂量 $836.6m^3$，有效率达到 100%，平均单井初期日产液 $33.65m^3$、日产油 23.14t，整体应用效果显著（表 4-10）。

表 4-10　三塘湖油田 M56 区块致密油体积压裂改造效果

压裂工艺	施工井数	压裂段数	水平段长（m）	成功率（%）	有效率（%）	单井入井净液量（m^3）	单井入井总砂量（m^3）	平均单井日产液（m^3）	平均单井日产油（t）
速钻桥塞	39	3~13	43.15~1353.00	100	100	3260.20~17087.70	113.20~836.60	33.36	23.23
固井滑套	1	7	360.00	100	100	6992.60	344.80	48.18	21.42
裸眼封隔器	1	8	830.00	100	100	6670.80	498.70	30.36	21.49
合计/平均	41	291	694.34	100	100	7786.49	398.96	33.65	23.14

（一）典型井例 1

A 井水平段长为 804m，采取速钻桥塞分压 8 段 24 簇施工，累计入井液量 8201.2m^3，其中滑溜水 3118.3m^3，累计入井总砂量 602.3m^3，施工排量 10.0~12.1m^3/min，最高砂比 25%，各段停泵压力 30.4~48.5MPa。压裂后压裂液返排率到 1.47%时开始产油，其中采取 3mm 油嘴最高日产液 79.63m^3、日产油 69.2m^3；4mm 油嘴最高日产油 131m^3，成为研究区块首口百吨井，压裂效果显著，施工曲线图如图 4-38 所示。

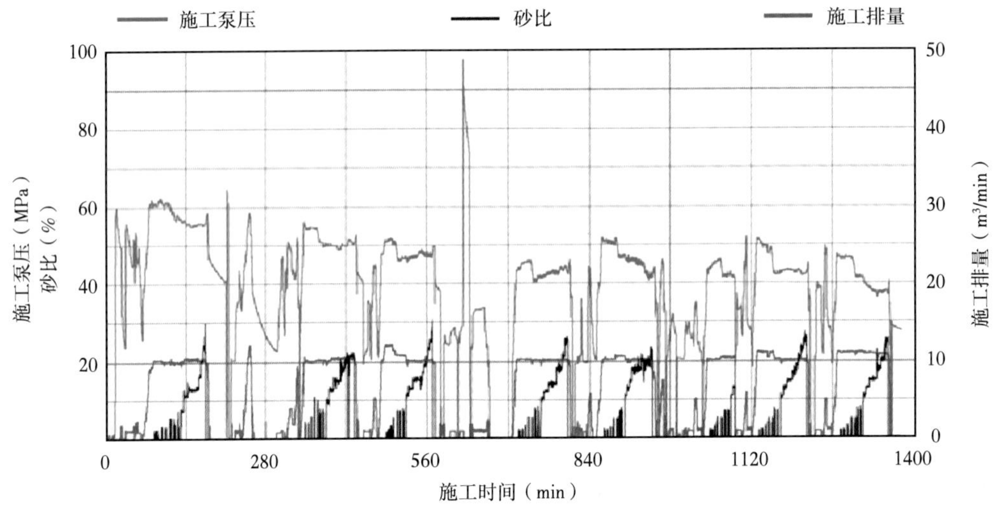

图 4-38　A 井压裂施工曲线图

（二）典型井例 2

B 井水平段长为 960.67m，采取速钻桥塞分压 10 段 30 簇施工，累计入井液量 11441.8m^3，其中滑溜水 7040m^3，累计入井总砂量 672.2m^3，施工排量 12.2~14.0m^3/min，最高砂比 25%，单层最大液量 1307m^3。排采第 4 天，采用 4mm 油嘴自喷最高日产油 123m^3，自喷日稳产油 62.56m^3，压裂效果显著，施工曲线图如图 4-39 所示。

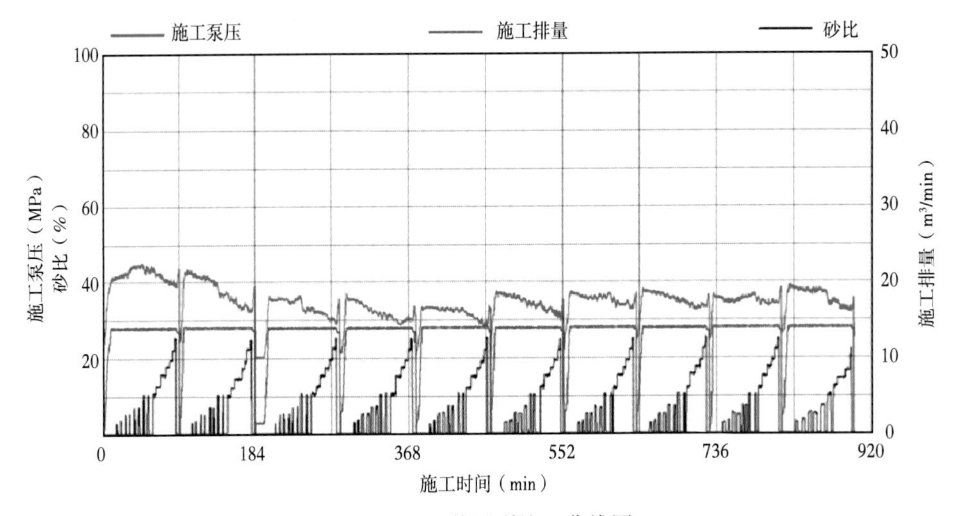

图 4-39　B 井压裂施工曲线图

二、效果分析

通过对研究区块影响压裂效果的主要因素进行分析表明，前期曾在区块开展过直井常规压裂改造和直井体积压裂改造尝试，但都无法形成经济有效的开发路线。直井常规压裂改造，施工排量和压裂规模都较小，压裂后未见产油，压裂未能取得效果突破，在直井引入体积压裂改造思路，先后完成 4 井次探索，压裂效果取得突破，但是改造初期产量高，递减快，单井生产曲线呈“L”形特征，如 M55 井，压裂后初期产量达到 23.14m^3/d，但是很快进入递减稳产阶段，稳定产量只有 1~3m^3/d（图 4-40）。采取水平井体积压裂改造后，不仅单井产量得到大幅度提高，而且高产稳产期得到延长，说明水平井体积压裂技术适合目标区块致密油藏改造（表 4-11）。

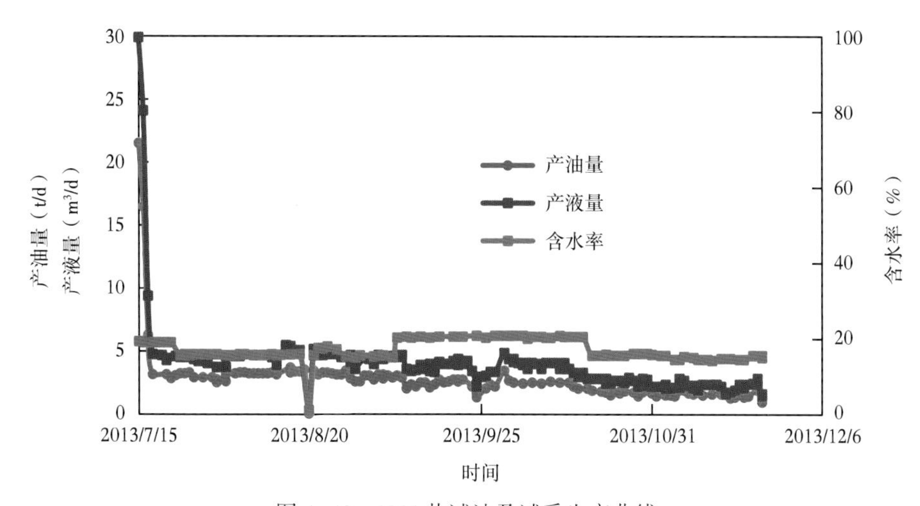

图 4-40　M55 井试油及试采生产曲线

表 4-11　不同压裂方式压裂效果对比表

压裂方式	压裂液体系	施工井次	平均单井入井净液量（m^3）	平均单井入井总砂量（m^3）	施工排量（m^3/min）	有效率（%）	平均单井初期日产油量（t）	平均单井稳定日产油量（t）
直井常规压裂	瓜尔胶压裂液	1	472.60	17.35	4.2~3.7	0	0	0
直井体积压裂	混合压裂液	4	753.35	49.53	4.8~9.5	100	7.86	1.32
水平井体积压裂	混合压裂	41	7786.49	398.96	5.0~14.0	100	23.14	16.00

通过对研究区块影响水平井体积压裂改造效果的关键因素进行对比分析，水平段长度、压裂规模和段间距是影响压裂效果的主要因素。

（一）水平段长度

从图 4-41 和图 4-42 可以看出，随着水平段长度的增加，压裂后平均单井日产油量及 30d 后的累计产油量也呈增加的趋势，当水平段小于 400m 时，单井日产油量和累计产油量偏低，当水平段长度在 400~600m 时，单井日产油量大多分布在 10~20t，当水平段长度超过 600m 以后，高产井井数明显增加。

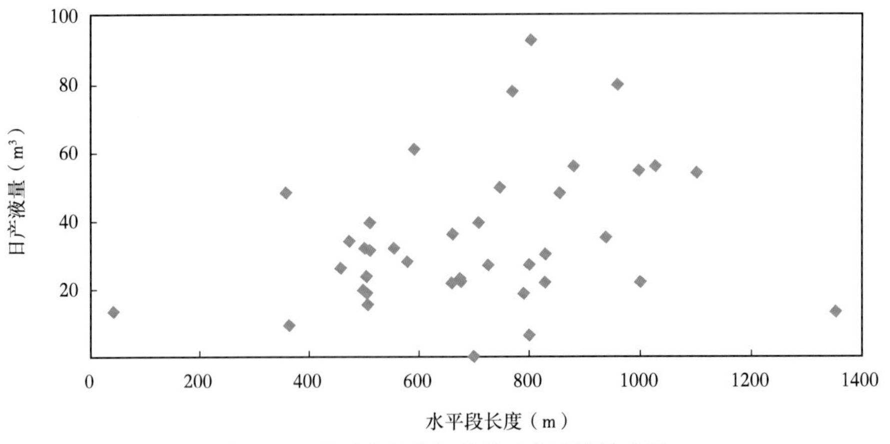

图 4-41　水平段长度与单井日产液量关系图

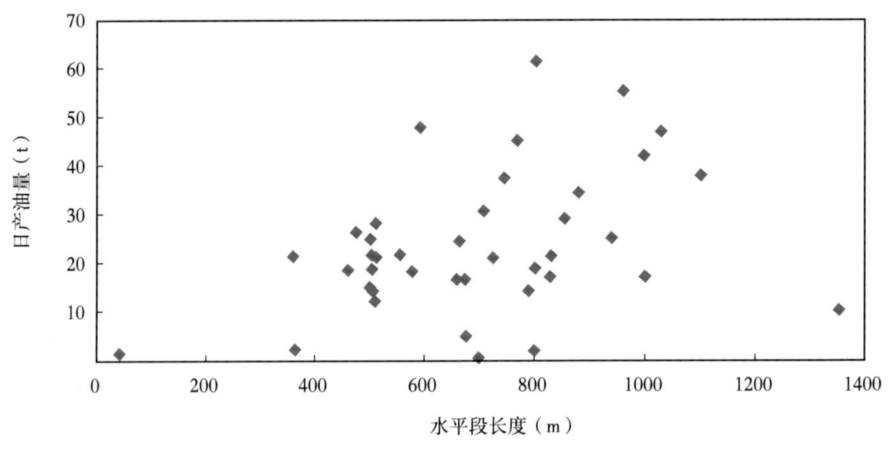

图 4-42　水平段长度与单井日产油量关系图

而从图 4-43 和图 4-44 的累计产状情况可以看出，水平度长度与累计产液量和累计产油量成正相关关系，随着水平段长度的增加，见油生产 180d 后累计产液量和累计产油量也呈上升的趋势。

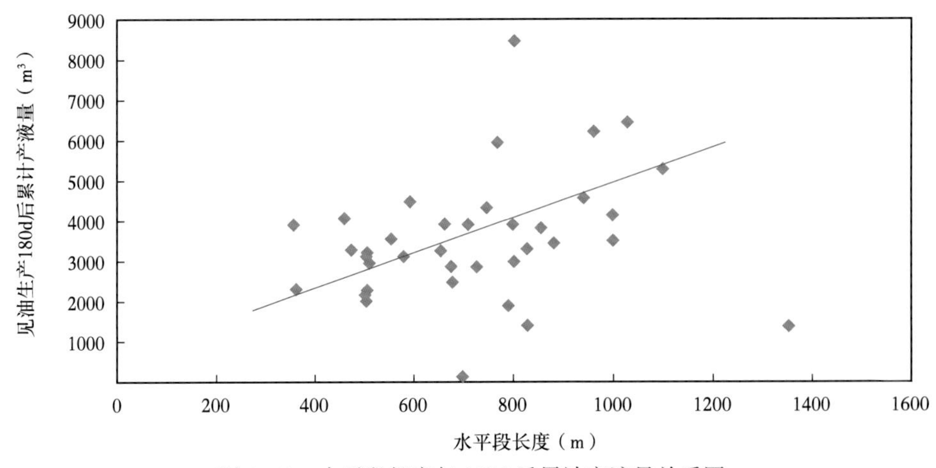

图 4-43　水平段长度与 180d 后累计产液量关系图

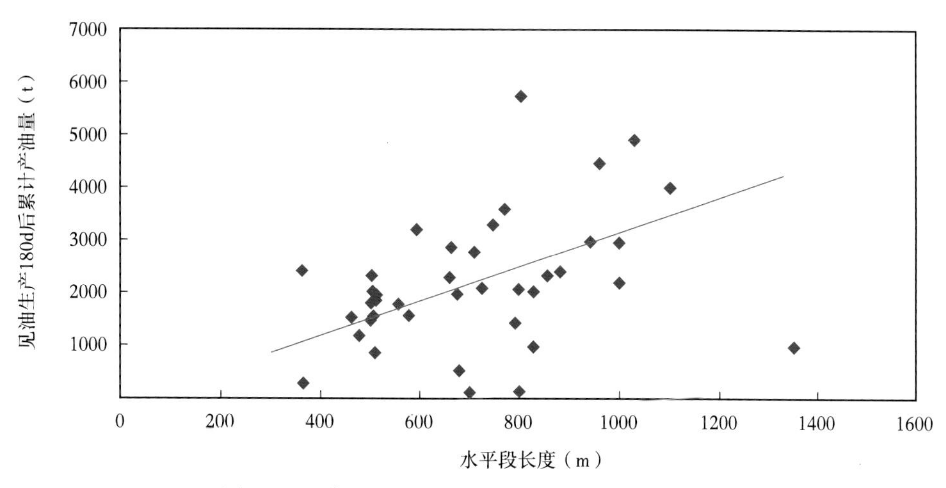

图 4-44　水平段长度与 180d 后累计产油量关系图

（二）压裂规模

图 4-45 和图 4-46 是单井入井总液量与见油生产 180d 后的累计产液量和累计产油量，可以看出，累计产液量和累计产油量与用液规模成正相关关系，单井改造规模越大，越容易取得较高的累计产量。尤其是当单井入井总液量超过 8000m^3 后，累计产量大小与压裂用液规模的关系显得更为突出。

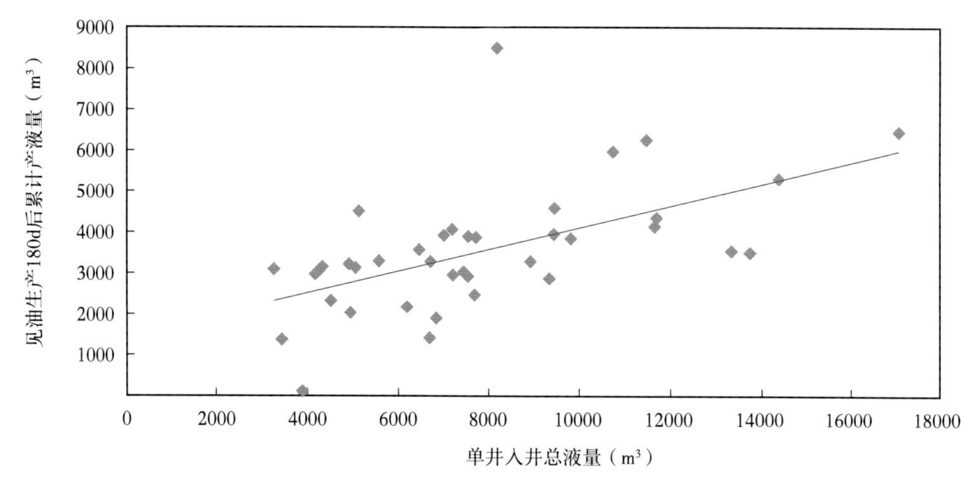

图 4-45　单井入井总液量与见油生产 180d 后累计产液量关系图

从压裂后自喷情况表明，随着单井入井总液量的增加，自喷生产时间和自喷产液量、自喷产油量成正相关关系。说明通过增大单井改造规模和力度，可以有效延长自喷周期和累计产液、累计产油量（图 4-47 至图 4-49）。

从表 4-12 可以看出，随着水平段长度的增加，平均单井入井液量也不断增大，生产 180d 后单井平均的累计产液、产油量也呈不断增加的趋势，同时平均单井的自喷生产时间和自喷产液量、产油量也不断增加。平均单井自喷时间由 59. 86d 上升至 135. 25d，而平均单井自喷产油量则由 628. 08t 上升至 4489. 62t，自喷时间和自喷产液量、产油量增加明显。

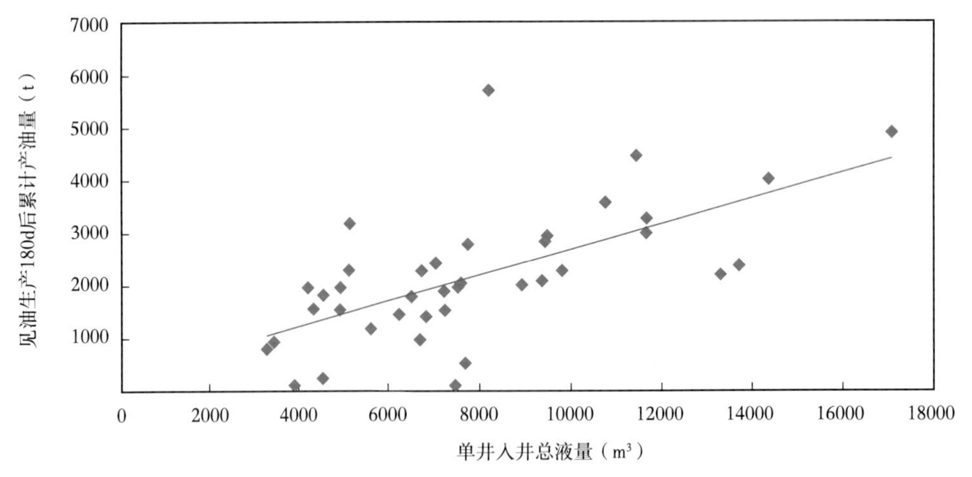

图 4-46　单井入井总液量与见油生产 180d 后累计产油量关系图

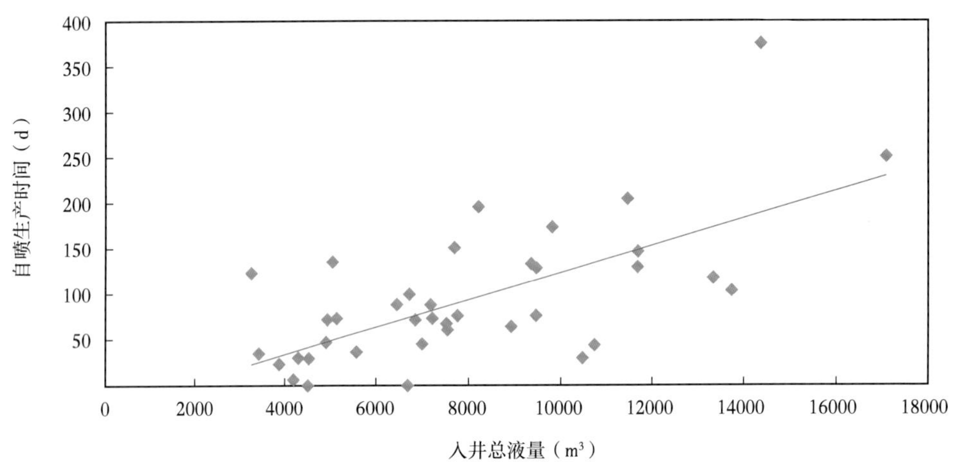

图 4-47　单井入井总液量与自喷生产时间关系图

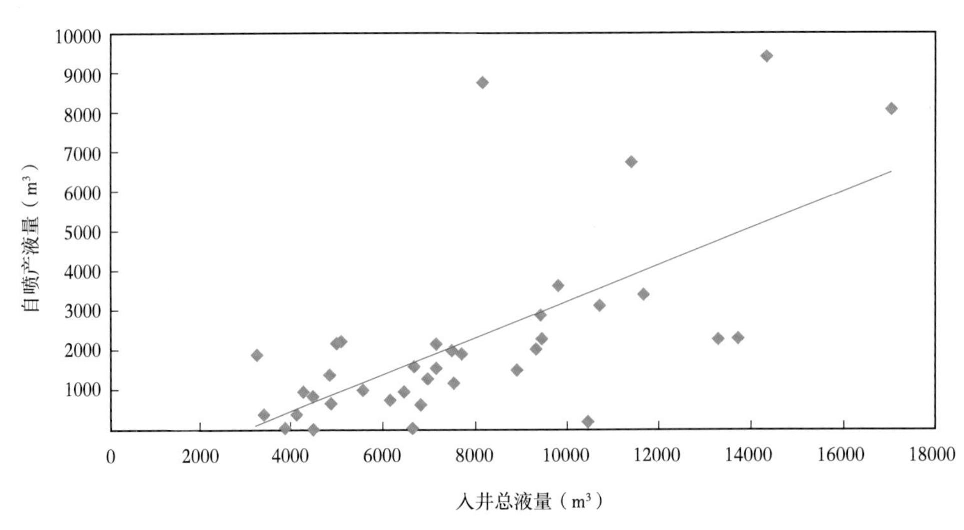

图 4-48　单井入井总液量与自喷产液量关系图

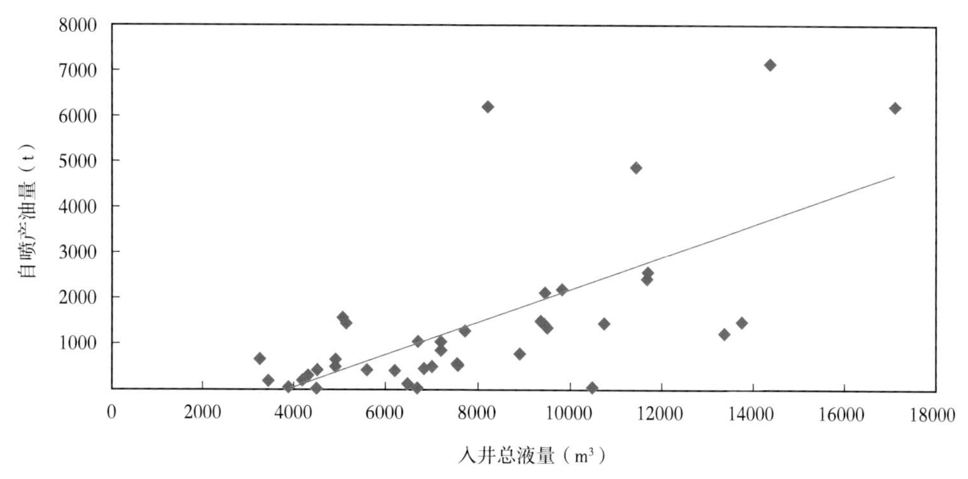

图 4-49　单井入井总液量与自喷产油量关系图

表 4-12　不同水平段长度与平均单井生产情况对比表

水平段长度（m）	平均单井入井液量（m^3）	生产 180d 后平均单井累计产液量（m^3）	生产 180d 后平均单井累计产油量（t）	平均单井自喷周期（d）	平均单井自喷产液量（m^3）	平均单井自喷产油量（t）
L<600	5259.63	3107.55	1655.68	59.86	1288.03	628.08
600<L<700	7611.10	2541.14	1535.76	69.60	1314.24	741.90
700<L<800	8960.35	3655.12	2196.74	75.17	1837.96	1191.91
800<L<900	9146.42	4064.28	2567.97	98.83	2882.37	1847.68
900<L<1000	11475.73	4615.93	3133.94	135.25	3673.17	2445.44
L>1000	11627.33	4366.00	3282.99	219.67	5899.28	4489.62

（三）段间距

图 4-50 和图 4-51 是不同分段段间距离与产状的关系图，可以看出，当段间距离在

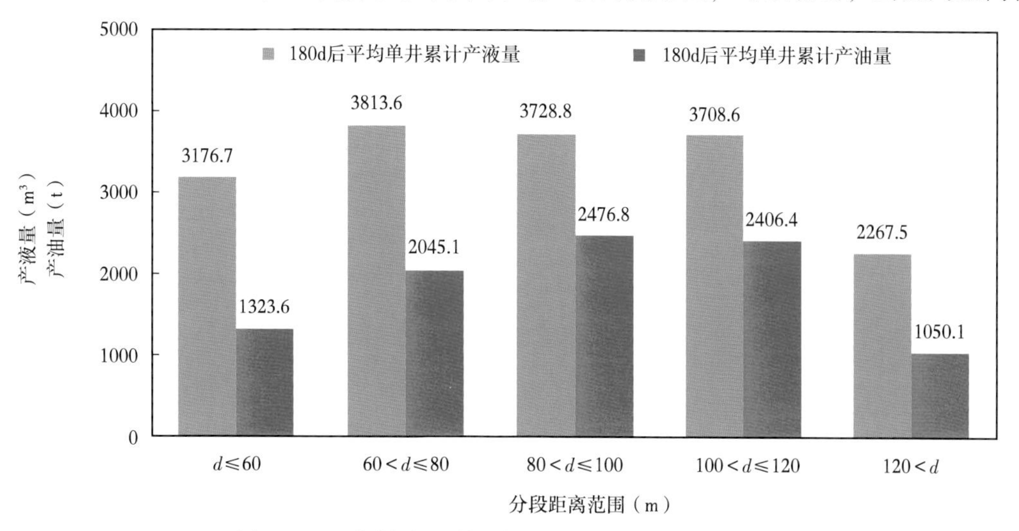

图 4-50　不同段间距范围与平均单井累计产状关系图

80～100m 之间时，生产 180d 后的平均单井累计产油量最高，而从平均单段入井液量与平均单段产出量看，在平均单段入井液量相差不大的情况下，段间距在 80～100m 之间时的平均单段累计产液量和产油量最高。这一结论与之前的段间距优化结果相吻合。

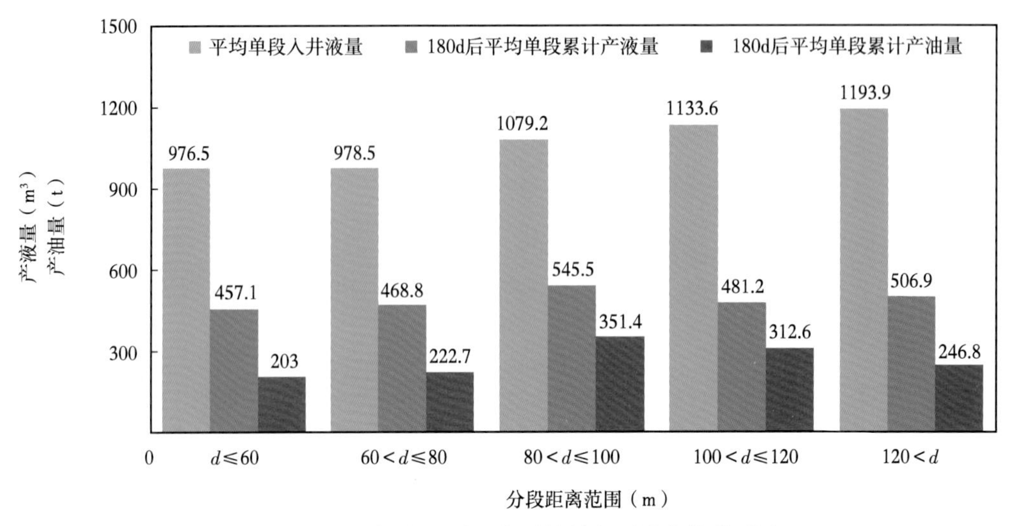

图 4-51　不同段间距范围与平均单段累计产状关系图

三、主要认识

（1）对水平井分级多簇体积压裂布缝机理研究，水平井分级多簇压裂明显好于相同裂缝条数下的分段压裂的开发效果。通过对六种水平井分段压裂工艺对比，为满足体积压裂改造的要求，优选速钻桥塞分段压裂工艺。

（2）通过分析表明，影响研究区块体积压裂改造效果最主要的因素有水平段长度、压裂改造规模和分段距离；水平段长度与压裂效果成正相关关系，水平井段越长，单井压后日产液量、日产油量和 180d 后累计产液量、累计产油量均呈增长趋势。

（3）单井压裂改造规模越大，生产 180d 后的累计产液量和累计产油量也呈增加的趋势，同时单井自喷生产周期和自喷生产量也不断增加；统计表明段间距在 80～100m 之间时平均单段累计产液量和产油量最高。

第五章　关键开发技术突破及致密油开发模式探索

“十二五”以来，全球发现非常规资源与常规资源的比例为8:2，国内在六大盆地取得发现，吐哈油田“十二五”以来发现的地质储量的87.5%为非常规油藏，特别在2012年首次发现了世界上第一个亿吨级凝灰岩致密油藏，成为吐哈油田重要的资源接替领域。但非常规油藏类型多样，储层评价和效益开发面临三方面技术难题：(1）非常规储层形成机理、分布规律及评价标准不清；(2）水平井产量递减快，人工补能有效开发技术不成熟，采收率不高；(3）开发工程成本高，经济效益差。在国际油价持续低迷的环境下，为保障国家能源供给，发展非常规资源开发、工程等配套技术，进行非常规油藏的效益开发显得尤为重要，也是石油工业发展的战略需求。

通过技术创新与应用，储量得到有效动用，采收率逐步提高，实现了效益开发。2015年12月，吐哈油田建成了新疆第一个（国内第二个）致密油有效开发示范基地。截至2018年底，三塘湖盆地动用地质储量为13604×10^4t，整体采收率达到10%以上。吐哈油田年产油量由2012年的11.8×10^4t上升到2018年的55×10^4t，产量上升幅度366.1%，累计生产原油320×10^4t。

通过持续降本增效，效益开发水平不断提高，非常规油藏开发已初步具有经济性。2016—2018年三塘湖油田科技创新成果净现值2.99亿元，实现了盈利。三塘湖油田开发过程中形成的技术创新理念和技术系列对非常规有效开发具有示范引领作用和借鉴意义。

第一节　主要技术创新成果及成效

吐哈油田三塘湖盆地非常规油藏依托2012年中国石油天然气股份公司（简称股份公司）重大专项和2013年致密油“国家有效开发示范基地”建设项目，开展储层沉积特征研究与评价，集成配套钻井/压裂工具国产化、优化施工参数设计降本，探索非常规油藏水平井补充能量开发方式，取得了三项技术创新成果。

一、创新成果

（一）首次提出凝灰岩“四微”孔隙结构特征并建立储层评价标准

明确了凝灰岩致密油储层形成机理，首次提出了“四微”孔隙结构特征，建立了储层评价标准。它是火山灰空落于近火山口的斜坡背景，沉积在富含有机质的酸性浅湖相—半深湖相环境中，伴随着有机质成熟，生成的油气就近聚集在火山灰成岩脱玻化蚀变产生的大量溶蚀微孔中。优质储层分布在火山口两侧，不含黏土矿物，脆性指数高，天然裂缝发育，为多重介质储层。储集空间以基质微孔、脱玻化晶间微孔、溶蚀微孔和微缝“四微”孔隙为主。单孔体积小、数量大、总孔隙度高（16.5%）；孔喉半径20~500nm，渗透率低

(0.2mD)，首次明确了凝灰岩有效储层形成机理与分布；建立了储层分类评价标准。

（二）水平井注水吞吐开发技术创新

首创了水平井个性化超破压“大液量、大排量”注水吞吐开发技术系列。针对采用水平井准天然能量衰竭式开发，地层压力下降快，一次采收率低。试验常规注水困难、重复压裂增产效果不理想。通过注水渗吸室内研究与矿场试验，明确了注水吞吐增油机理与主控因素，设计单轮累计注水 $1.5\times10^4m^3$，日注水 $1000m^3$ 超破压注入方式。根据单井累计注采比，形成了常规注水吞吐、补能压裂、暂堵压裂和吞吐+驱替个性化吞吐设计技术，保障了多轮次吞吐效果，改变了“L”形递减曲线形态。对比国内外同类油藏，吐哈“大液量、大排量”注水吞吐技术国际领先。

（三）创新集成水平井低成本钻井、体积压裂技术

集成了水平井低成本钻井、体积压裂技术。自主创新研发钻头、钻井液体系、长水平井可控斜全压钻进钻具组合，实现了千米水平段“1 只钻头、1 趟钻”的优快钻井目标，钻井单位成本 2356 元/m。配套形成以国产速钻桥塞+分簇射孔+复合压裂液体系等主体技术，单段压裂费用控制到 120 万元以内，单井投产费用 750 万元。首创辐射式工厂化压裂作业模式，满足半径 3km 范围内的井单日 4 级压裂需要，提高了新井作业时效。

针对四大领域钻井提速提效难点开展钻井提速研究，形成了“基础研究→勘探试验→开发示范→规模推广”的提速提效模式，每年实现双 10%的突破，多类型油藏水平井规模应用（占比 48.8%），实现了效益勘探与低成本规模开发目标（图 5-1）。

（1）钻井投资占勘探开发成本的 60%～70%，是百万吨产能建设投资的重要组成部分，与股份公司平均水平相比存在较大差距。

（2）低油价和高成本现状下的矛盾日益突出，倒逼效益贡献由过度依赖高油价向低成本发展创效转变。

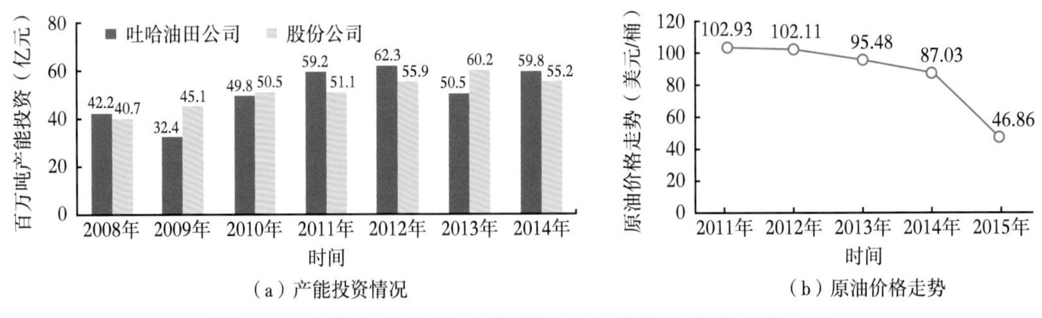

（a）产能投资情况　　（b）原油价格走势

图 5-1　吐哈油田百万吨产能投资（a）及原油价格走势（b）

二、水平井体积压裂改造技术的发展

水平井体积压裂改造技术的发展经历了技术探索阶段、攻关试验阶段、推广应用阶段三个阶段（图 5-2）。

（一）技术难点

（1）水平井分段压裂工艺繁多，完井方式、地质特征等井况与压裂工具未形成技术配套，工艺优选困难。

（2）工具及技术以引进国外为主，施工成本高，施工参数、压裂液及施工规模等优化

图 5-2　水平井体积压裂改造技术的发展历程

难度大，压裂管柱起下困难，滩工风险高，缺乏针对性设计优化。

（3）体积压裂优化设计方法没有先例可以借鉴，需要攻关研究。

（4）现有压裂液体系与缝网压裂工艺不配套，液体体系不够完善。

（二）关键技术

1. 形成水平井压裂设计优化技术

水平井压裂设计优化技术体系流程如图 5-3 所示。

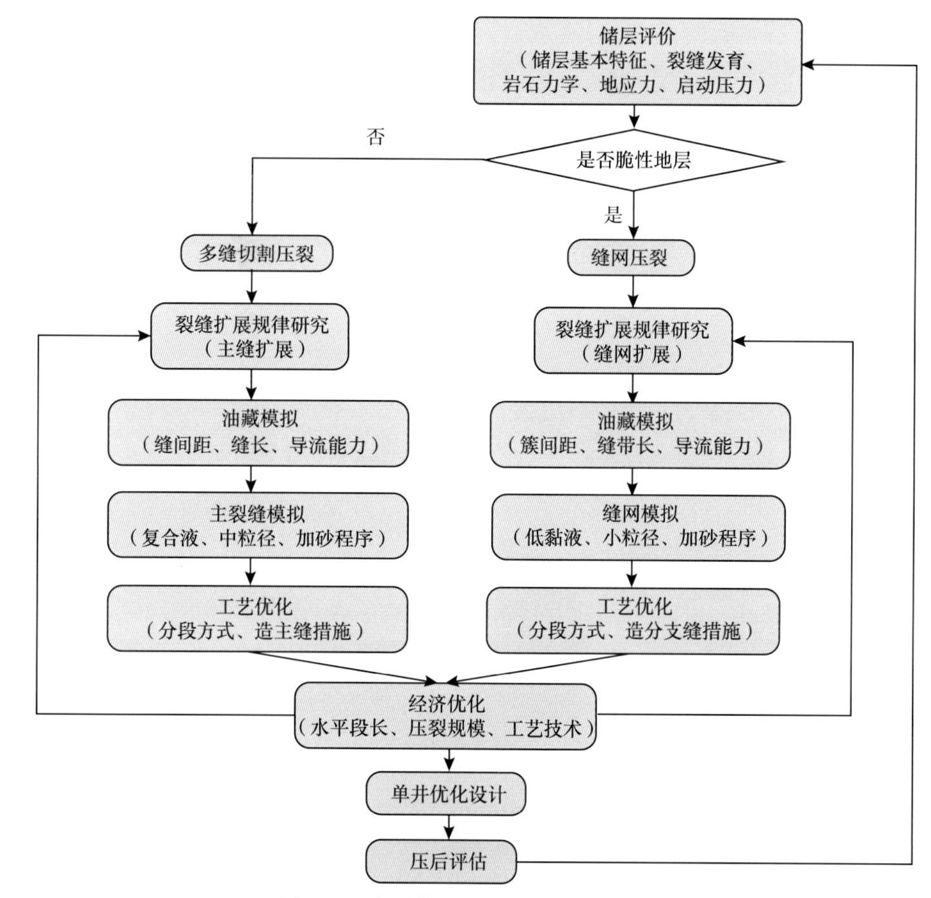

图 5-3　水平井压裂设计优化技术体系

具备 Fracpro、GOHFER、Intech 等三套压裂模拟软件，实现了单井设计的优化。

综合应用油藏数值模拟和 FRAC PT 压裂模拟软件，对水平井缝网规模（主缝长、段间距、簇间距）、施工参数等进行模拟计算，实现了单井设计的优化。

2. 岩石脆性评价技术

以 HT 区块和 Z4 区块为例，其岩石脆性评价分别见表 5-1、表 5-2。

表 5-1　HT 区块岩石脆性评价

项目	试验及研究结果	指标	是否具备缝网压裂条件
脆性指数	岩石矿物成分分析：47%~58%	>40%	是
	综合脆性指数：49%~51%	>40%	是
最大与最小主应力差值	岩心三轴力学试验：6.7MPa	取决排量	优化排量
岩石杨氏模量、泊松比	岩心三轴力学试验：28450~30530MPa、0.26	杨氏模量>24000 泊松比<0.24	是
天然裂缝发育程度	发育	天然裂缝发育	是

表 5-2　Z4 区块岩石脆性评价

序号	起始深度（m）	终止深度（m）	体积模量 BMOD（10^3psi）	剪切模量 SMOD（10^3psi）	杨氏模量 YMOD（10^3psi）	组合模量 CMOD（10^3psi）	泊松比 POIS（%）
1	3810	3870	1.5~3.0	4~5	4.5~7.0	6~10	0.312
2	3910	3930	4.5	3	7.0	7	0.280
3	3980	4060	5.0	3	6.8	7	0.250
4	4060	4240	3.0~5.0	1~3	3.0~7.0	6	0.300
5	4240	4280	6.0	2	6.8	8	0.360
6	4280	4322	6.0	2	4.5	6	0.340

3. 水平井体积压裂配套 12 项压裂工艺技术体系

水平井体积压裂配套工艺技术体系如图 5-4 所示。

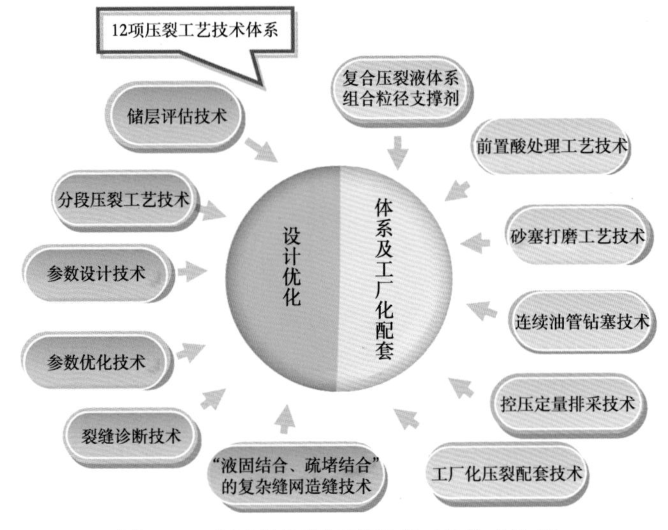

图 5-4　水平井体积压裂配套工艺技术体系

4. 优化形成各类储层最优水平井多段压裂技术配套及规模应用

水平井多段压裂技术配套体系如图 5-5 所示。

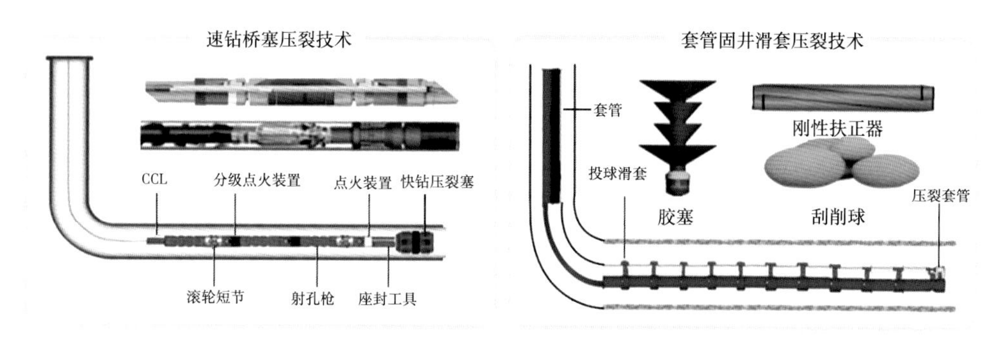

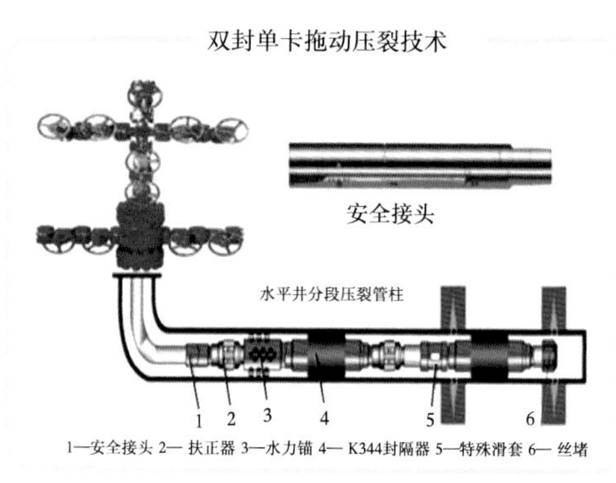

图 5-5　水平井多段压裂技术配套体系

5. 形成满足体积压裂的滑溜水+低浓度瓜尔胶的复合压裂液体系

体积压裂复合压裂液体系的参数见表 5-3。

表 5-3　体积压裂复合压裂液体系

检测项目	复合压裂液体系		
	滑溜水	基液/弱交联	交联冻胶
密度（g/cm^3）	1.002	1.003/1.005	1.01～1.02
pH 值	7	7.5/8.0	8.5
表观黏度（mPa·s）	1～4	18～25	150～280
表面张力（mN/m）	19～21	21～23	24～26
岩心伤害率（%）	12～13	15.6～17.2	18～21

三、高效低成本钻井

（一）高效低成本钻井指导思路

1. 目标驱动：实现钻井“三提一降”需要全方位示范引领

方案设计与技术研究先行是关键，需要做好钻井方案持续优化；合理压缩区块钻井总包合同周期，需要开展提速示范井工程；实现钻井综合提速，需要探索一体化的高效运作模式（图 5-6）。

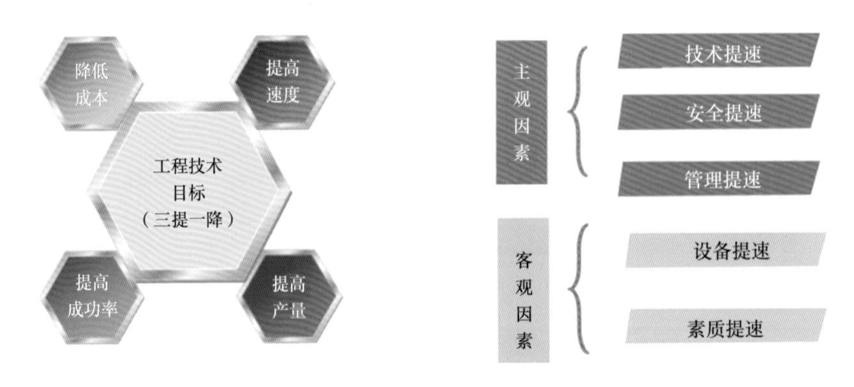

图 5-6　高效低成本钻井目标驱动指导框图

2. 技术驱动：重点领域亟须攻克诸多钻井难题

随着立体勘探开发的不断深入，纵向上复杂深井钻探数量不断增多，横向上低品位非常规油藏水平井的水平段长度不断增加，仅仅依靠常规的钻井工具与工艺方法已不能满足钻井提质增效的要求（图 5-7）。

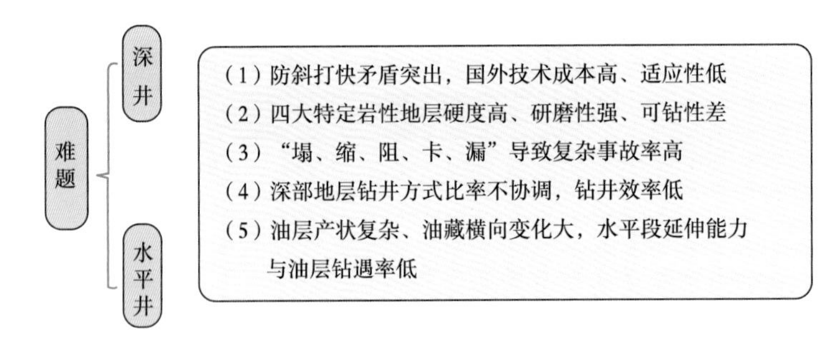

图 5-7　高效低成本钻井技术驱动指导框图

（二）高效低成本钻井主要技术成果

1. 成果一：形成四大岩性地层高效破岩方式

研发 3 个系列 10 种型号的多功能 PDC 钻头，以“机械+水力脉冲+轴向冲击”多种破岩方式有机结合，以提高单趟单只进尺和机械钻速为目标，低成本国产化提速工具配套率达 95%以上（图 5-8）。

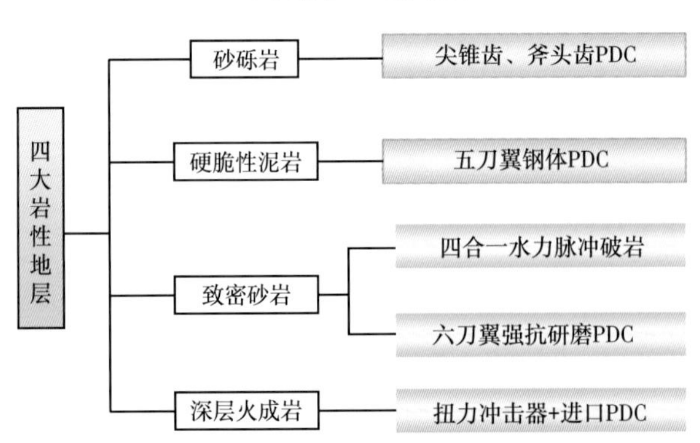

图 5-8　四大岩性地层高效破岩钻具组合

2. 成果二：形成系列化安全钻井工具配套技术

研发配套可破碎井壁落物PDC、井壁修复装置、双向通井工具、岩屑床清除器，逐步全面推广，形成4个系列8种型号钻井工具。4000m以上的复杂深井井身结构实现两层结构代替“大三层”结构，二开长裸眼段复杂事故率大幅降低（图5-9）。

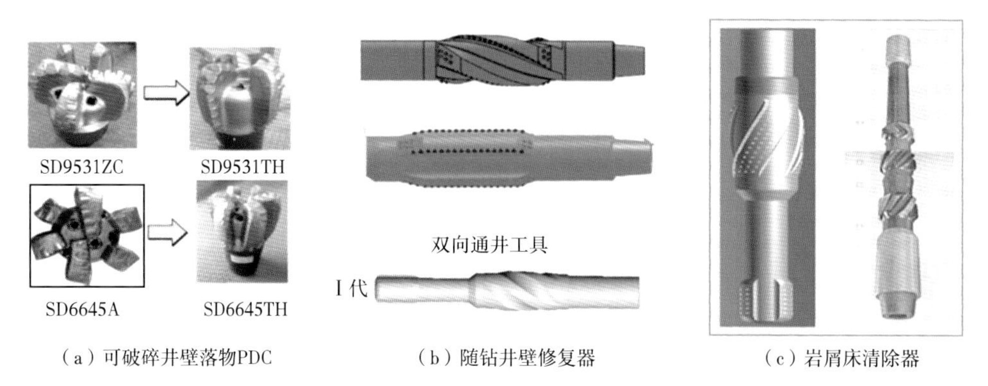

（a）可破碎井壁落物PDC　（b）随钻井壁修复器　（c）岩屑床清除器

图5-9　系列化安全钻井工具配套技术

3. 成果三：形成以提高井眼质量和安全钻井能力的钻井方法

断层破碎带：综合三维地震剖面及邻井实钻资料，优化井眼轨迹绕开断层破碎带发育的高风险区域，破碎带复杂事故率降低85%以上（图5-10）。

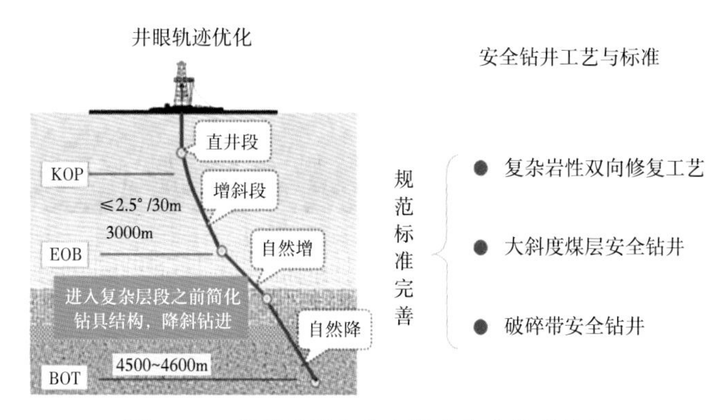

图5-10　井眼质量和安全钻井能力提升技术

煤系地层：取全、取准岩屑资料，卡准煤层深度；建立煤层钻井标准1项。

塑性地层：形成复杂岩性（橡皮层、盐膏层）井筒双向修复技术，单井可节约15d，建立钻井标准1项。

4. 成果四：千米长段水平井工程地质导向技术

建立动态靶盒随钻控制模式，实钻以设计为基准在靶盒里做实时调整；践行地质工程一体化，加强地质、录井、测井数据综合应用；“一趟钻”多功能复合导向钻具组合，实现千米长水平段轨迹微调（图5-11）。

5. 成果五：千米长段水平井工程地质导向技术

优化钻具组合，研发岩屑床清除器、水力振荡器等工具，降摩阻约50%，水平段延伸能力提高20%（图5-12）。创新突破2项技术、完善推广1项技术（表5-4），水平段长度实现 1500m，千米薄油层钻遇率达 100%。

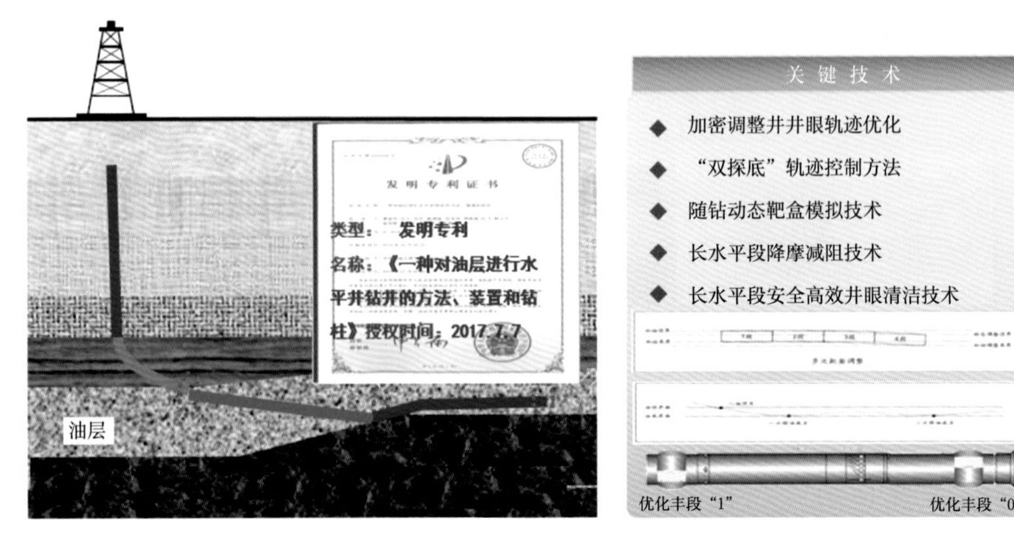

图 5-11　千米长段水平井工程地质导向技术

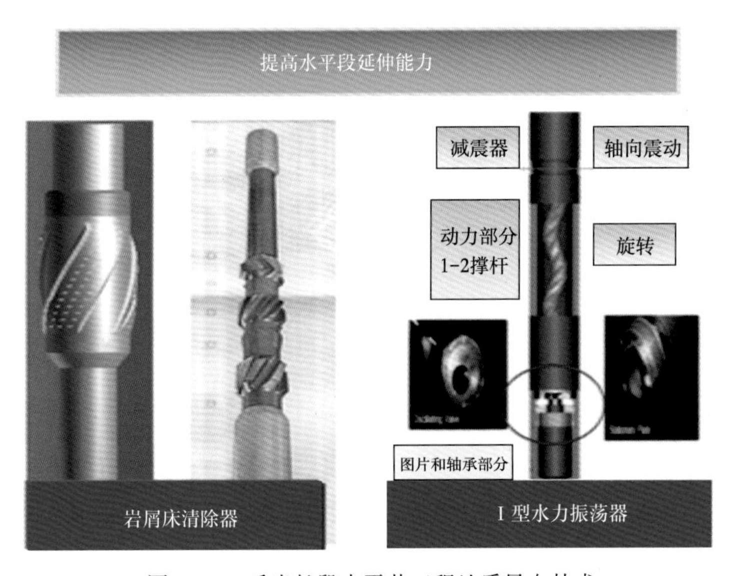

图 5-12　千米长段水平井工程地质导向技术

表 5-4　千米长段水平井工程地质导向技术攻关前后对比表

技术类别	技术名称	技术发展变化	
		攻关前	攻关后
创新突破	薄层（2.5m）水平井	水平段长 587m，油层钻遇率 92.4%	水平段长 920m，平均油层钻遇率 95.4%
	浅层大位移水平井	水垂比 0.76	水垂比 1.58
完善推广	千米长段水平井	水平段最长 953m	水平段最长 1395m

6. 成果六：形成安全高效钻井液体系

针对不同领域安全钻井和环保钻井的需求，形成了针对“防漏堵漏、长段水平井、复杂深井”为代表的4套新型安全钻井液体系，现场应用取得较好效果（表5-5）。

表5-5 安全高效钻井液体系及实施效果表

攻关对象	钻井液选型		效果
	攻关前	攻关后	
中浅层恶性漏失	静止堵漏/打水泥塞	高强度凝胶随钻高效堵漏	YB6块应用8口，单井漏失量由1667m^{3}减至253m^3，千米表层周期由36.6d缩短至15d以内
长段水平井	MEG	弱凝胶	应用75井次，水平段由不足500m增至1500m，平均复杂率由12.5%降至0.54%
深度4000m以上的井	聚磺	全阳离子	试验3口井，零复杂完钻，抗温150℃，为后续深井钻井提供钻井液参考
深度3000m以下的井	聚合物+聚磺	GRD聚合物钻井液	试验32口井，井下无复杂井况，达到环保排放标准

善于运用工程地质一体化思路，创新应用低成本“地质学绕障+控斜钻具+工艺优化+安全钻井工具”为代表的多角度钻井综合提速新方法（表5-6），摆脱了国外技术垄断，其技术处于国内领先水平。

表5-6 多角度钻井综合提速新方法对比表

对比内容	国内外	本项目
井身质量控制	（1）Power-V主动精确控制井斜在1°以内； （2）在复杂煤系地层无法应用； （3）仅依靠转盘钻进，无法强化钻井参数； （4）Power-V技术垄断，只租不卖	（1）1000m调整段长不小于40m，最大井斜角控制精度≤3°； （2）全压复合钻进比例≥95%，钻压40~120kN范围可调； （3）日费为Power-V垂直钻井的1/6
安全钻井	（1）国内通过优化井身结构、控压钻井、优选钻井液体系与性能优化等技术结合来保证安全钻井； （2）国外斯伦贝谢公司利用NDS无风险钻井，只租不卖	（1）结合钻井、地质学、地震剖面等资料，规避裂缝、破碎带等敏感性地层； （2）采用系列化安全钻井工具，实现井筒安全可控； （3）针对性地按井型、井深优选钻井液体系

吐哈油田千米长水平段油层平均钻遇率为88.6%，水平段长950~1400m。国内长庆苏里格平均钻井周期35.5~39d，水平段长1270~2000m；北美钻井周期35~60d，水平段最长为2800m。通过综合因素对比，长段水平井与国内外同类技术对比，水平井钻井处于国内领先水平（表5-7）。

表5-7 2015—2017年千米水平井指标与国内外对比情况

项目	油层厚度（m）	埋深（m）	钻井周期（d）	水平段长（m）	钻遇率（%）
吐哈（致密油）	10~20	2000~2600	53.9~38.6	950~1400	88.6
国内（苏里格）	8~12	1800~2500	39.0~35.5	1270~2000	82.0
北美（致密油）	305~500	2500~3000	60.0~35.0	2400~2800	95.0

在厚度小于3m的薄油层中高效立体引导穿行1100m，油层钻遇率高达100%，薄层水平井与国内外同类技术对比（表5-8），其技术处于国内先进水平。

表5-8　国内主要油田薄层水平井钻井指标

油田	年份	油层厚度（m）	水平段长（m）	油层钻遇率（%）
胜利	2003	0.9~4.0	260.0~330.0	100.00
江汉	2010	0.4~2.0	136.3	79.52
新疆	2007	2.0~5.0	300.0~400.0	—
大庆	2012	1.0~1.5	500.0~600.0	64.48
吐哈	2017	2.0~3.0	1102.0	100.00

（三）高效低成本钻井的五个创新点

1. 创新点一

突破常规控斜钻具理念，将安全钻井工具融入钻具组合中，解决了常规钻具控斜能力差、频繁纠斜的难题，实现了安全、有效、经济的和谐统一。

升级换代具有自主知识产权的控斜复合钻具技术，不断改进稳定器间距、构型、尺寸，同时配套一种深井井身质量控制方法，保障多井型连续全压复合钻井条件下井壁随钻修复与高效控斜（图5-13）。取得实用新型专利1项。

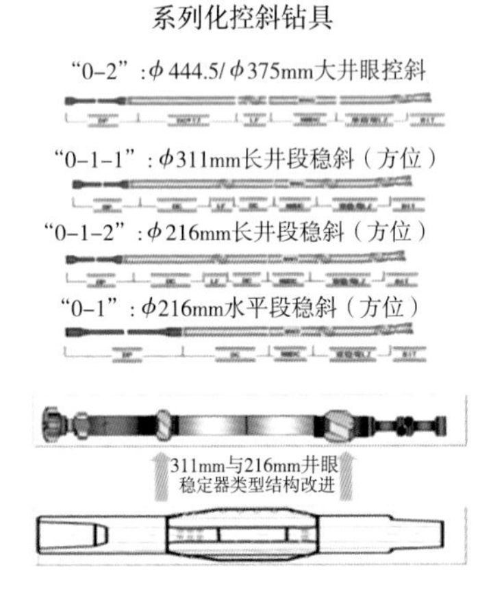

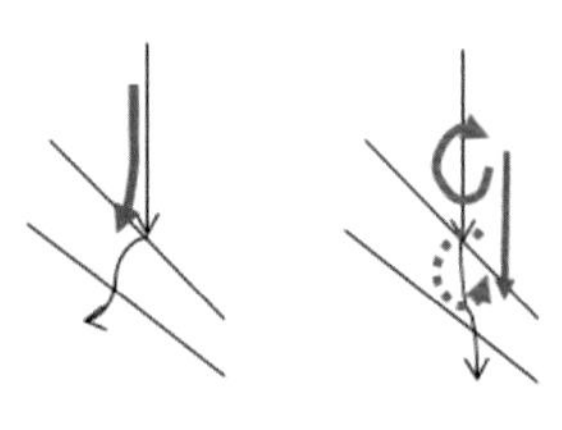

井身质量控制指标

- 深井井斜控制精度＜5°
- 千米水平段调整次数＜3次
- 复合钻进比例＞95%
- 钻压40~120kN
- 成本为Power-V的1/5

图5-13　斜复合钻具技术体系

2. 创新点二

创新深井工程地质一体化设计与实钻控制技术（图5-14），解决了煤系、破碎带、易缩易塌等复杂地层复杂事故率高的问题。

“示范井”工程成果如下：

（1）深层稠油：YB7-23井的钻井周期54d，创YB6区块复杂山地平台井最短周期纪录。

（2）致密油：M58-2H井用时29.4d完钻水平段长1395m，创吐哈油田最长水平段纪录。

（3）区域探井：北部山前带、斜坡区、火焰山构造带钻井周期缩幅达30%~60%。

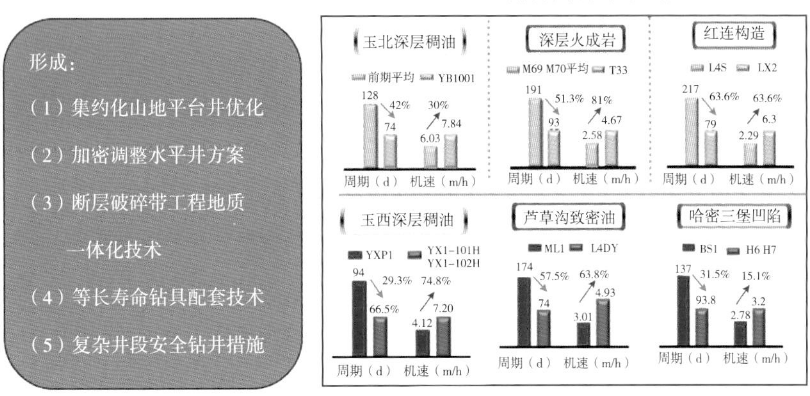

图 5-14　深井工程地质一体化设计与实钻控制技术系列

3. 创新点三

创新突破 PDC 钻头设计思路与优化破岩方式，解决了深井钻井起下钻频繁与行程钻速低的问题（图 5-15）。

（1）YB6 区块机械钻速提高 65%，行程钻速提高 129%。

（2）四大岩性地层单只进尺提高 324%~644%；获得实用新型专利 2 项。

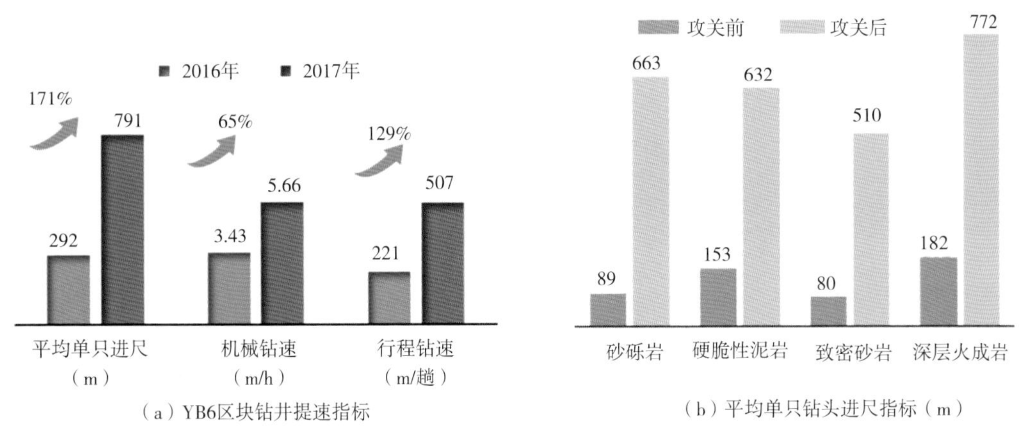

图 5-15　PDC 钻头设计思路与优化破岩方式

4. 创新点四

突破水平井原有轨迹控制方法，创新千米水平井动态靶盒随钻工程地质导向技术，解决了油层钻遇率低与水平段高效延伸的难题。

建立储层精细刻画对策，创新水平井随钻工程地质导向技术，通过运用“双（多）探边”技术，建立长水平段动态油顶油底靶盒模型，满足千米长水平段安全高效钻井需求，有效提高油层钻遇率（图 5-16）。获得发明专利 1 项。

5. 创新点五

突破单纯从钻井液角度处理钻井复杂，创新应用安全钻井工具与工艺方法，解决了应对井下复杂事故的被动性与局限性。平均裸眼段长 3706~3986m，最长裸眼段 4075~4278m；深探井复杂事故率由 10.73%降至 3.98%（图 5-17）。获得实用新型专利 2 项。

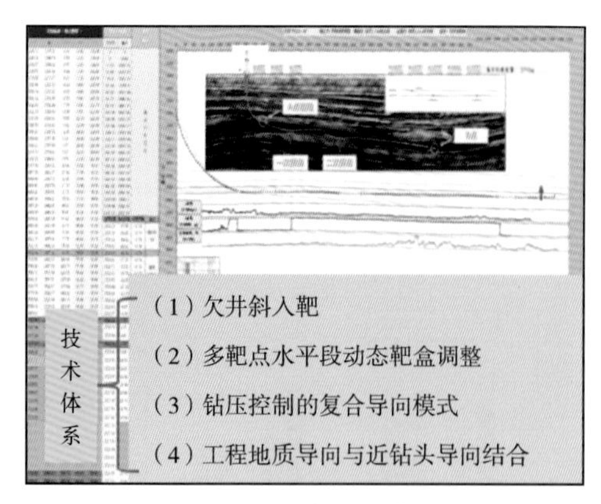

（a）工程地质导向操作界面

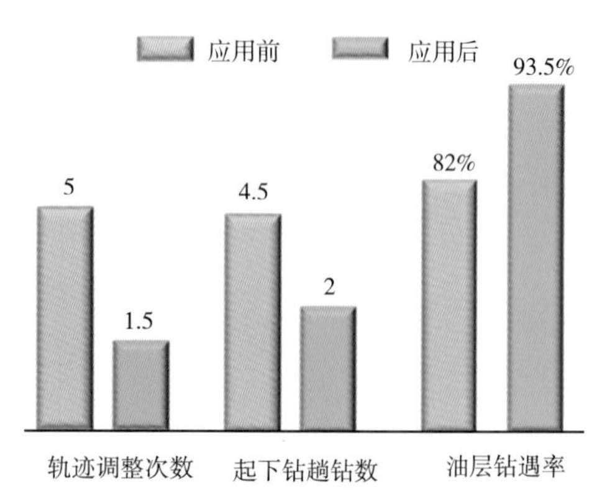

（b）千米长水平段钻井指标

图 5-16　水平井动态靶盒随钻工程地质导向技术

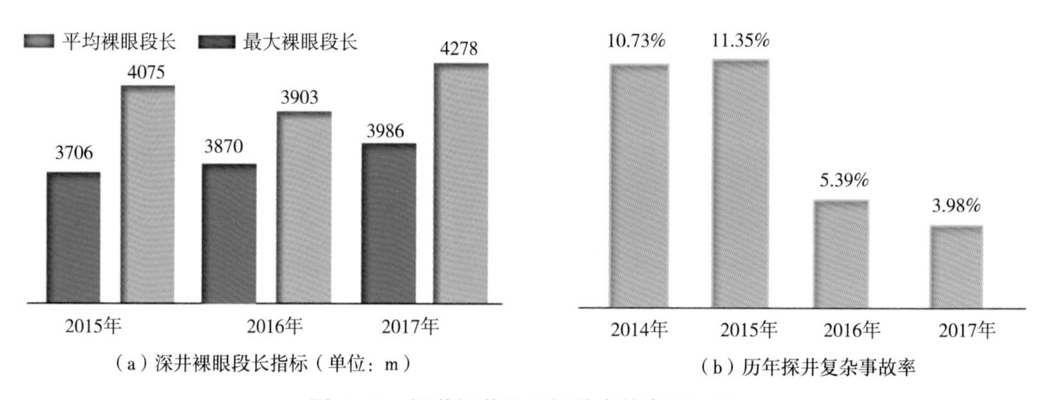

（a）深井裸眼段长指标（单位：m）　（b）历年探井复杂事故率

图 5-17　深井裸井段和探井事故率对比图

四、应用效果

（一）勘探领域

总体指标：钻井周期由 66.9d 缩短至 57.9d，缩短幅度 13.5%；机速由 5.58m/h 提高至 6.22m/h；复杂事故时效由 11.35%降至 3.79%。

4000m 以上指标：钻井周期由 105.2d 缩短至 69.1d，缩短幅度 34.3%；机速由 4.45m/h 提高至 6.35m/h，提高幅度 42.7%（图 5-18）。

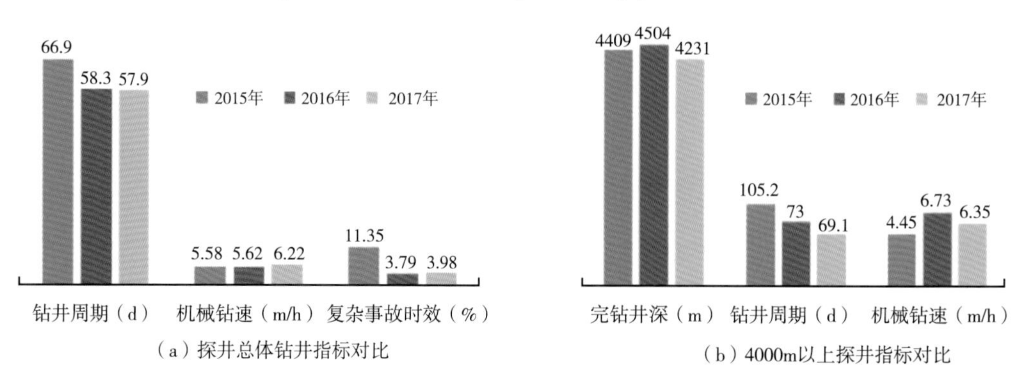

（a）探井总体钻井指标对比　（b）4000m以上探井指标对比

图 5-18　探井钻井指标对比图

（二）开发领域

1. 平台丛式井

YB6 块：钻井周期由 2015 年的 134.4d 缩短至 2017 年的 70.8d，缩短幅度 47.3%；机械钻速由 3.5m/h 提高至 5.7m/h；复杂事故时效由 24.8%降至 7.51%，降低幅度 69.7%（图 5-19）。

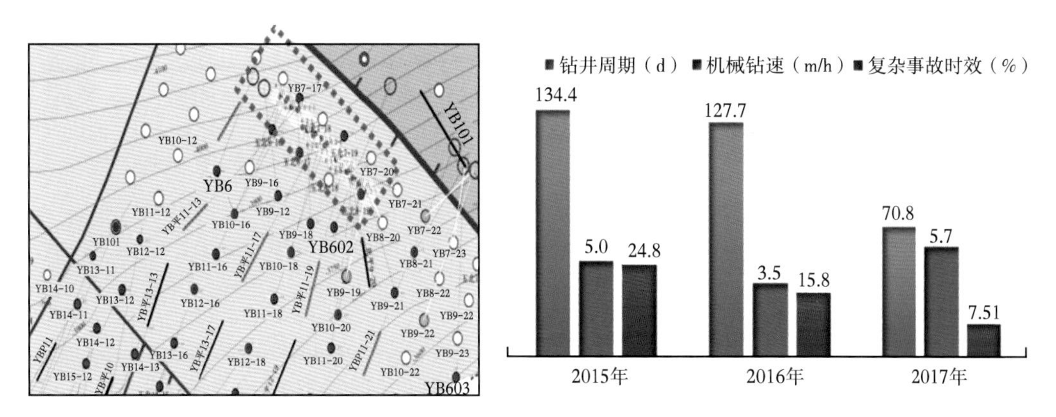

图 5-19　平台丛式井钻井周期、钻速等对比图

2. 长段水平井

致密油：千米长段水平井钻井周期由 60d 缩短至 39.1d，平均油层钻遇率由 76.5%提高至 88.6%（图 5-20）。

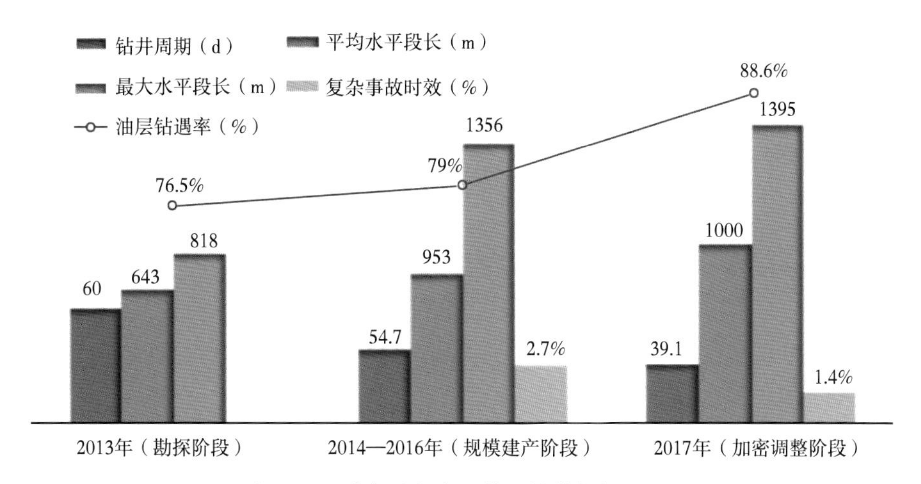

图 5-20　致密油长水平井段钻井指标对比图

3. 薄层与浅层水平井

薄油层：创吐哈薄油层（2.5m）水平段 1102m 与油层钻遇率 100%的最高纪录，水平段长由 587m 增加至 920m，油层钻遇率 92.4%提高至 95.4%［图 5-21（a）］。

大水垂比：水垂比最大为 1.58（M219H 井），当年连续 4 次刷新西峡沟水垂比纪录［图 5-21（b）］。

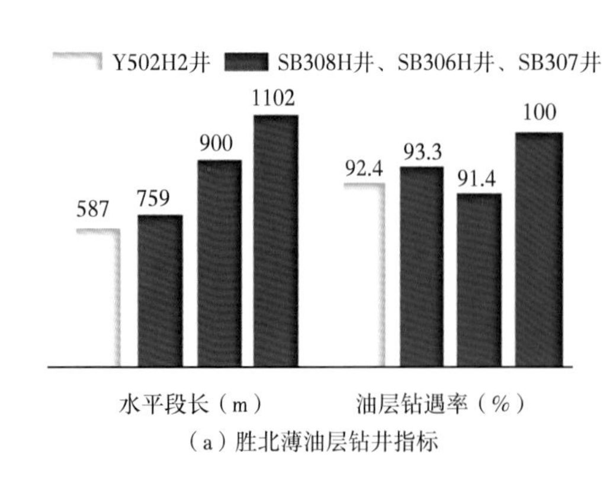

（a）胜北薄油层钻井指标

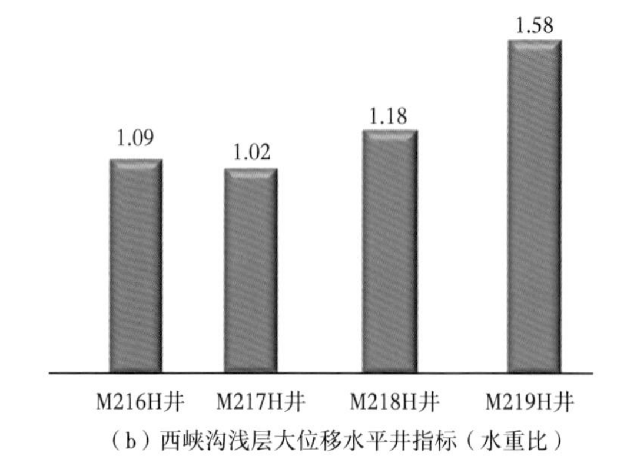

（b）西峡沟浅层大位移水平井指标（水重比）

图 5-21　薄层与浅层水平井钻井指标对比图

第二节　致密油开发技术体系

吐哈油田低品位、非常规储层储量巨大，前期采用常规改造思路均未取得较大突破，严重制约了储量的动用。“十一五”初期，水平井技术在国内外获得较大发展，集团公司要求各油田推广应用水平井技术，转变油气开发方式。“十二五”初期，面对单井产量明显下滑、百万吨产能建设投资增加的形势，吐哈油田做出推进水平井规模应用的部署。针对多类储层必须开展水平井技术的针对性攻关，形成各自储层成熟、有效的挖潜技术手段。

三塘湖油田致密油 2013—2018 年经历基础井网建设、转变开发方式、井网加密三个阶段，形成水平井+体积压裂、注水吞吐补充能量和井网加密的开发技术路线，储量得到有效动用（图 5-22）。

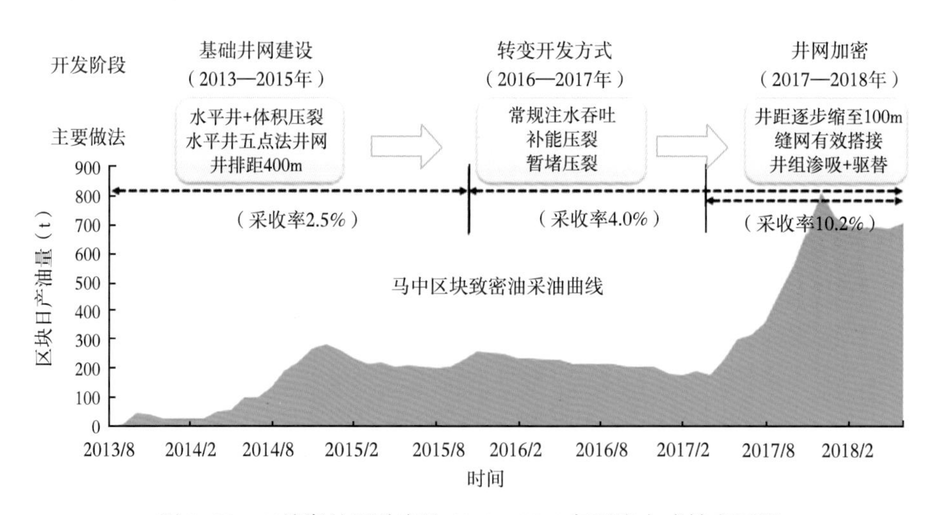

图 5-22　三塘湖油田致密油 2013—2018 年开发方式转变历程

一、确定地质—工程一体化压裂“设计思路”

首次提出“逆向”设计思路，建立“以压裂为中心”，实现高效经济开发；以矩形井网为基础，合理优化排距与裂缝规模、长度的匹配，尽可能充分动用资源；坚持水平井体积压裂思路，从布井、钻井、完井全程考虑体积压裂的需求，促进了地质工程一体化、勘探开发一体化的进程，促进了水平井体积压裂技术的进步（图5-23至图5-25）。

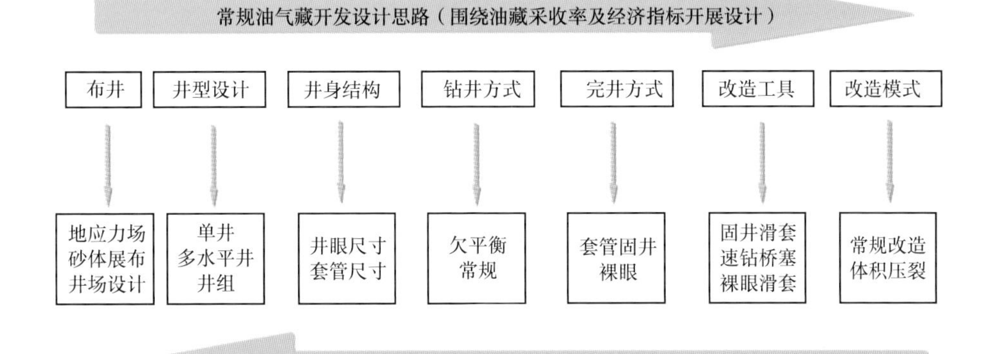

图5-23　地质—工程一体化压裂“设计思路”框图

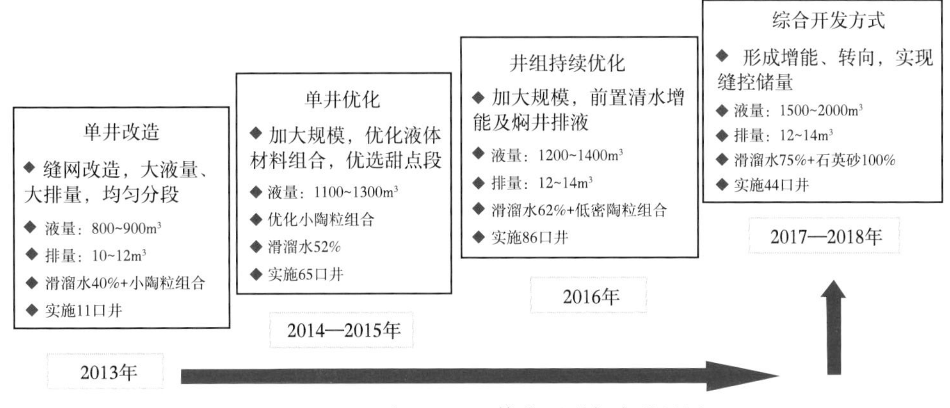

图5-24　地质—工程一体化压裂年度进展图

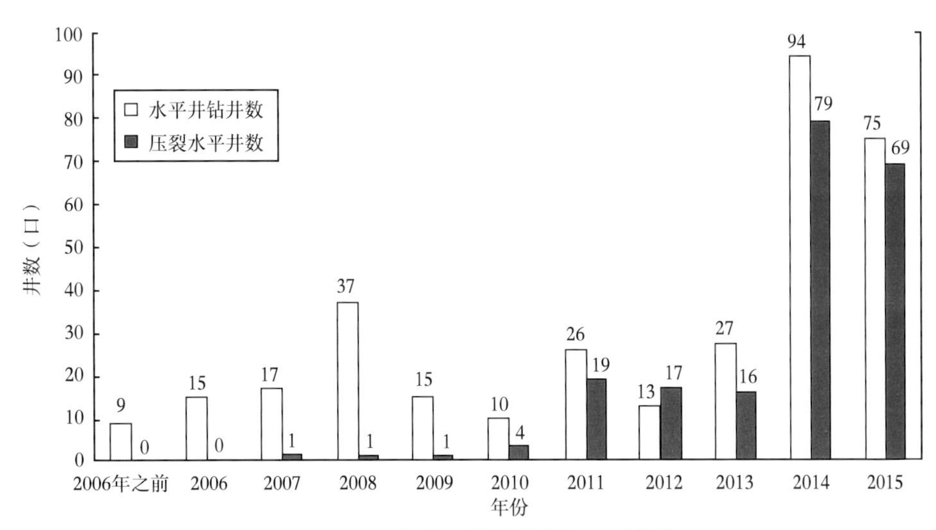

图5-25　历年水平井钻井数与压裂井数

二、能量补充技术体系

针对地层压力下降快，产量递减幅度大，采收率低。开展“大液量、大排量”注水吞吐，快速补充地层能量。

（一）工程配套技术

1. 优化电驱泵集团式注水参数

确定电驱泵集团式注水参数：日注水：1500～2000m^3，压力：稳定注水压力不小于45MPa，水量：单井设计（1.5~2.0）$\times10^4m^3$。配套合层、暂堵压裂技术，保证了注水吞吐持续有效（图5-26、图5-27）。

图5-26　电驱泵集团式注水现场运行图

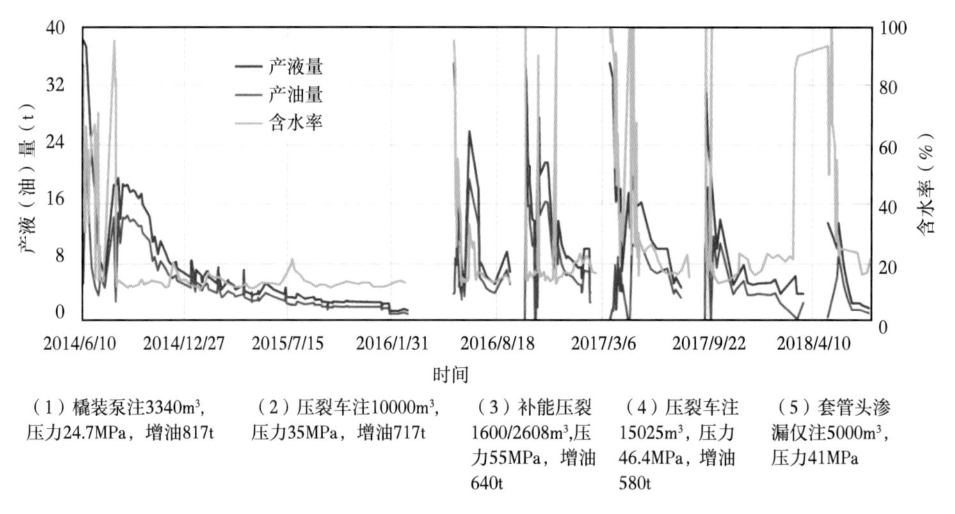

图5-27　M56-12H井注水吞吐开采曲线

2. 创新工艺技术

集成了水平井“大排量、大液量”套管体积压裂技术，创新了控压排采工艺，实现了配套工具的国产化，解决了增产、稳产难题。

针对凝灰岩大孔隙度、低渗透率的储层特点，引入体积改造的理念，确立了大液量、大排量、大砂量、高比例滑溜水的体积压裂技术路线，体积改造参数与产量关系曲线如图5-28所示。

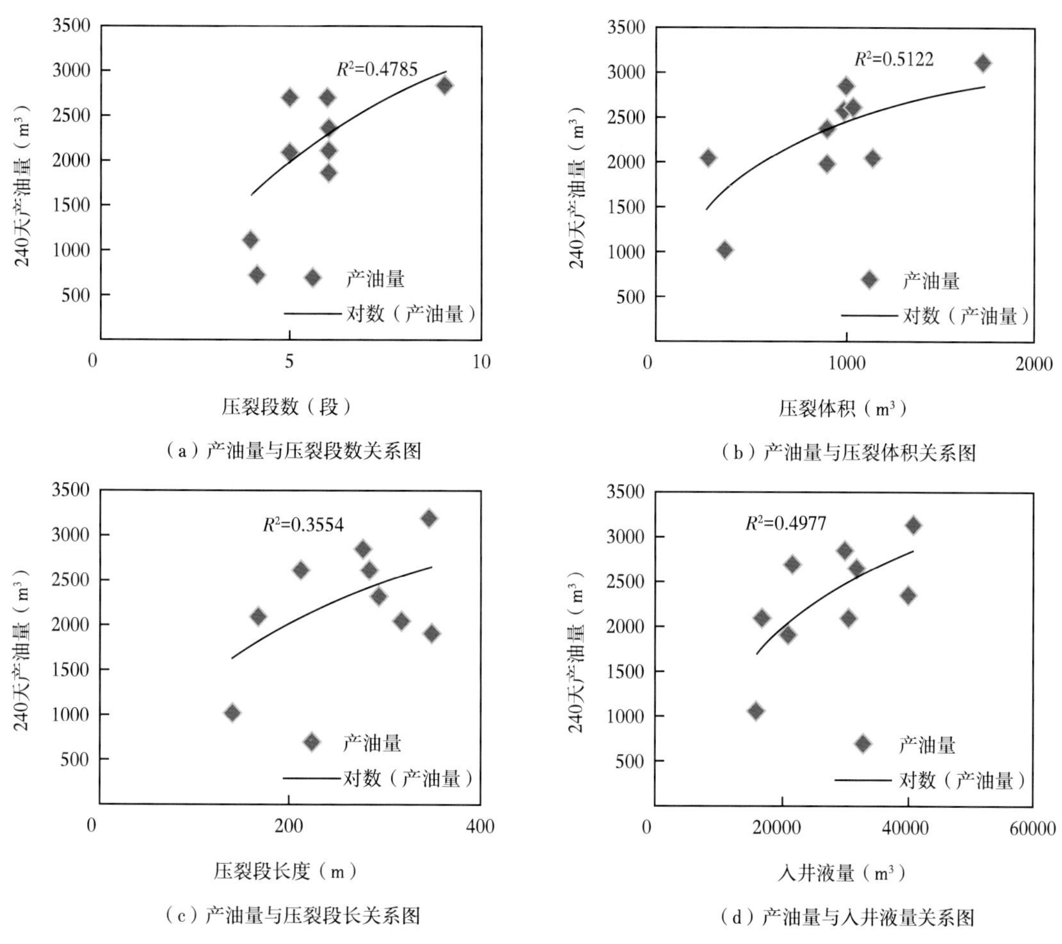

（a）产油量与压裂段数关系图

（b）产油量与压裂体积关系图

（c）产油量与压裂段长关系图

（d）产油量与入井液量关系图

图 5-28 产量关系与体积改造参数曲线

试验 3 种分段工艺，确定试验区主体工艺为“速钻桥塞+分簇射孔”桥塞选择国产化，其最大特点是成本低，性能与国外桥塞相当（表 5-9）。

表 5-9 国内外桥塞费用对比

项目	工艺	工具费用（万元）	钻塞费用（万元/个）
国外压裂工具+服务	速钻桥塞（2013 年）	单段 21.5	20
压裂工具+服务国产化	速钻桥塞（2014 年）	单段 14.8	8.33
	速钻桥塞（2015 年）	单段 13.2	

创新控压排采技术可防止压敏效应，延长自喷期确保压后效果。技术还形成了《三塘湖致密油条湖组压裂作业后放喷、排液、求产作业规范》。因井口压力降低过快，造成液体软支撑能力下降，地层网状缝渗透性损失过快，形成压敏；控制井口压力平稳下降，保持缝间液体软支撑能力是防止压敏、提高累计产量的有效技术。实际排采表明：当井口关井压力相对稳定后，采用 2mm 油嘴放喷；井口日压力下降小于 0.1MPa 后（图 5-29），更换大一级油嘴（1mm 递增）继续放喷排液，油嘴最大不超过 5mm。

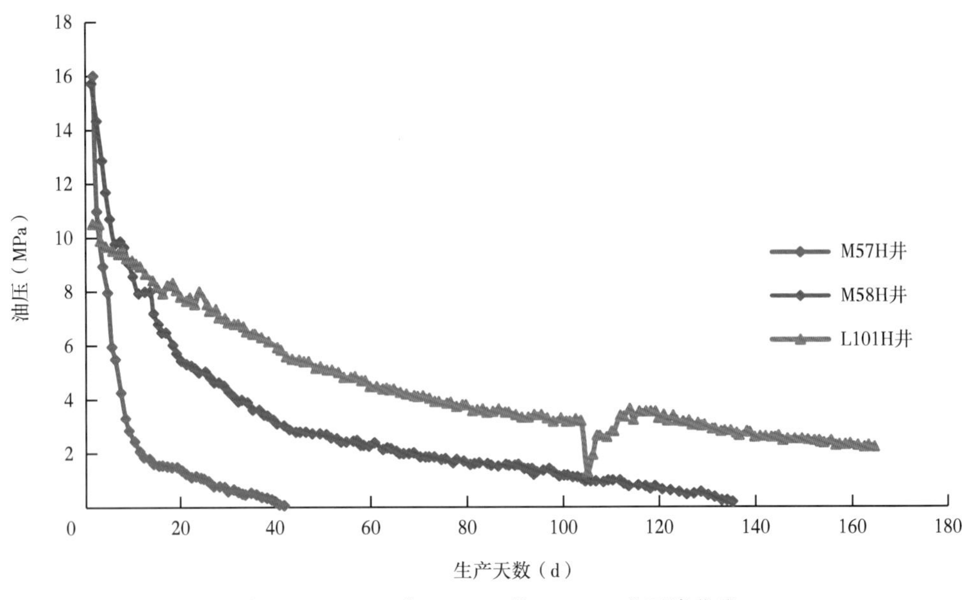

图 5-29　M57H 井、M58H 井、L101H 井压降曲线

3. 创新水平井井网优化技术

创新了致密油藏“整体体积改造”水平井井网优化技术，形成了致密油藏区块效益开发配套技术。

创立“整体体积改造”理念（图 5-30），提出水平井体积压裂五点法井网，两水平井首尾在主应力方向错开，实现油藏岩石体积改造缝网的立体全覆盖。

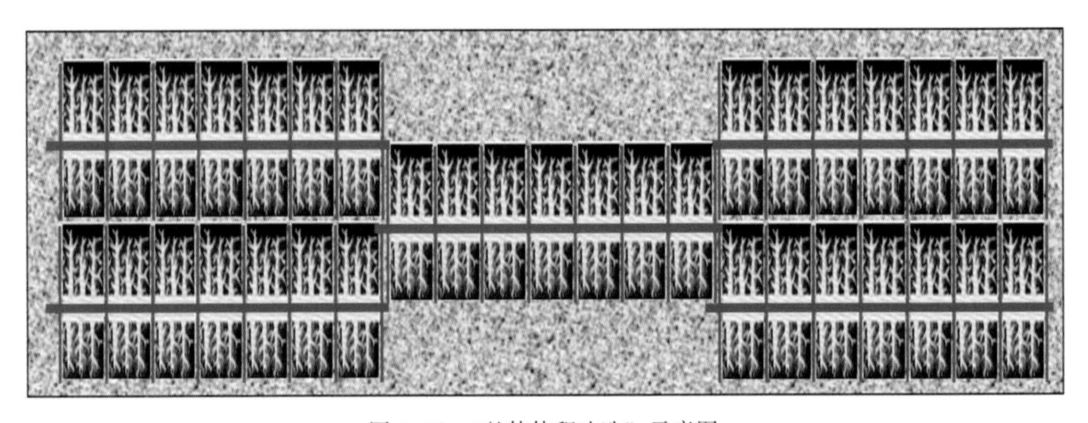

图 5-30　“整体体积改造”示意图

应用区域应力分析资料初步确定水平井方位，开展压裂裂缝监测校正主缝网方位，有效确定水平井轨迹方向（图 5-31）。

压裂裂缝监测主缝网方位角 40°~60°，压裂缝长 192~429m，最优主缝半长 200~220m；平面上应用测井分析区域应力场，裂缝方位监测反映主缝网延伸方位与最大主应力方向一致；裂缝与井筒夹角应大于 70°。结合裂缝监测结合、主应力方向、构造和地层分布特征，设计水平井井网方位。M56 区块水平井水平段方向为北西 50°（图 5-32）。

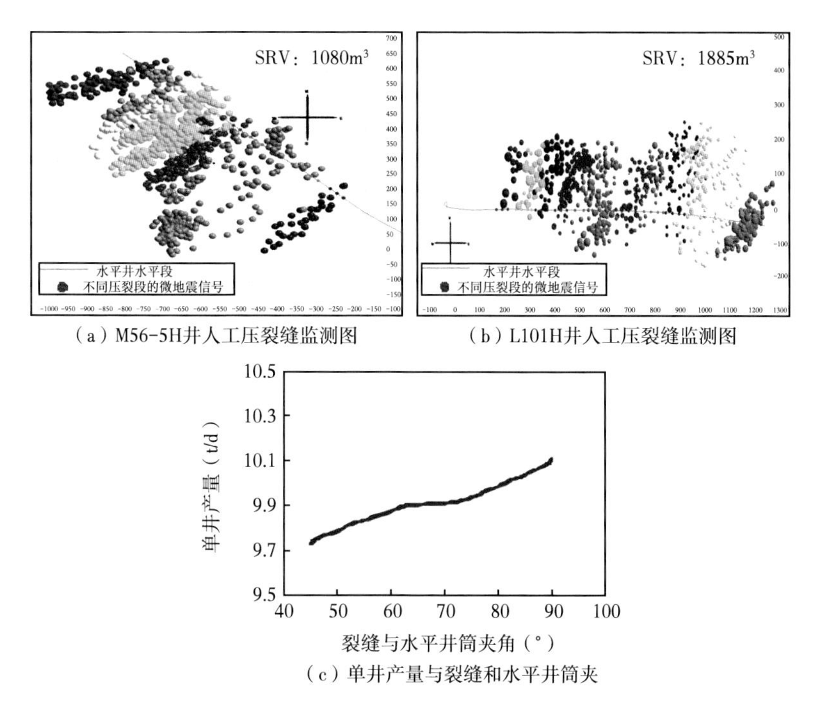

（a）M56-5H井人工压裂缝监测图

（b）L101H井人工压裂缝监测图

（c）单井产量与裂缝和水平井筒夹

图 5-31 人工压裂裂缝微地震监测图

注：微地震信号代表目的层破裂的位置，信号的大小代表破裂能量的大小，颜色代表不同压裂段的微地震事件

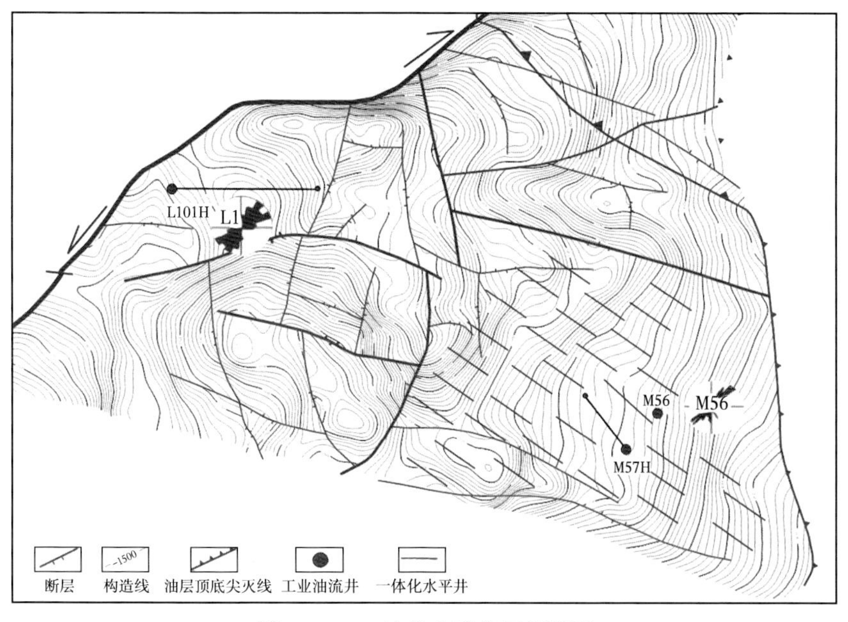

图 5-32 一体化水平井网部署图

（二）油藏配套技术

1. 加强注水吞吐机理及水窜规律研究

以渗吸置换、恢复地层压力为主的毛细管压力和弹性作用，首先将小孔隙油驱替到大孔隙，原油沿大孔隙渗析到裂缝中，流入井筒采出（图 5-33 至图 5-35）。

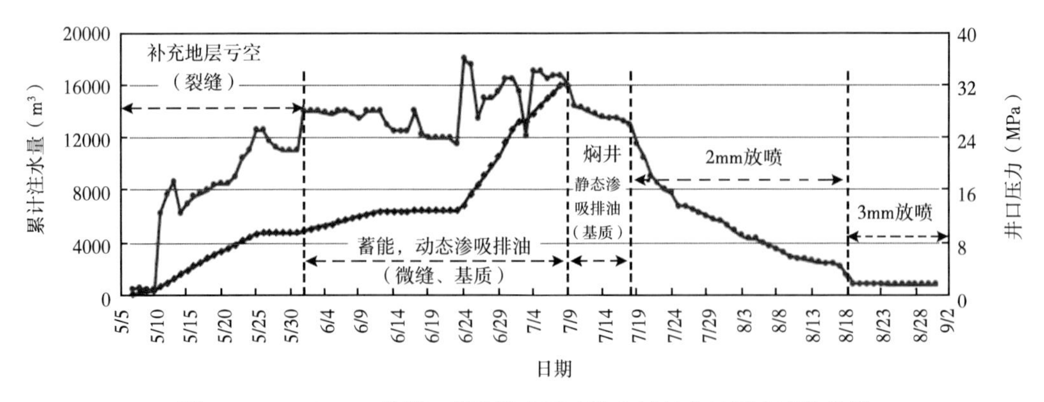

图 5-33　M56-27H 井第 1 轮次注水吞吐注入量与井口压力变化曲线

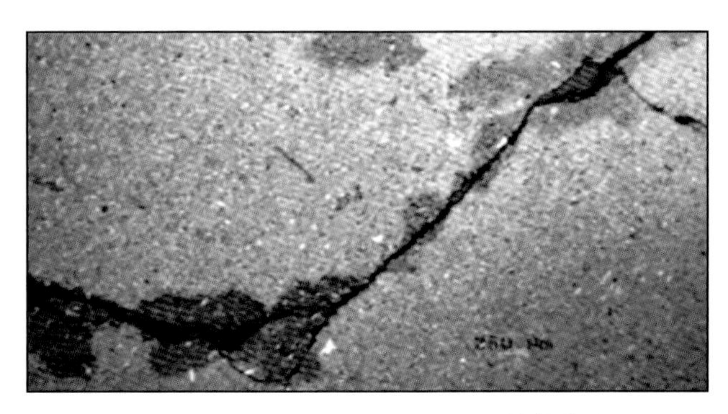
图 5-34　M56-15H 井导眼井岩心铸体薄片

图 5-35　致密油自发渗吸岩心照片

目前表现出两类四种缝网搭接关系，主缝交错型（占比 54%）表现为见效增油；主缝正对型（占比 46%）表现为水窜（表 5-10）。

针对水窜问题，采取控注入排量、井组同步吞吐等技术对策，减少主缝沟通，提升微缝渗析+驱替作用，井间窜比例下降 50%，邻井见效比例增加 14%（图 5-36）。

2. 合理制定注水吞吐技术政策

制定“大液量、大排量”注水吞吐技术政策，致密油注水吞吐参数优化后采用的参数：累计注入量（1.0～1.5）$\times 10^4 m^3$，注入速度 500～1500m^3/d，闷井时间 10d，吞六轮次。实施后，地层压力系数由 0.9 提升到 1.2，单井增油 6.8t/d、周期增油 695t，预测六轮次采收率由 2.5%提高到 4.5%（表 5-11、表 5-12 和图 5-37）。

表 5-10　致密油见效见水特征表

缝网类型	物理模型	见效见水特征	占比（%）	典型井组注采曲线
主缝横向交错 主缝间缝网发育	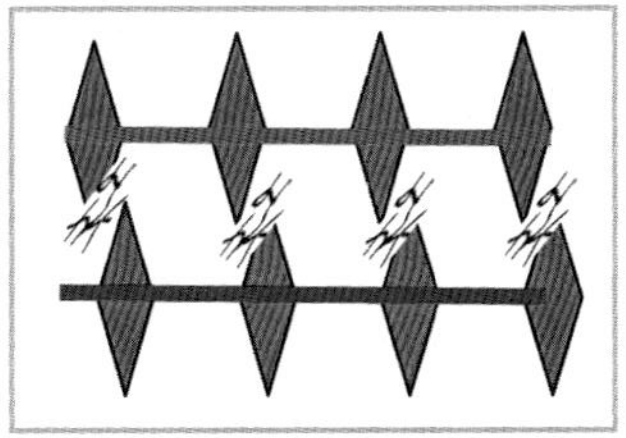	先见效后见水 油井增液增油 注水后期窜通	54	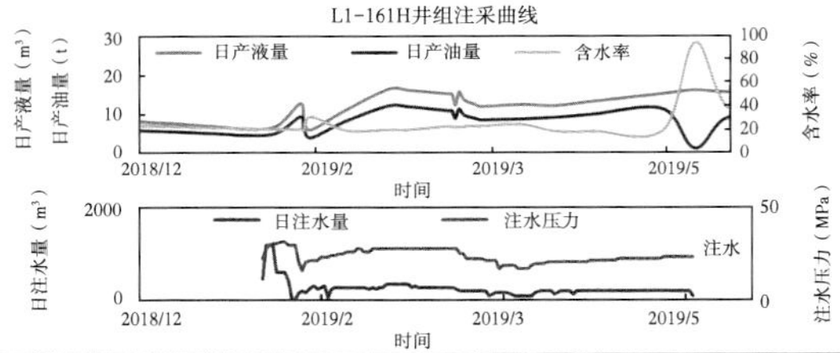 L1-161H井组注采曲线
主缝斜向交错 缝网规模发育	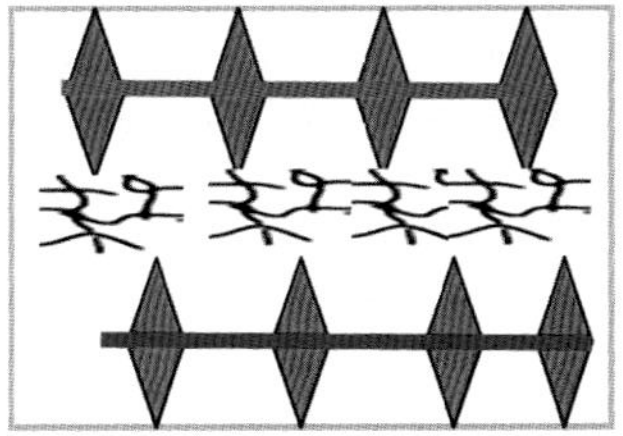	见效时间长 注水不易窜通 油井增液增油		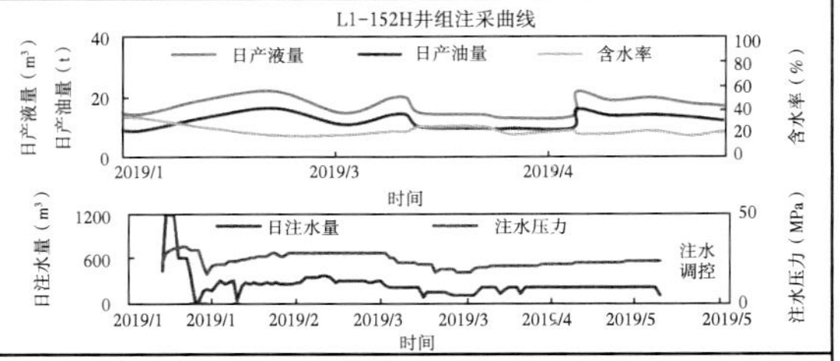 L1-152H井组注采曲线
主缝正对搭接	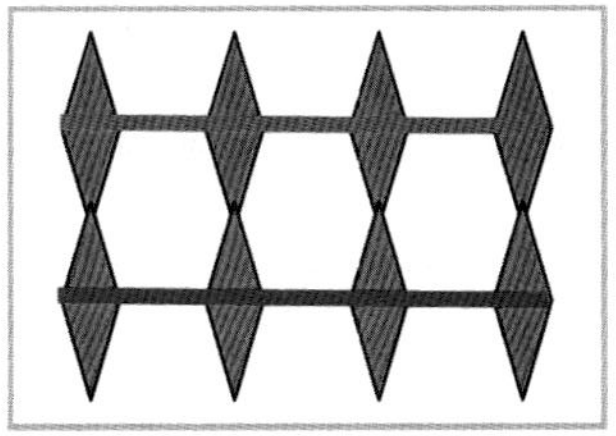	见水快 高压窜通 增液不增油	46	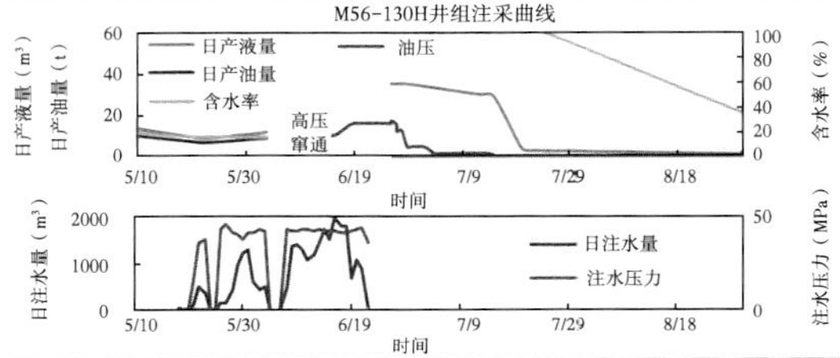 M56-130H井组注采曲线
主缝正对不搭接 次生缝沟通	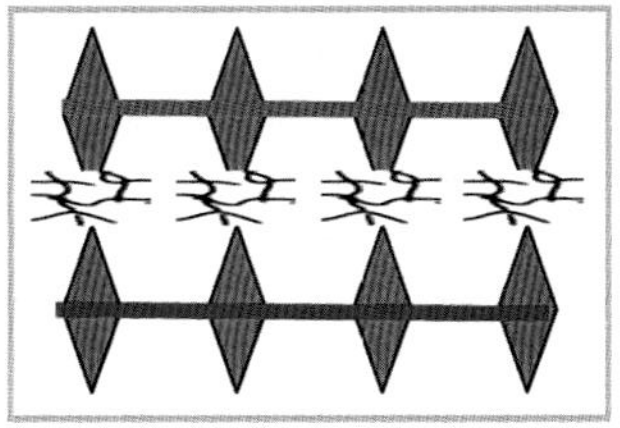	见水较快 注水窜通 增液不增油		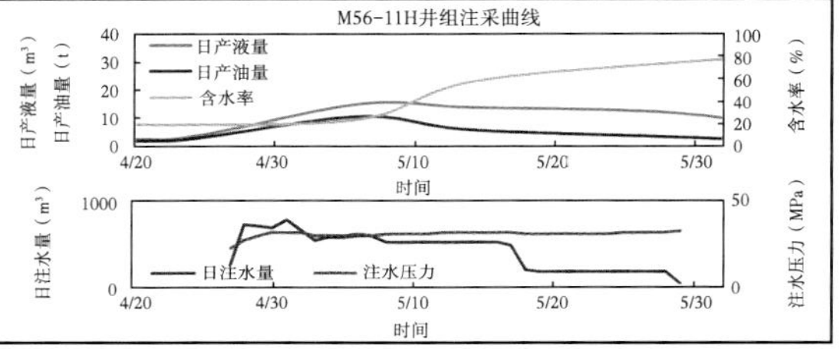 M56-11H井组注采曲线

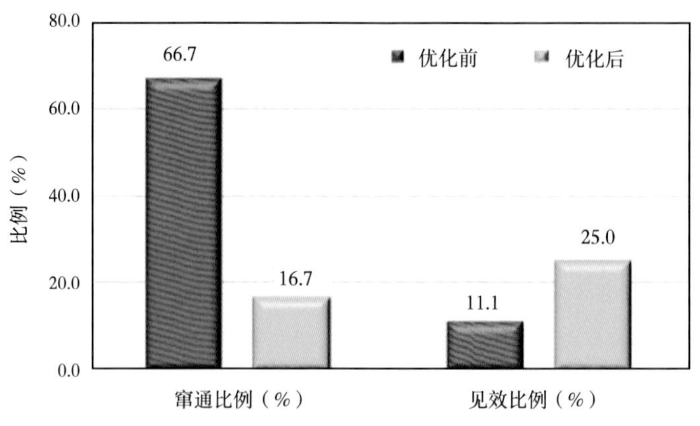

（a）注水吞吐井组动态反应情况

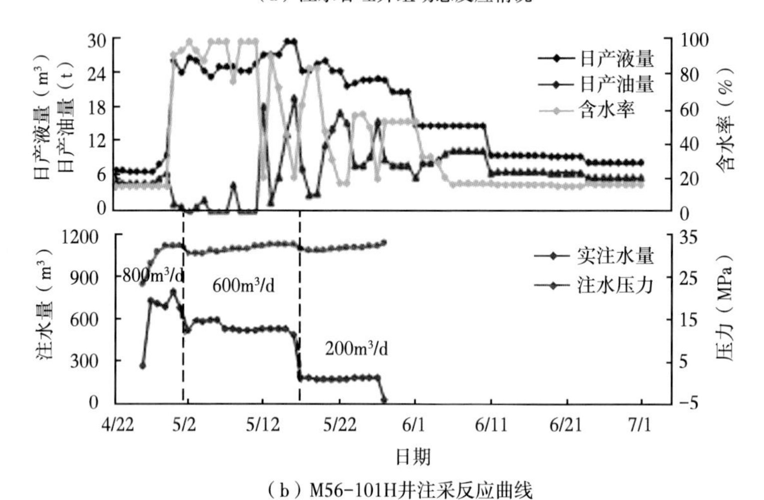

（b）M56-101H井注采反应曲线

图 5-36　抑制水窜技术对策实施效果对比图

表 5-11　致密油注水吞吐试验井效果统计表

井号	吞吐方式	吞吐前日产油量（t）	吞吐后日产油量（t）	对比（t）	累计增油量（t）	吞吐参数	
						累计注水量（m^3）	闷井时间（d）
M56-7H	补能压裂	1.8	14.3	12.5	2031	8507	14
M56-5H	注水吞吐	4.0	12.9	8.9	452	8239	12
平均		2.9	13.6	10.7	1242	—	—

表 5-12　致密油转变开发方式效果统计表

类型	周期结束井次（井次）	有效井次（井次）	有效率（%）	有效期（d）	单井注水量（m^3）	初期增油（t/d）	单井周期增油量（t）
注水吞吐	52	48	92.3	144	12470	6.5	540
增能压裂	20	20	100.0	220	12664	7.7	1097
小计	72	68	94.4	165	12537	6.8	695

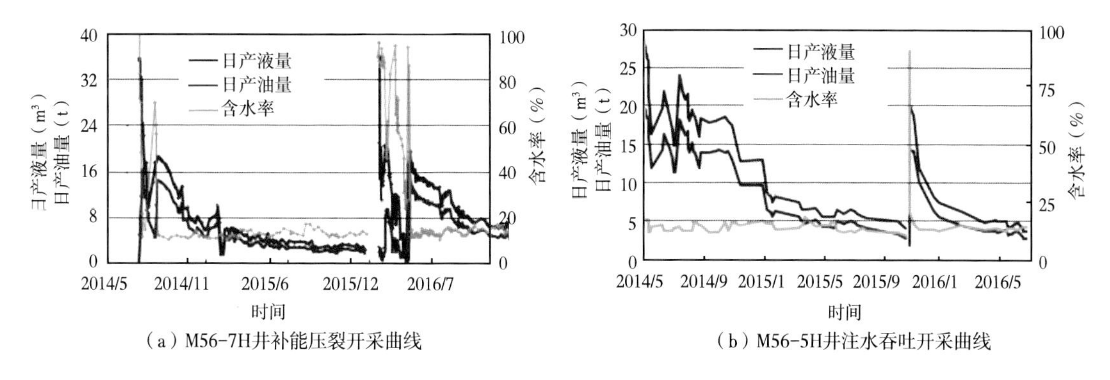

（a）M56-7H井补能压裂开采曲线　（b）M56-5H井注水吞吐开采曲线

图 5-37　补能压力和注水吞吐开采曲线

3. 工程地质一体化指导注水吞吐设计

注水吞吐年递减率 70%，产量递减较快。通过现场资料分析，发现入井液回采率低，70%以上注入水滞留在地层。随着轮次增加，含油饱和度降低，置换效率降低，效果逐渐变差（图 5-38 至图 5-40）。

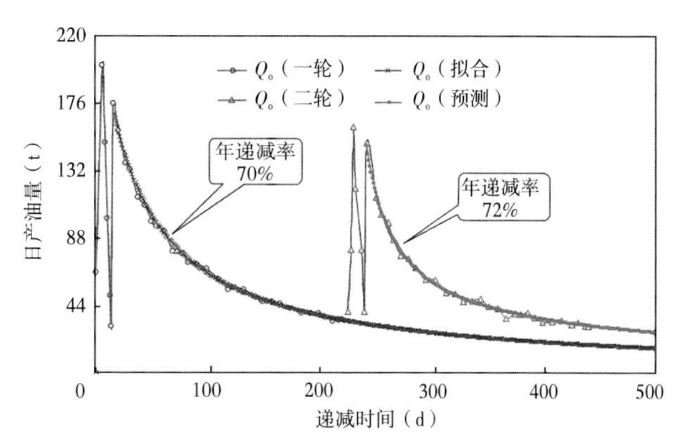

图 5-38　注水吞吐递减曲线

为解决油井递减率过快的问题，在加强基础研究的基础上，发现地层压力保持水平、缝网复杂程

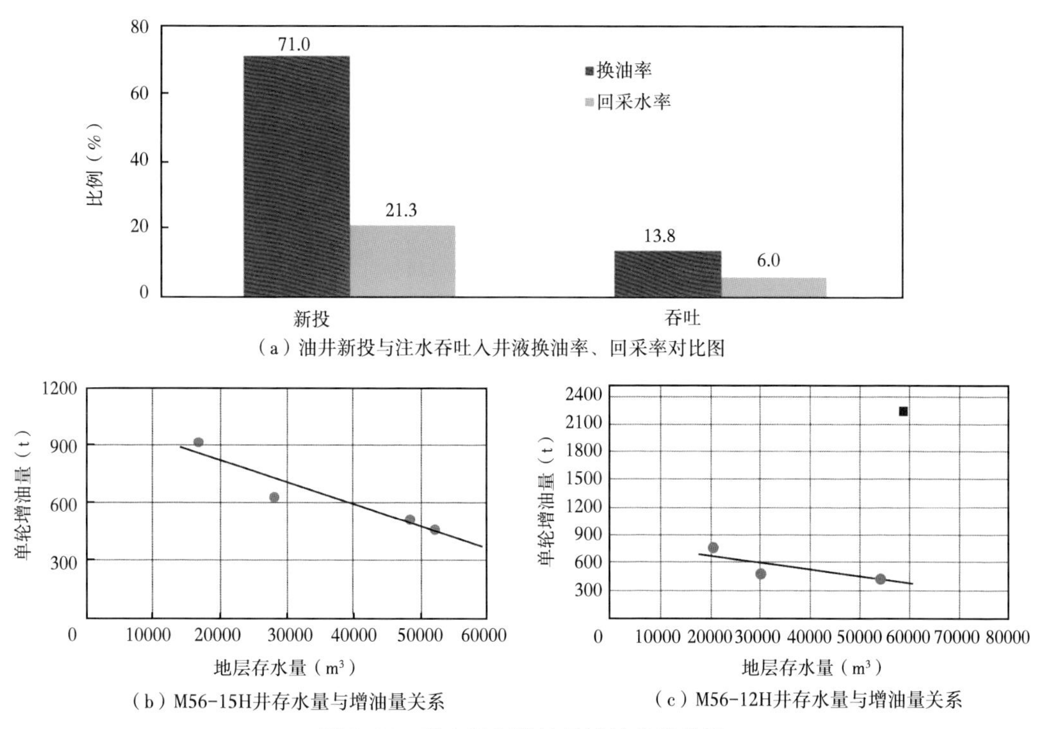

（a）油井新投与注水吞吐入井液换油率、回采率对比图

（b）M56-15H井存水量与增油量关系　（c）M56-12H井存水量与增油量关系

图 5-39　存水量与增油量统计关系曲线

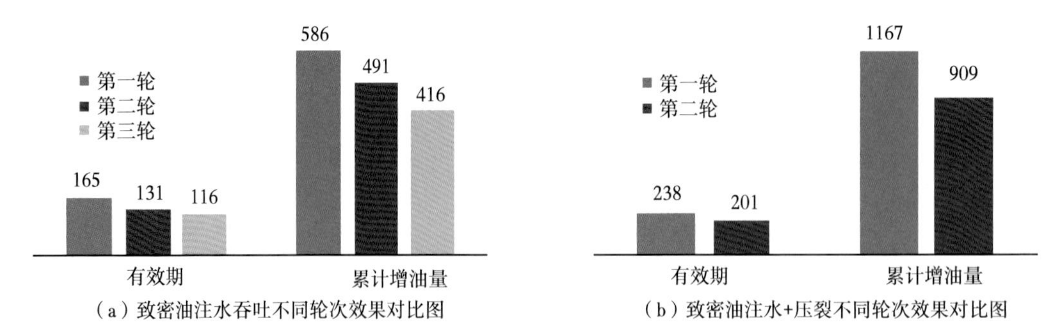

图 5-40 注水吞吐、注水+压裂不同轮次吞吐效果对比图

度、含油饱和度是影响吞吐效果主控因素。采用一体化设计理念进行个性化设计，确定不同吞吐方式。年实施 30~40 井次，当年增油量（1.5~2.0）$\times10^4$t（表 5-13）。

表 5-13 一体化设计理念下工程和油藏设计要素表

技术系列	措施前注采比	基本思路	注入压力（MPa）	注入速度（m^3/d）	单轮次注水量（10^4m^3）	焖井时间（d）
注水吞吐	<1.5	利用橇装泵注水补充地层能量，渗吸置换增产	30~50	500~1500	1.0~1.5	6
补能压裂	1.5~2.0	前置注水增加地层能量，压裂产生新缝，提高裂缝与基质接触面积，扩大渗吸面积，提高渗吸效率	30~50	500~1500	0.8~1.0	10
暂堵压裂	>2.0	前期多轮次吞吐后地层能量得到初步补充，暂堵压裂产生新缝，提高裂缝与基质接触面积，提高渗吸效率	—	—	—	10

通过注水吞吐+驱替，目前地层亏空为$-209.2\times10^4m^3$，地层压力系数 1.75，累计注采比 2.7，地层压力保持稳定（图 5-41、图 5-42 和表 5-14）。

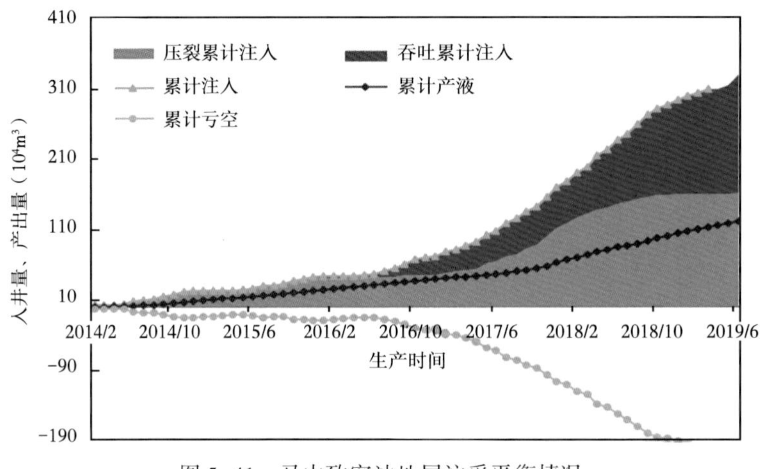

图 5-41 马中致密油地层注采平衡情况

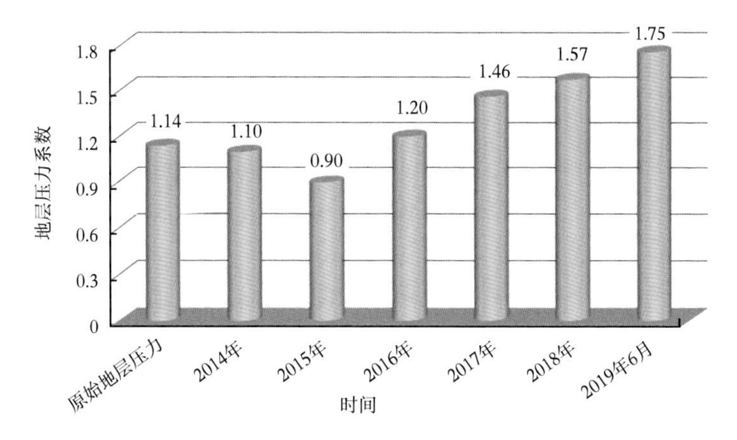

图 5-42　马中区块历年地层压力系数柱状图

表 5-14　单井压恢测试解释结果表

井号	测试日期	渗透率（mD）	地层压力（MPa）	裂缝半长（m）
L1-9H	2017/4/14	1.73	17.4	54.4
L102H	2017/8/28	2.57	13.8	
M56-8H	2017/9/17	1.30	10.9	25.0
M56-12H	2018/3/13	7.80	18.6	
M56-8H	2018/5/1	7.70	9.4	6.7
M55-3H	2018/8/23	3.00	16.4	5.8
M56-8H	2019/3/23	8.24	29.6	34.3
M56-12H	2019/3/25	0.64	13.8	9.6
M56-270H	2019/3/22	5.40	12.6	12.3
L1-9H	2019/4/7	3.42	13.1	20.7
M56-46H	2019/4/29	0.03	12.5	40.0

通过常规注水吞吐、小排量注水吞吐、大排量注水+重复压裂试验对比表明：大排量注水+重复压裂有利于开启复杂裂缝，补充地层能量，提高油水置换效率和增油效果（图 5-43、图 5-44）。

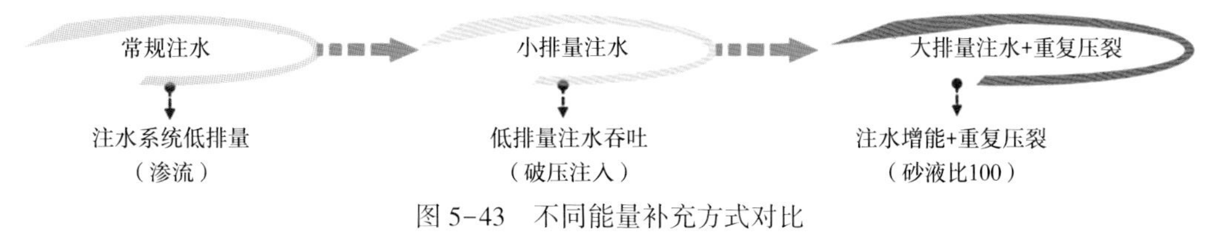

图 5-43　不同能量补充方式对比

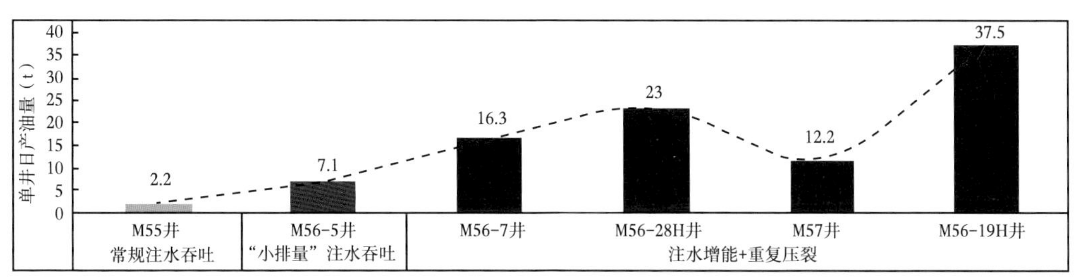

图 5-44　M56 井不同能量补充方式对比

三、储量动用技术体系

（一）区块整体体积改造技术

针对初次改造不充分的井，配套注水+暂堵转向压裂技术，大排量注水补充地层能量，暂堵转向压老缝，产生新缝，迫使开启高应力簇/段，实现“粉碎储层”、新老裂缝共同贡献产量的目的。

通过五年来的“认识—实践—再认识—再实践”，由“单一体积改造”向“增能、转向”的区块整体改造发展（以图5-45的M56区块为例），由单井增产向提高区块采收率转变。

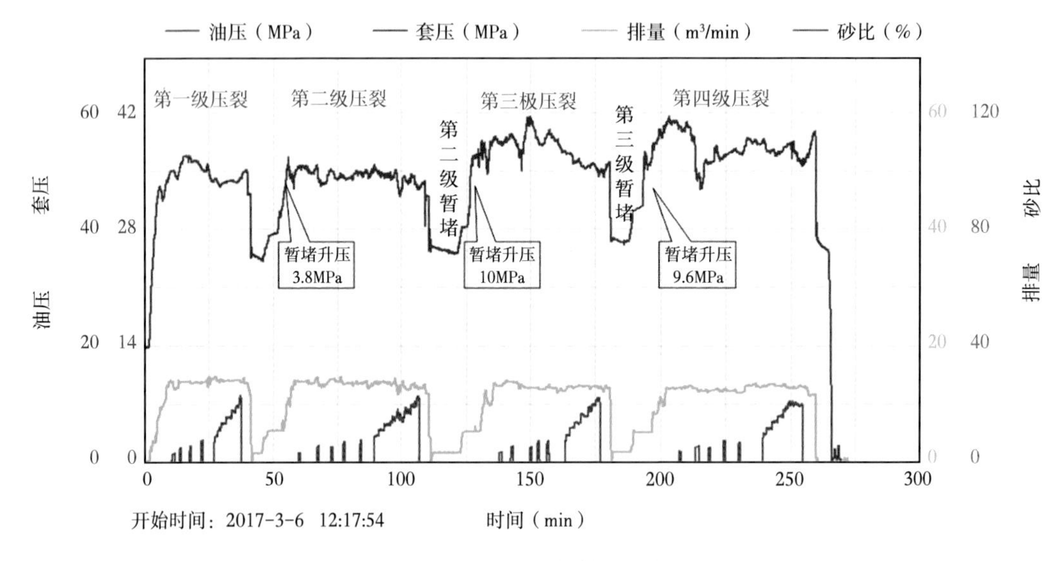

（a）M56-27H井投球暂堵施工曲线

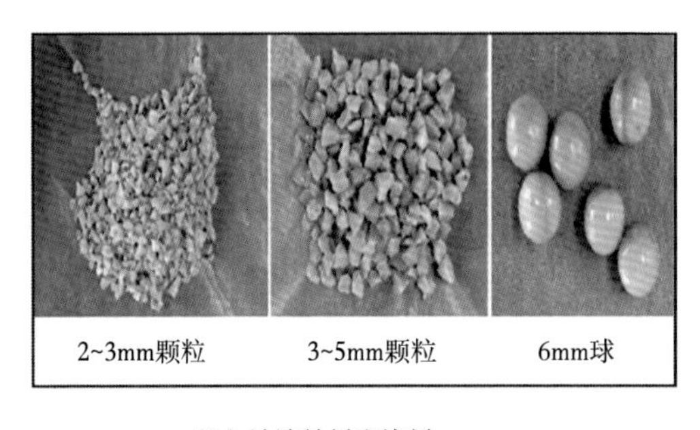

（b）油溶性树脂堵剂

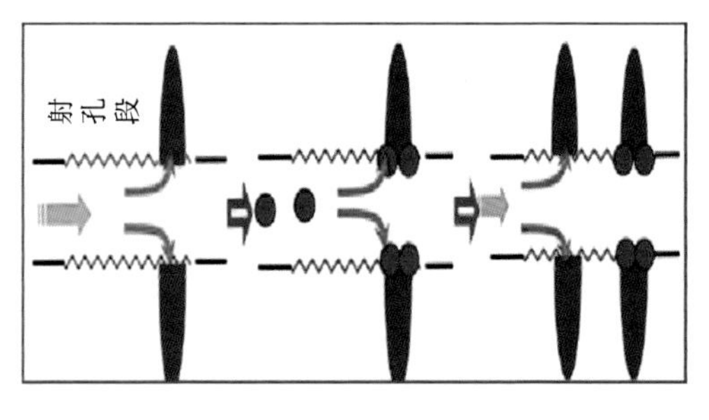

（c）射孔示意图

图5-45 M56区块整体体积改造技术

（二）水平井参数优化

1. 优化水平井排距

研究裂缝半长与累计产油量的关系，应用裂缝监测技术分析实际压裂缝长（图5-46），以“油藏压裂全破碎且不压窜”为原则选择水平井排距。裂缝半长与累计产油量关系（图5-47）分析认为最优主缝半长200~220m；压裂裂缝监测压裂缝长192~429m；按照整体破碎的思路，开发井按照水平井的压裂缝长300~400m、水平井排距400m设计。

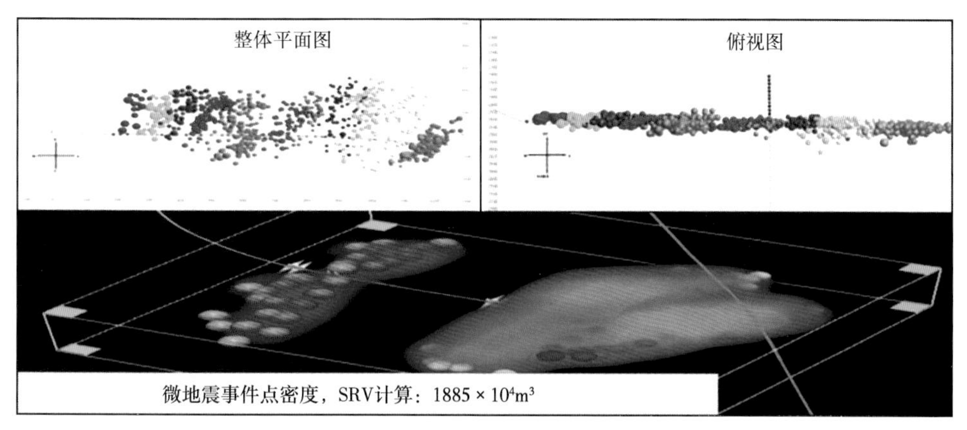

图 5-46　井下微地震裂缝监测及缝网压裂评估研究

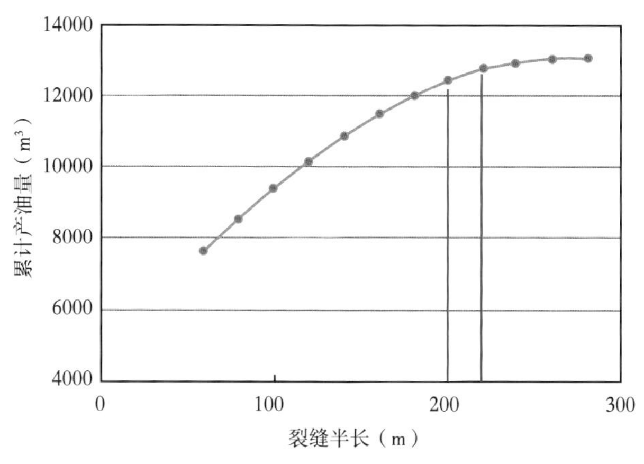

图 5-47　裂缝半长与累计产油量关系

2. 优化水平井长度

分析前期体积压裂效果，结合水平井钻完井水平、成本及构造特征、地层稳定性，优选水平段长 500~800m。随着水平井段长的增加，单井初期产油量、稳产期和累计产量明显提高，水平段 800m 以上增产更明显（图 5-48 至图 5-52）。

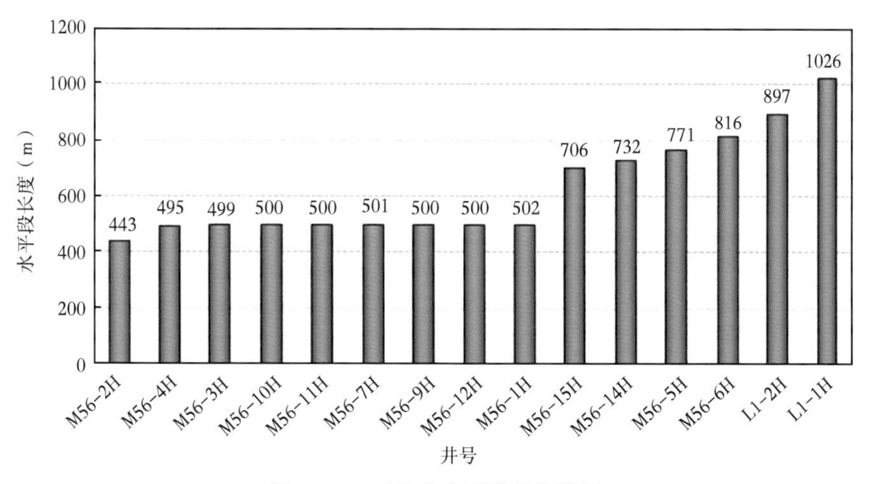

图 5-48　开发井水平段长统计图

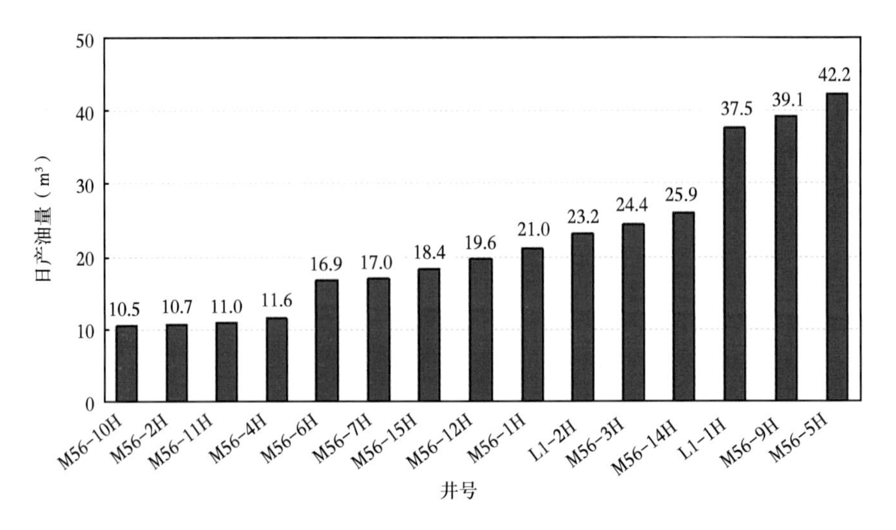

图 5-49　开发井前 30d 平均日产油统计图

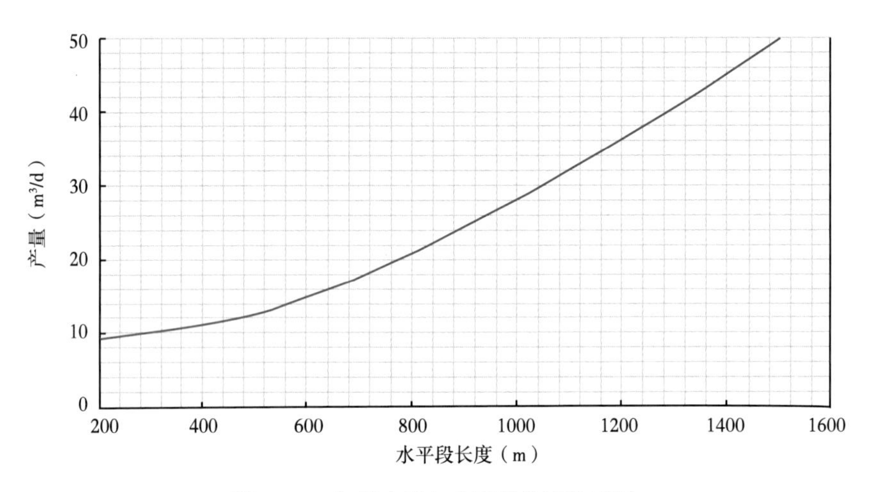

图 5-50　初期产量与水平段长度关系图

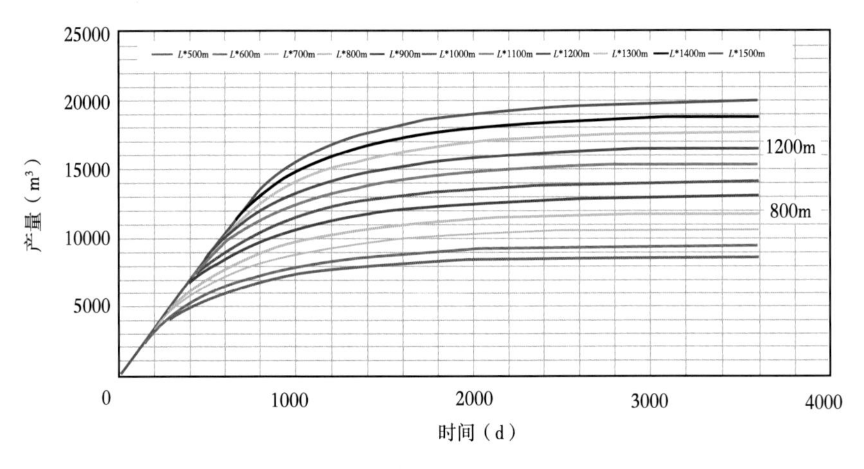

图 5-51　不同水平段长度累计产量与时间关系图

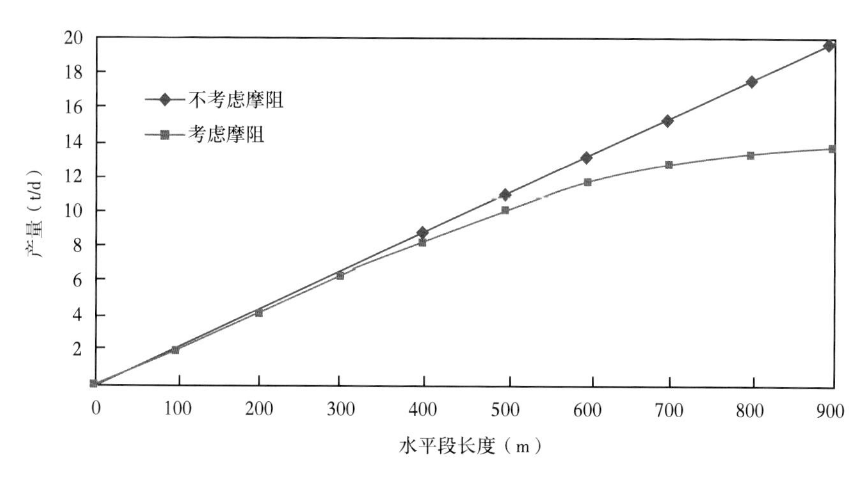

图 5-52　水平段长度优化结果

3. 优化水平井压裂段数

油藏数模结合实际压裂效果分析，确定 M56 块矩形五点法水平井井网，水平段长度 500~800m，排距 400m，压裂段数 8~10 段（图 5-53 至图 5-55）。

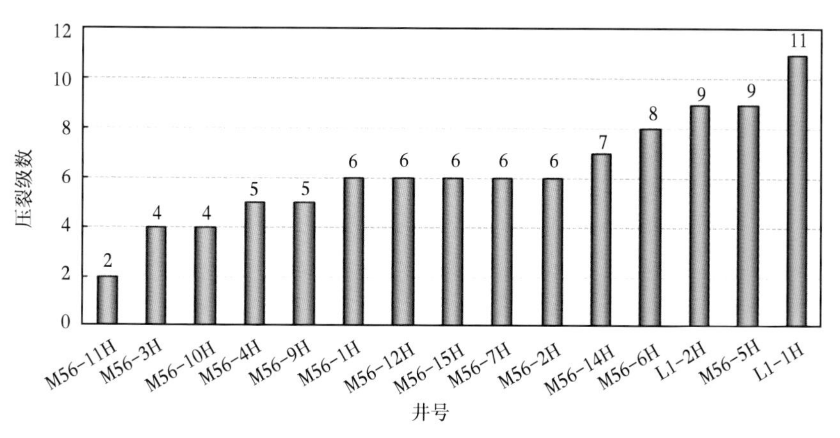

图 5-53　开发井压裂级数统计图

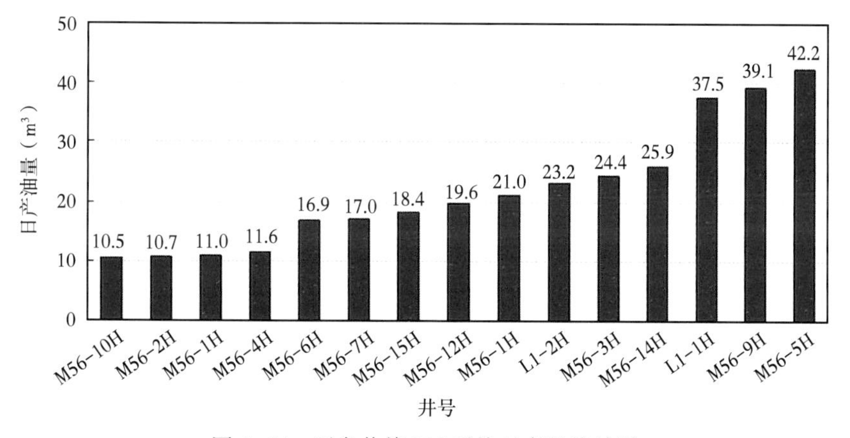

图 5-54　开发井前 30d 平均日产油统计图

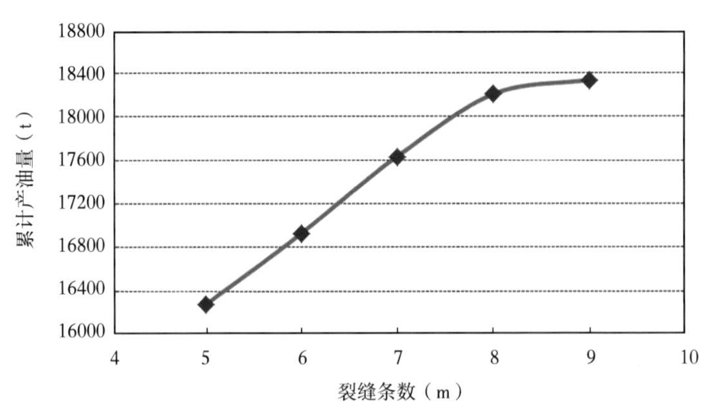

图 5-55　水平段长 500m 时不同段数累计产油量对比

（三）水平井加密技术

针对井间储量动用程度低，进行井网加密，井距由 400m 逐步缩小至 100m，储量动用提高到 85.2%（图 5-56）。

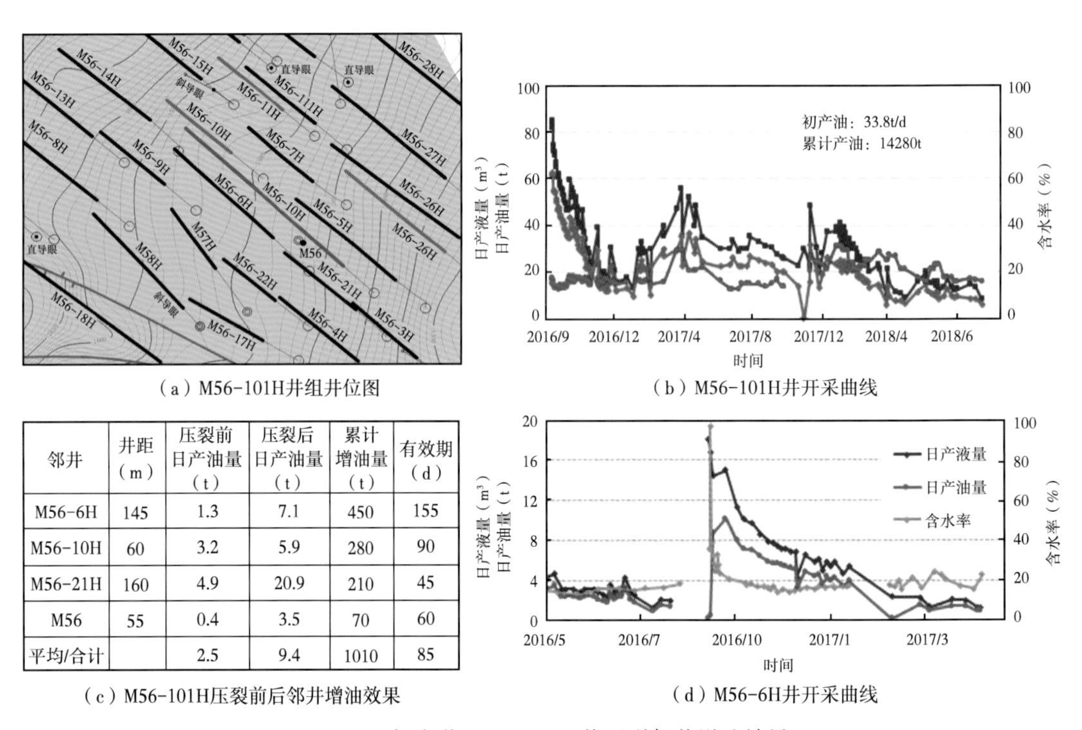

（a）M56-101H井组井位图

（b）M56-101H井开采曲线

邻井	井距（m）	压裂前日产油量（t）	压裂后日产油量（t）	累计增油量（t）	有效期（d）
M56-6H	145	1.3	7.1	450	155
M56-10H	60	3.2	5.9	280	90
M56-21H	160	4.9	20.9	210	45
M56	55	0.4	3.5	70	60
平均/合计		2.5	9.4	1010	85

（c）M56-101H压裂前后邻井增油效果

（d）M56-6H井开采曲线

图 5-56　加密井 M56-101H 井压裂邻井增油效果

压裂过程中有 80%邻井见效，实现缝网搭接。储量动用程度由 42.1%提高到 85.2%。实现了由井控储量向缝控储量的转变。400m 井网条件下，邻井见效率仅为 11.6%，实施了一次加密，200m 井距见效率为 20.6%为 100m 裂缝监测资料表明，实际半缝长仅为 40~80m，进行了二次加密，井距缩小邻井见效率提高到 80%，实现了井控储量向缝控储量转变；二次加密取心井证实钻遇储层原状含油，基本无人工裂缝，表明二次加密提高了储量动用（图 5-57 至图 5-59、表 5-15）。

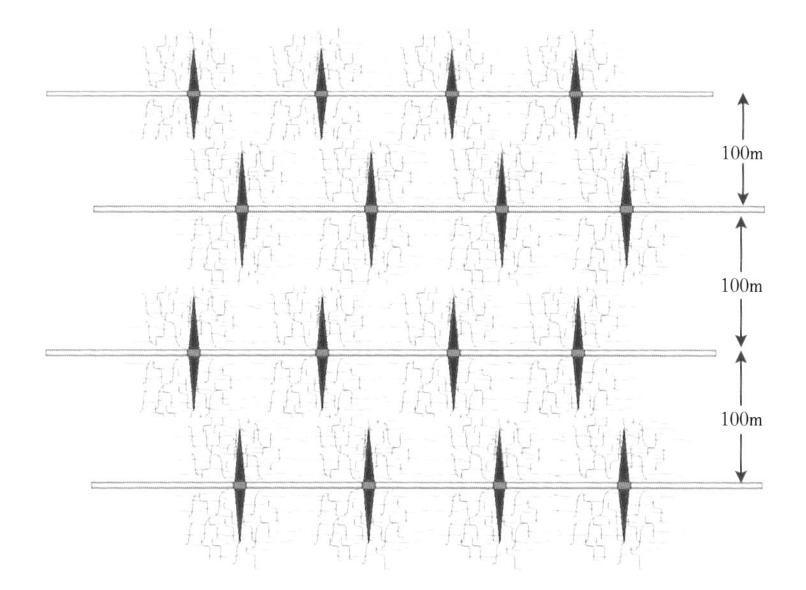

图 5-57　100m 井距压裂缝网延伸示意图

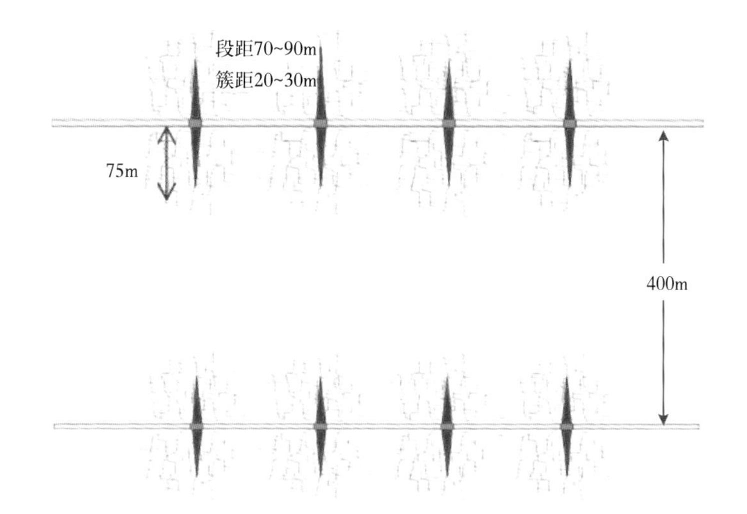

图 5-58　400m 井距压裂缝网延伸示意图

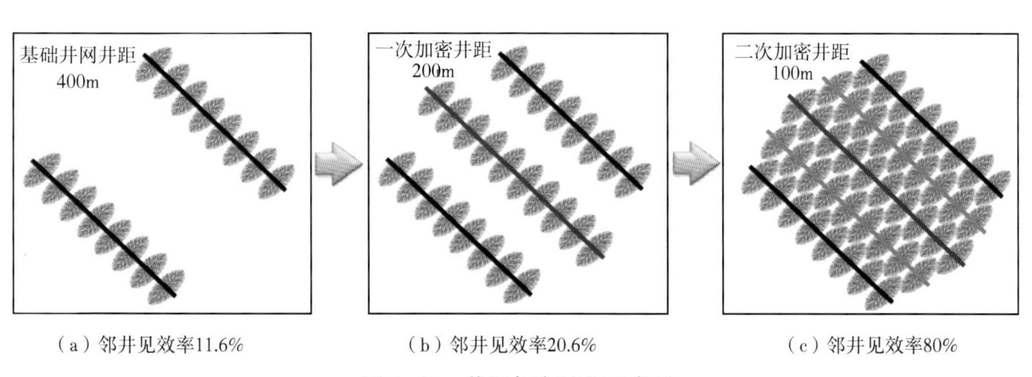

（a）邻井见效率11.6%　（b）邻井见效率20.6%　（c）邻井见效率80%

图 5-59　井网加密过程示意图

表 5-15　加密前后效果表

开发阶段	井距（m）	投产井数（口）	单井日产量（t）	邻井见效率（%）	储量动用程度（%）
基础井网	400	43	13.5	11.6	42.1
一次加密	200	29	15.2	20.6	69.6
二次加密	100	44	17.9	80.0	85.2

（四）井组渗吸+驱替开发技术

随着井距缩小，配套补能压裂逐步实现缝网搭接，以井组为单位开展集团式吞吐，在注水吞吐过程中表现出水驱特征，利用弹性排驱、渗吸排油和重力分异作用进一步提高采收率。油井见效率提高到 53.4%，周期增油量由 812t 增加到 1225t，完成由单井注水补能向井组渗析+驱替开发方式的转变。采油速度由 0.5%提高到 1.3%，采收率由 2.5%提高到 10.2%（表 5-16、图 5-60）。

表 5-16　致密油加密前后注水吞吐效果对比表

井距（m）	补能方式	工作量（井次）	单井注入量（m^3）	邻井见效率（%）	单井/井组日增油量（t）	有效期（d）	周期增油量（t）
400	单井吞吐	52	10056	11.6	6.9	175	812
100	井组渗吸+驱替	46	15112	53.4	10.2	188	1225

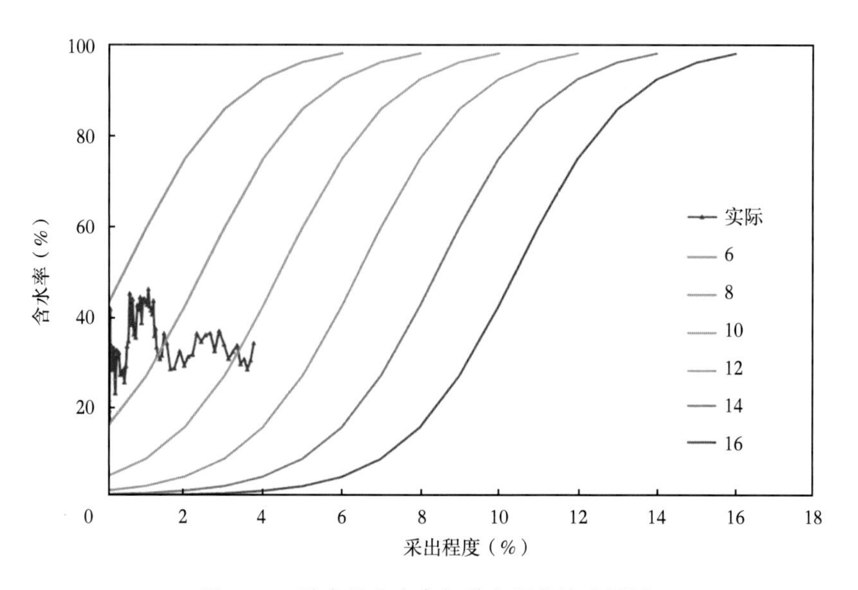

图 5-60　致密油含水率与采出程度关系图版

第三节　开发中存在的问题及取得的成效

一、存在的问题

（1）套损井逐年增多，套损率30.4%，影响产能133t/d（表5-17、表5-18、图5-61）。

表5-17　致密油套损井开发数据

井数口	套损前产状		目前产状		对比
	产液量（m^3/d）	产油量（t/d）	产液量（m^3/d）	产油量（t/d）	
42	420	298	247	165	-133

表5-18　致密油套损井情况统计表

套变类型	轻微变形变（形量≤10mm）	一般变形（变形量10~15mm）	中度变形（变形量15~25mm）	严重变形（变形量>25mm）	套管破裂
井数（口）	3	5	6	1	27
井数比例（%）	7.1	11.9	14.3	2.4	64.3

图5-61　致密油历年套损井柱状变化图

（2）层数动用程度75%左右，但动用好、中、差各占1/3，层间动用差异大。

L1-11H井产液剖面测试主产层2个，次产层5个，未动用层7个，层数动用73.1%（图5-62、图5-63）。

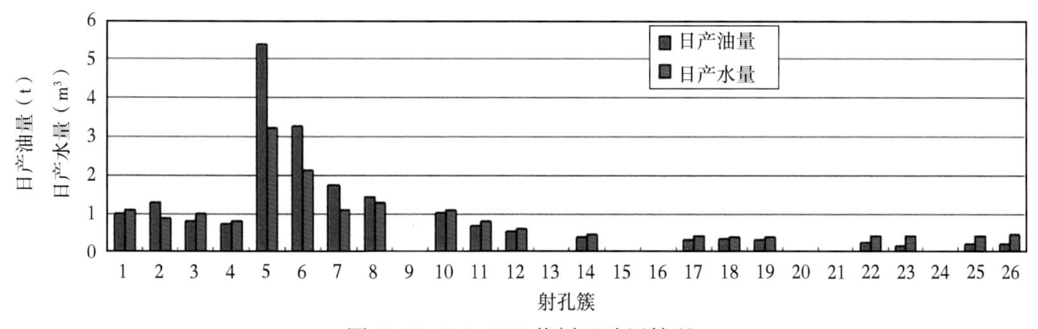

图5-62　L1-11H井剖面动用情况

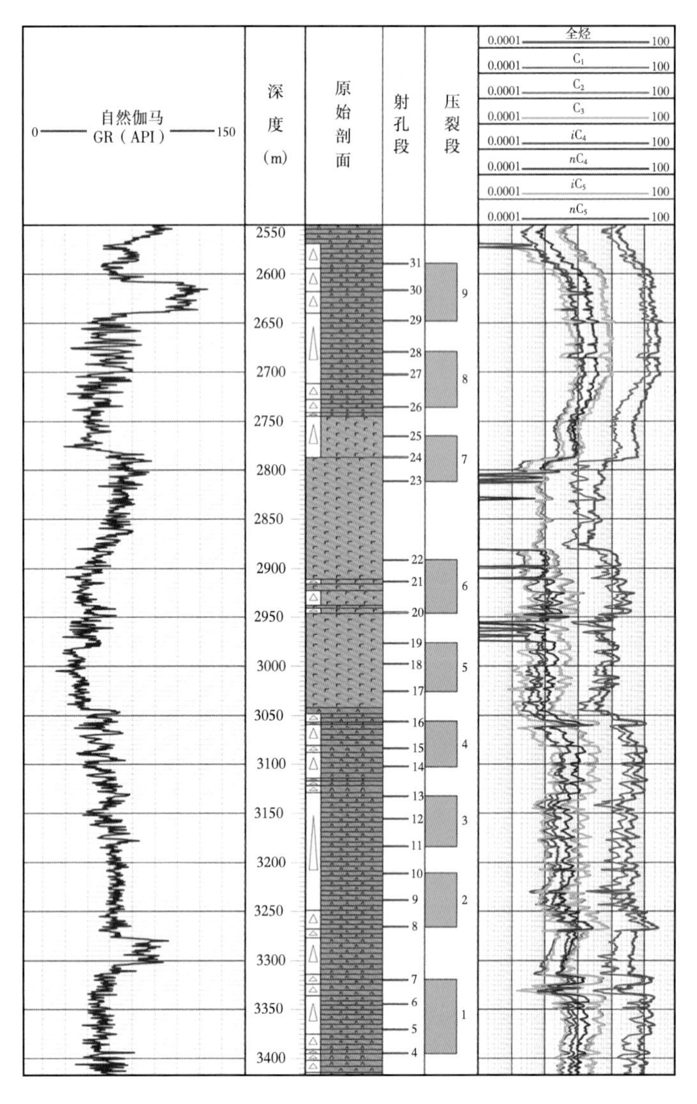

图 5-63　L1-11H 井组合测井曲线（气测）

（3）高递减形态没有改变，自然递减率在 33%左右（图 5-64）。实现完全效益开发，需进一步提高采收率（图 5-65）。

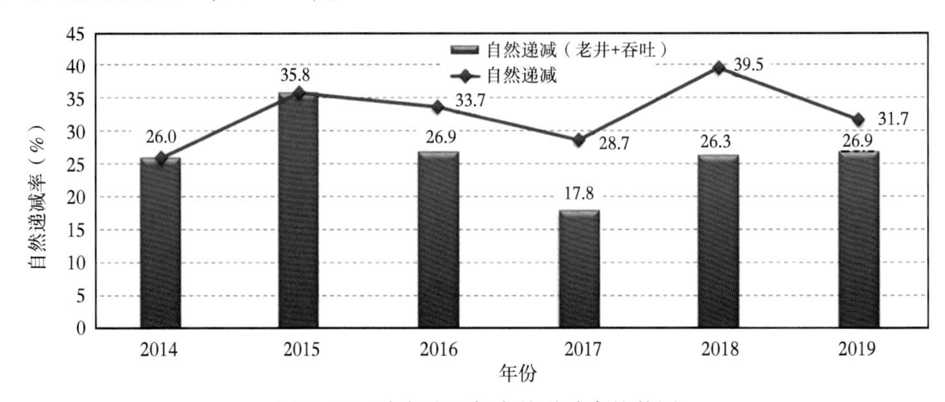

图 5-64　致密油历年自然递减率柱状图

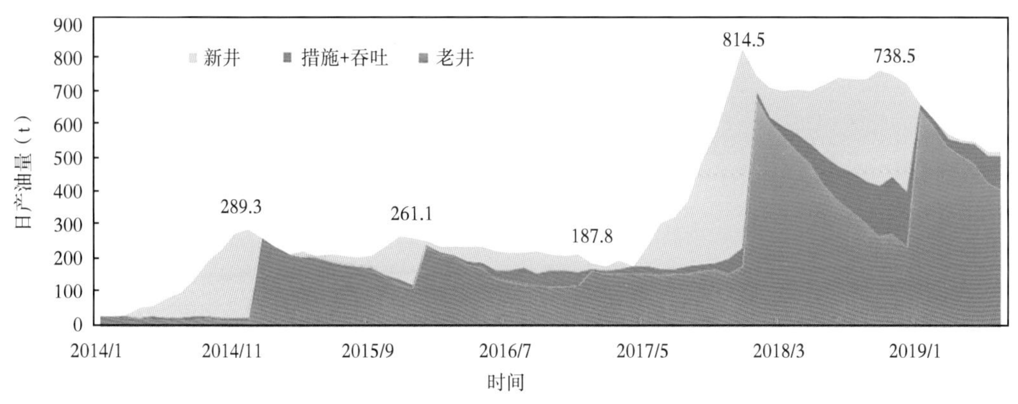

图 5-65　致密油产量构成曲线

二、取得的成效

（1）地质工程一体化协同攻关，建成新疆首个致密油有效开发国家示范基地。

三塘湖致密油藏在 2013—2018 年经历基础井网建设、转变开发方式、井网加密三个阶段，建成新疆首个致密油有效开发国家示范基地，储量得到有效动用。

（2）理论研究结合矿场实验，形成致密油开发技术体系。

三塘湖致密油在开发过程中，首次提出凝灰岩“四微”孔隙结构特征并建立储层评价标准，结合矿场实验形成致密油开发技术体系，包含水平井+体积压裂、注水吞吐补充能量、井网加密、井组渗吸+驱替等主体技术。

（3）形成“红工衣+白大褂”院厂交流机制，畅通成果转化渠道。

单井注水吞吐、井组驱替+渗吸研究成果应用显著。每月进行厂院技术交流、思路沟通，及时掌握现场技术需求，将科研攻关技术转化为现场提速增效的实际效果。

（4）单井可采储量 1.6×10^4t，内部收益率 5.1%。以井组为单元进行注水渗析+驱替，实现采收率 15%目标，完全效益开发（图 5-66）。

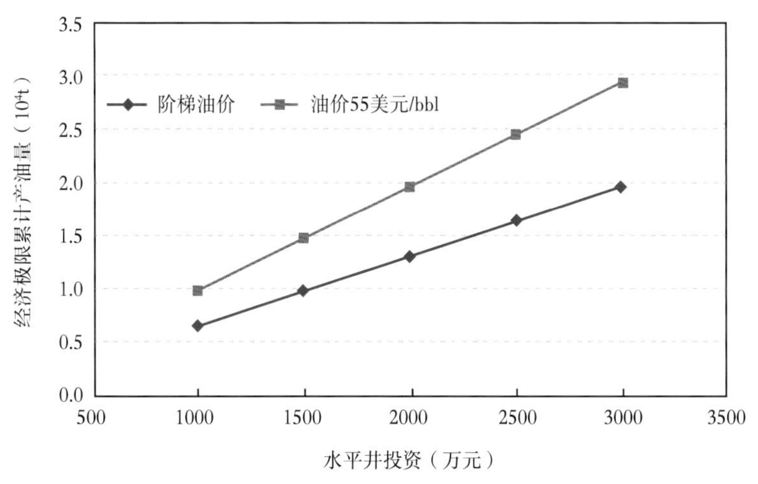

图 5-66　不同投资经济极限累计产油量（操作成本 750 元/t）

参考文献

白斌，朱如凯，吴松涛，等 . 2013. 利用多尺度 CT 成像表征致密砂岩微观孔喉结构［J］. 石油勘探与开发，40（3）：329–333.

蔡建超，郁伯铭 . 2012. 多孔介质自发渗吸研究进展［J］. 力学进展，42（6）：735–754.

曾雨辰，陈波，等 . 2011. 白庙平 1 水平井多级分段重复压裂实践［J］. 石油钻采工艺，33（6）：79–82.

陈静，郭涛，朱龙权 . 2019. 高泥质低阻碎屑岩储层含油饱和度评价方法［J］. 成都理工大学学报（自然科学版），46（2）：153–161.

陈兰，于志楠，刘敏，等 . 2018. 哈得逊油田超深海相碎屑岩油藏深部调驱技术与矿场试验［J］. 长江大学学报（自科版），15（19）：65–69.

陈铭，胥云，吴奇，等 . 2016. 水平井体积改造多裂缝扩展形态算法—不同布缝模式的研究［J］. 天然气工业，36（8）：79–87.

陈尚斌，朱炎铭，王红岩，等 . 2011. 四川盆地南缘下志留统龙马溪组页岩气储层矿物成分特征及意义［J］. 石油学报，32（5）：775–782.

陈旋，李杰，梁浩，等 . 2014. 三塘湖盆地条湖组沉凝灰岩致密油藏成藏特征［J］. 新疆石油地质，35（4）：386–390.

陈旋，刘俊田，冯亚琴，等 . 2018. 三塘湖盆地条湖组火山湖相沉凝灰岩致密油形成条件与富集因素［J］. 新疆地质，36（2）：246–251.

春兰，何骁，向斌，等 . 2009. 水力压裂技术现状及其进展［J］. 天然气技术，3（1）：44–47.

戴彩丽，方吉超，焦保雷，等 . 2018. 中国碳酸盐岩缝洞型油藏提高采收率研究进展［J］. 中国石油大学学报（自然科学版），42（6）：67–78.

邓秀芹，蔺昉晓，刘显阳，等 . 2008. 鄂尔多斯盆地三叠系延长组沉积演化及其与早印支运动关系的探讨［J］. 古地理学报，10（2）：159–166.

董建华，郭宁 . 2011. 水平井分段压裂技术在低渗油田开发中的应用［J］. 特种油气藏，18（5）：117–119.

杜金虎，邹才能 . 2011. 美国致密油开发现状及启示［J］. 岩性油气藏，23（4）：25–64.

高明，胡婷婷，陈国军，等 . 2019. 中拐凸起石炭系火山岩油藏特征及成藏模式新认识［J］. 新疆地质，37（1）：85–89.

高瑞琴，杨继波，丛培栋，等 . 2006. 二连油田沉凝灰岩储层特征分析［J］. 测井技术，30（4）：330–333.

宫清顺，倪国辉，芦淑萍，等 . 2010. 准噶尔盆地乌尔禾油田凝灰质岩成因及储层特征［J］. 石油与天然气 地质，31（4）：481–485.

郭小波，黄志龙，王伟明，等 . 2014. 台北凹陷温吉桑地区致密砂岩储层特征及其控制因素［J］. 中南大学学报（自然科学版），45（1）：157–166.

胡治华，申春生，刘宗宾，等 . 2013. 渤海湾盆地火山岩喷发旋回和期次研究的方法及应用［J］. 油气地球物理，11（2）：30–33.

黄薇，梁江平，赵波，等 . 2013. 松辽盆地北部白垩系泉头组扶余油层致密油成藏主控因素［J］. 古地理学报，15（5）：635–644.

黄晓鹏 . 2020. 三塘湖油田火山岩油藏注水吞吐可行性分析［J］. 石化技术，27（1）：91–93.

黄志龙，郭小波，柳波，等 . 2012. 马朗凹陷芦草沟组源岩油储集空间特征及其成因［J］. 沉积学报，30（6）：1115–1122.

贾承造，郑民，张永峰 . 2014. 非常规油气地质学重要理论问题［J］. 石油学报，35（1）：1–10.

贾承造，郑民，张永峰 . 2012. 中国非常规油气资源与勘探开发前景［J］. 石油勘探与开发，39（2）：129–136.

贾承造，邹才能，李建忠，等.2012. 中国致密油评价标准、主要类型、基本特征及资源前景［J］. 石油学报，33（3）：343-350.
姜瑞忠，蒋廷学，汪永利.2004. 水力压裂技术的近期发展及展望［J］. 石油钻采工艺，26（4）：52-56.
焦方正.2019. 塔里木盆地深层碳酸盐岩缝洞型油藏体积开发实践与认识［J］. 石油勘探与开发，46（3）：552-558.
焦立新，刘俊田，李留中，等.2015. 三塘湖盆地沉凝灰岩致密油藏测井评价技术与应用［J］. 岩性油气藏，27（2）：83-91.
焦立新，刘俊田，张宏，等.2014. 三塘湖盆地沉凝灰岩致密储集层特征及其形成条件［J］. 天然气地球科学，25（11）：1697-1705.
景士宏，李炼文，敬晓锋，等.2015. 酒西盆地鸭儿峡油田志留系变质岩油藏的裂缝特征［J］. 河南科学，33（10）：1832-1837.
李建飞.2019. 煤层气和页岩气开发对水资源影响的对比分析［J］. 煤炭经济研究，39（12）：71-75.
李军，王炜，王书勋.2004. 青西油田沉凝灰岩储集特征［J］. 新疆石油地质，25（3）：288-290.
李明诚，李剑.2010. “动力圈闭”——低渗透致密储层中油气充注成藏的主要作用［J］. 石油学报，31（5）：718-722.
李宗田.2009. 水平井压裂技术现状及展望［J］. 石油钻采工艺，31（6）：13-18.
练章贵，李君，王晓，等.2019. 碎屑岩油藏开发中隔夹层确定性建模与随机建模对比［J］. 新疆石油地质，40（5）：605-609.
梁浩，李新宁，马强，等.2014. 三塘湖盆地条湖组致密油地质特征及勘探潜力［J］. 石油勘探与开发，41（5）：563-572.
梁世君，罗劝生，王瑞，等.2019. 三塘湖盆地二叠系非常规石油地质特征与勘探实践［J］. 中国石油勘探，24（5）：624-635.
林仁义，孙雷，梁宇，等.2015. 裂缝型变质岩油藏注气驱机理及驱替效率实验研究［J］. 油气藏评价与开发，5（2）：28-31.
刘化普. 2018. 变质岩双重介质油藏水驱渗流特征研究［D］. 北京：中国石油大学（北京）.
刘俊田，卿忠，张品，等.2015. 马朗凹陷致密油藏烃源岩评价及油源分析［J］. 特种油气藏，22（6）：35-39.
刘卫东，张国栋.2015. 致密油藏水平井多级压裂储层改造体积评价［J］. 新疆石油地质，36（2）：199-203.
刘振宇.2002. 人工压裂水平井研究综述［J］. 大庆石油学院学报，26（4）：96-99.
刘忠宝，刘光祥，胡宗全，等.2019. 陆相页岩层系岩相类型、组合特征及其油气勘探意义——以四川盆地中下侏罗统为例［J］. 天然气工业，39（12）：10-21.
柳益群，李红，朱玉双，等.2010. 白云岩成因探讨：新疆三塘湖盆地发现二叠系湖相喷流型热水白云岩［J］. 沉积学报，28（5）：861-867.
卢双舫，黄文彪，陈方文，等.2012. 页岩油气资源分级评价标准探讨［J］. 石油勘探与开发，39（2）：249-256.
马洪芬，王炳.2011. 水平井裸眼分段压裂工艺在 S20-17-15H 井上的应用［J］. 油气井测试，20（4）：31-33.
马明福，李薇，刘亚村.2005. 苏丹 Melut 盆地北部油田储集层孔隙结构特征分析［J］. 石油勘探与开发，32（6）：121-124.
孟元林，胡越，李新宁，等.2014. 致密火山岩物性影响因素分析与储层质量预测一以马朗—条湖凹 陷条湖组为例［J］. 石油与天然气地质，2：244-252.
祁星，胡秋祥，肖卫东，等.2019. 赣西北与焦石坝页岩气地质条件对比及启示［J］. 东华理工大学学报（自然科学版），42（4）：351-359+375.

邱家骤 . 1985. 岩浆岩岩石学［M］. 北京：地质出版社 .
邱欣卫，刘池洋，李元昊，等 . 2009. 鄂尔多斯盆地延长组凝灰岩夹层展布特征及其地质意义［J］. 沉积学报，27（6）：1138-1146.
邱欣卫，刘池洋，毛光周，等 . 2011. 鄂尔多斯盆地延长组火山灰沉积物岩石地球化学特征［J］. 地球科学，36（1）：139-150.
曲江秀，艾热提·吾甫尔，查明，等 . 2017. 准噶尔盆地吉木萨尔凹陷芦草沟组致密油形成条件与分布规律［J］. 现代地质，31（1）：119-128.
施奇，张永庶，吴颜雄，等 . 2018. 柴西南区湖相碳酸盐岩勘探潜力评价［J］. 断块油气田，25（6）：715-720.
石骏铭，张欣，蒲钰龙，等 . 2020. 车 21 井区石炭系低孔特低渗火山岩油藏地质特征［J］. 中国石油和化工标准与质量，40（2）：135-136.
史兰斌，陈孝德，杨清福，等 . 2005. 长白山天池火山千年大喷发不同颜色浮岩的岩石化学特征［J］. 地震地质，27（1）：73-82.
史树勇，孙宇，郭慧娟，等 . 2019. 黔北习水地区五峰—龙马溪组页岩地球化学与热演化特征及页岩气前景展望［J］. 地球化学，48（6）：567-579.
宋志高 . 1986. 青海锡铁山层状铅锌矿床的垂向分带及其形成地质环境［J］. 西北地质科学，（12）：1-11.
隋阳，郭旭东，叶生林，等 . 2016. 三塘湖盆地条湖组烃源岩地化特征及致密油油源对比［J］. 新疆地质，34（4）：510-517.
孙善平，刘永顺，钟蓉，等 . 2001. 火山碎屑岩分类评述及火山沉积学研究展望［J］. 岩石矿物学杂志，20（3）：313-317.
陶士振，邹才能，王京红，等 . 2011. 关于一些油气藏概念内涵、外延及属类辨析［J］. 天然气地球科学，22（4）：571-575.
汪少勇，黄福喜，宋涛，等 . 2019. 中国陆相致密油"甜点"富集高产控制因素及勘探建议［J］. 成都理工大学学报（自然科学版），46（6）：641-650.
王敬，刘慧卿，夏静，等. 2017. 裂缝性油藏渗吸采油机理数值模拟［J］. 石油勘探与开发，44（5）：761-770.
王梦雨，杨胜来，曹庾杰，等 . 2020. 牛东裂缝型火山岩致密油藏渗吸采油机理［J］. 科学技术与工程，20（2）：569-575.
王鹏，潘建国，魏东涛，等 . 2011. 新型烃源岩—沉凝灰岩［J］. 西安石油大学学报（自然科学版），26（4）：19-22.
王璞珺，陈树民，刘万洙，等 . 2003. 松辽盆地火山岩相与火山岩储层的关系［J］. 石油与天然气地质，24（1）：18-23.
王璞珺，吴河勇，庞颜明，等 . 2006. 松辽盆地火山岩相、相序、相模式与储层物性的定量关系［J］. 吉林大学学报：地球科学版，36（5）：805-812.
王书荣，宋到福，何登发 . 2013. 三塘湖盆地火山灰对沉积有机质的富集效应及凝灰质烃源岩发育模式［J］. 石油学报，34（6），1077-1087.
王晓泉，陈作，姚飞 . 1998. 水力压裂技术现状及发展趋势［J］. 钻采工艺，21（2）：28-32.
吴奇，胥云，王晓泉，等 . 2012. 非常规油气藏体积改造技术：内涵、优化设计与实现［J］. 石油勘探与开发，39（3）：352-358.
向洪 . 2018. 马 56 区块致密油藏"缝控"体积压裂技术［J］. 油气井测试，27（4）：49-54.
肖莹莹，樊太亮，王宏语 . 2011. 贝尔凹陷苏德尔特构造带南屯组火山碎屑沉积岩储层特征及成岩作用研究［J］. 沉积与特提斯地质，31（2）：91-98.
徐夕生，邱检生 . 2010. 火成岩岩石学［M］. 北京：科学出版社 .
徐佑德 . 2018. 车排子地区石炭系火山岩油藏油气输导体系与运聚模式［J］. 西安石油大学学报（自然科

学版)，33（6）：34-41.
颜磊，刘立宏，李永明，等.2010.水平井重复压裂技术在美国巴肯油田的成功应用［J］.国外油田工程，26（12）：21-25.
杨华，邓秀芹.2013.构造事件对鄂尔多斯盆地延长组深水砂岩沉积的影响［J］.石油勘探与开发，40（5）：513-520.
杨华，付金华，刘新社，等.2012.苏里格大型致密砂岩气藏形成条件及勘探技术［J］.石油学报，33（S1）：27-36.
杨华，李士祥，刘显阳.2013.鄂尔多斯盆地致密油、页岩油特征及资源潜力［J］.石油学报，34（1）：1-11.
杨可薪，肖军，王宇，等.2017.松辽盆地北部青山口组致密油特征及聚集模式［J］.沉积学报，35（3）：600-610.
杨正明，刘学伟，李海波，等.2019.致密储集层渗吸影响因素分析与渗吸作用效果评价［J］.石油勘探与开发，46（4）：739-745.
杨正明，张仲宏，刘学伟，等.2014.低渗/致密油藏分段压裂水平井渗流特征的物理模拟及数值模拟［J］.石油学报，35（1）：85-92.
杨志冬，张欣，胡清雄，等.2020.低孔特低渗石炭系火山岩油藏储层特征及水平井开发实践——以准噶尔盆地H井区为例［J］.科技创新导报，17（7）：17-18.
尹浪，赵峰，唐洪明，等.2020.雷家地区沙四段致密油储层特征研究［J］.地质找矿论丛，35（2）：178-186.
印长海，董景海.2013.徐家围子断陷白垩纪火山活动与断裂组合关系［J］.世界地质，32（4）：793-799.
张本琪，余宏忠，姜在兴，等.2003.应用阴极发光技术研究母岩性质及成岩环境［J］.石油勘探与开发，30（3）：117-120.
张怀文，张继春.2005.水平井压裂工艺技术综述［J］.新疆石油科技，4（15）：30-33.
张金川，林腊梅，李玉喜，等.2012.页岩气资源评价方法与技术［J］.地学前缘，19（2）：184-191.
张金亮，张金功.2001.深盆气藏的主要特征及形成机制［J］.西安石油学院学报（自然科学版），16（1）：1-7.
张丽艳，秦文凯.2019.松辽盆地古龙凹陷页岩油录井解释评价方法研究［J］.录井工程，30（4）：55-61.
张文正，杨华，傅锁堂，等.2007.鄂尔多斯盆地长9湖相优质烷源岩的发育机制探讨［J］.中国科学（D辑：地球科学），37（增刊）：33-38.
张文正，杨华，彭平安，等.2009.晚三叠世火山活动对鄂尔多斯盆地长7优质炷源岩发育的影响［J］.地球化学，38（6）：573-582.
赵靖舟.2012.非常规油气有关概念、分类及资源潜力［J］.天然气地球科学，23（3）：393-406.
赵正望，李楠，刘敏，等.2019.四川盆地须家河组致密气藏天然气富集高产成因［J］.天然气勘探与开发，42（2）：39-47.
周灿灿，刘堂晏，马在田，等.2006.应用球管模型评价岩石孔隙结构［J］.石油学报，27（1）：92-96.
周庆凡，杨国丰.2012.致密油与页岩油的概念与应用［J］.石油与天然气地质，33（4），541-544.
周中毅，盛国英，闵育顺.1989.凝灰质岩生油岩的有机地球化学初步研究［J］.沉积学报，7（3）：3-9.
朱国华，蒋宜勤，李娴静.2008.克拉玛依油田中拐——五八区佳木河组火山岩储集层特征［J］.新疆石油地质，29（4）：445-447.
朱国华，张杰，姚根顺，等.2014.沉火山尘凝灰岩：一种赋存油气资源的重要岩类——以新疆北部中二叠统芦草沟组为例［J］.海相油气地质，19（1）：1-7.
邹才能，杨智，张国生，等.2014.常规—非常规油气“有序聚集”理论认识及实践意义［J］.石油勘探与开发，41（1）：14-27.

邹才能，张国生，杨智，等．2013. 非常规油气概念、特征、潜力及技术一兼论非常规油气地质学［J］. 石油勘探与开发，40（4）：385-399.

邹才能，朱如凯，吴松涛，等．2012. 常规与非常规油气聚集类型、特征、机理及展望一以中国致密油和致密气为例［J］. 石油学报，33（2）：173-187.

Anand V，Hirasaki G J. 2007. Diffusional Coupling between Micro and Macroporosity for NMR Relaxation in Sandstones and Grainstones［J］. Petrophysics，48（4）：289-307.

Atri A D，Pierre F D，Lanza R et al. 1999. Distinguishing primary and resedimented vitric volcanic las tic layers in the Burdigalian carbonate shelf deposits in Monferrato（NW Italy）［J］. Sedimentary Geology，129：143-163.

Camp W. 2011. Pore－throat Sizes in Sandstones，Tight Sandstones，and Shales：Discussion［J］. AAPG BuUetin，95（8）：1443-1447.

Cipolla C L，Lolon E P，Erdle J C，et al. 2010. Reservoir modeling in shale-gas reservoirs［J］. SPE Reservoir Evaluation & Engineering，13（4）：638-653.

Cipolla C L，Lolon E P，Mayerhofer M J，et al. 2009. Reservoir modeling and production evaluation in shale-gas reservoirs［R］. SPE 13185.

Clarkson C R，Jensen J L，Pedersen P K et al. 2012. Innovative Methods for Flow－unit and Pore－structure Analyses in a Tight Siltstone and Shale Gas Reservoir［J］. AAPG bulletin，96（2）：355-374.

Clarkson C R，Pedemen P K. 2011. Production analysis of western Canadian unconventional light oil plays［R］. SPE，149005.

Desbois G，Urai J L，Kukla P A. 2009. Morphology of the Pore Space in Claystones -evidence from BIB/FIB Ion Beam Sectioning and Cryo-SEM Observations［J］. Earth，4：15-22.

England W A，Mackenzie A S，Mann D M et al. 1987. The movement and entrapment of petrole gm fluids in the subsurface［J］. Journal of the Geological Society，144（2）：327-347.

Fic J，Pedersen P K. 2013. Reservoir characterization of a "tight" oil reservoir，the middle Jurassic Upper Shaunavon Member in the Whitemud and Eastbrook pools，SW Saskatchewan［J］. Marine and Petroleum Geology，44：41-59.

Fisher M K，Wright C A，Davidson B M，et al. 2002. Integrating fracture mapping technologies to optimize stimulations in the Narnett Shale［R］. SPE 77441.

French M W，Worden R H，Mariani E，et al. 2012. Microcrystalline quartz generation and the preservation of porosity in sandstones：evidence from the upper Cretaceous of the Subhercynian Basin，Germany［J］. Journal of Sedimentary Research，82：422-434.

Gale J F W，Reed R M，Holder J. 2007. Natural fractures in the Barnett shale and their importance for hydraulic fracture treatment［J］. AAPG Bulletin，91（4）：603-622.

George Waters. 2011. Technology Enhancements in the Hydraulic Fracturing of Horizontal wells［R］. Schlumberger.

Giger F M. 1998. Horizontal Wells Production Techniques in Heterogenous Reservior［R］. SPE 13710.

Grynberg M E，Papava D，Shengelia M，et al. 1993. Petrophysical characteristics of the middle Ecoene laumontite tuff reservoir，Samgori Field，Republic of Georgia［R］. Journal of Petroleum Geology，16：313-322.

Haaland H J，Furnes H，Martinsen O J. 2000. Paleogene tuffaceous intervals，Grane Field（Block 25/11），Norwegian North Sea：their depositional，petrographic al，geochemical character and regional implications［J］. Marine and Petroleum Geology，17：101-118.

Hildreth W. 1981. Gradients in silicic magma chambers：Implications for lithospheric magmatism［J］. Journal of Geophysical Research，86（B11）：10153-10192.

Hill R J，Zhang E，Katz B J，et al. 2007. Modeling of gas generation from the Barnett shale，Fort Worth Basin，Texas［J］. AAPG Bulletin，91（4）：501-521.

Huff W D，Bergstrom S M，Kolata D R. 1992. Gigantic Ordovician volcanic ash fall in North America and Europe：

biological, tectonomagmatic, and event stratigraphic significance [J]. Geology, 20: 875-878.

Huff W D. 2008. Ordovician K-bentonites: issues in interpreting and co-relating ancient tephras [J]. Quaternary International, 178, 276-287.

Iwere F O, Heim R N, Cherian B V. 2012. Numerical simulation of enhanced oil recovery in the middle bakken and upper three forks tight oil reservoirs of the williston basin [R]. SPE 154937.

Jody R Augustinc. 2011. How Do We Achieve Sub-Interval Fracturing [R]. SPE147179.

Johnston D I, Henderson C M. 2005. Disrupted Conodont Bedding Plane Assemblages, Upper Bakken Formation (Lower Mississippian) from the Subsurface of Western Canada [J]. Journal Information, 79 (4): 774-789.

Kolata D R, Frost J K, Huff W D. 1987. Chemical correlation of K-bentonite beds in the Middle Ordovician Decorah subgroup, upper Mississippi valley [J]. Geology, 15: 208-211.

Koniger S, Lorenz V Stollhofen H et al. 2002. Origin, age and stratigraphic significance of distal fallout ash tuffs from the Carboniferous -Permian continental Saar-Nahe basin (SW Germany) [J]. International Journal of Earth Sciences, 91: 341-356.

Kuhn P P, di Primio R, Hill R, et al. 2012. Three-dimensional modeling study of the low -permeability petroleum system of the Bakken Formation [J]. AAPG Bulletin, 96: 1867-1897.

Kuila U, Mccarty D K, Derkowski D, et al. 2014. Total porosity measurement in gas shales by the water immersion porosimetry (WIP) method [J]. Fuel, 117 (3): 1115-1129.

L. Jarsen, Hegre T. M. 1991. -Pressure-transient Behavior of Hrizontal Wells With Finite-conductivity Vertical Fractures [R]. SPE22076.

Law B E, Dickinson W W. 1985. Conceptual model of origin of abnormally pressured gas accumulations in low permeability reservoirs [J]. AAPG Bulletin, 69 (8): 1295-1304.

Le Bas M J, Le Maitre R W, Streckeisen A et al. 1986. A chemical classification of volcanic rocks based on the total alkali-silica diagram [J]. Journal of Petrology, 27: 745-750.

LI Delu, LI Rongxi, TAN Chengqian, et al. 2019. Depositional conditions and modeling of Triassic Oil shale in southern Ordos Basin using geochemical records [J]. Journal of Central South University, 26 (12): 3436-3456.

Li J, Du M, Zhang Xu. 2011. Critical evaluations of shale gas reservoir simulation approaches: single porosity and Dual porosity modeling [R]. SPE 141756.

Mayerhofer M J, Lolon E P, Youngblood J E, et al. 2006. Integration of microseismic fracture mapping results With numerical fracture network production modeling in the Barnett shale [R]. SPE 102103.

Mayka S, Celso P F, Jose A B, et al. 2013. Charactoization of pore systems in seal rocks using nitrogen gas adsorption combined with mercury injection capillary pressure techniques [J]. Marine and Petroleum Geology, 39: 138-149.

Mehmani A, Prodanovic M. 2014. The effect of microporosity on transport properties in porous media [J]. Advances in Water Resources, 63: 104-119.

Mullen J. 2010. Petrophysical characterization of the Eagle Ford shale in South Texas [C]. Unconventional Resources and International Petroleum Conference, Calgary, Alberta, Canada, SPE138145, October, 19-21.

Nabawy B S, Geraud Y Rochette P, et al. 2009. Pore-throat characterization in highly porous and permeable sandstones [J]. AAPG Bulletin, 93 (6): 719-739.

Nelson P H. 2009. Pore-throat Sizes in Sandstones, Tight Sandstones, and Shales [J]. AAPG Bulletin, 93 (3): 329-340.

Pearce J A, Cann J R. 1973. Tectonic Setting of Basic Xblcanic Rocks determined using Trace Element Analyses [J]. Earth & Planetary Science Letters, 19 (2): 290-300.

Pearce J A, Harris N B W, Tindle A G. 1984. Trace Element Discrimination Diagrams for the Tectonic

Interpretation of Granitic Rocks [J]. Journal of Petrology, 25 (4) : 956-983.

Qiu X W, Liu C Y Mao G Z, et al. 2014. Late Triassic tuff intervals in the Ordos basin, Central China: Their depositional, petrographic, geochemical characteristics and regional implications [J]. Journal of Asian Earth Sciences, 80: 148-160.

Roberts. B. E, Engen. H. Van. 1991. Productivity of Multiply Fractured Horizontal Wells in Tight Gas Reservoirs [R]. SPE23113.

Sc how alter T T. 1979. Mechanics of secondary hydrocarbon migration and entrapment [J]. AAPG BuUetin, 63 (5): 723-760.

Schepers K C, Gonzalez R J, Koperna G J, et al. 2009. Reservoir modeling in support of shale gas exploration [R]. SPE 123057.

Sennhauser E S, Wang Shunyi, Liu Xiangping. 2011. A practical numerical model to optimize the productivity of multistage fractured horizontal wells in the cardium tight oil resource [R]. SPE 146443.

Smith M G, Bustin R M. 2000. Late Devonian and early Mississippian Bakken and Exshaw black shale source rocks, Western Canada Sedimentary Basin: a sequence stratigraphic interpretation [J]. AAPG Bulletin, 84 (7): 940-960.

Soliman. M. Y. Hunt J. et al. 1996. Fracturing Horizontal Wells in Gas Reservoirs [R]. SPE35260.

Sonnenberg S A, Pramudito A. 2009. Petroleum Geology of the Giant Elm Coulee Field, Williston Basin [J]. AAPG BuUetin, 93 (9): 1127-1153.

Sun Hao, Chawathe A, Hoteit H, et al. 2014. Understanding shale gas production mechanisms through reservoir simulation [R]. SPE 167753.

Sun W, Qu Z, Tang G. 2004. Characterization of water injection in low Permeability rock using Sandstone micro-models [J]. Journal of Petroleum Technology, 56 (5): 71-72.

Thomas Kalan H P, Sitorus M E. 1994. Jatibarang field, geologic study of volcanic reservoir for horizontal well proposal [C]. Indonesian Petroleum Association, 23rd Annual Convention Proceedings, 1: 229-244.

Wei Liu. 2007. Case Study: Development of a Low Permeability Low Pressure Reservoir - Block BAO14 by Fracturing and Water Injection [R], SPE106962.

Weibel R, Friis H, Kazerouni A M, et al. 2010. Development of early diagenetic silica and quartz morphologies - Examples fromthe Siri Canyon, Danish North Sea [J]. Sedimentary Geology, 228: 151-170.

Winchester J A, Floyd P A. 1977. Geochemical discrimination of different magma series and their differentiation products using immobile elements [J]. Chemistry Geology, 20: 325-343.

Worden R H, French M W, Mariani E. 2012. Amorphous silica nanofilms result in growth of misoriente dmicrocrystalline quartz cement maintaining porosity indeeply buried sandstones [J]. Geology, 40 (2): 179-182.